Mechanische Technologie der Metalle

in Frage und Antwort

Von

Dr.-Ing. E. Sachsenberg
ord. Professor an der Technischen Hochschule
Dresden

Mit zahlreichen Abbildungen

Berlin
Verlag von Julius Springer
1924

ISBN-13: 978-3-642-90334-2 e-ISBN-13: 978-3-642-92191-9
DOI: 10.1007/978-3-642-92191-9

Softcover reprint of the hardcover 1st edition 1924

Herrn Fabrikbesitzer

Adolf W. Kutzer, Leipzig-Stünz

zur Erinnerung an manche interessante Anregung
in guter Freundschaft zugeeignet

Vorwort.

Manchen meiner Leser mag es in Erstaunen setzen, daß zu der großen Anzahl bereits gedruckter Bücher auf dem Gebiete der allgemeinen mechanischen Technologie sich hier ein neues zugesellt. Sie werden sich fragen, war es notwendig oder war es auch nur erwünscht, daß ein solches weiteres Werk erscheint? Ich habe aber in meinen Vorlesungen über allgemeine mechanische Technologie doch gefunden, daß hier Lücken bestehen, die ich mich auszufüllen bemühen will. Das Gebiet der allgemeinen mechanischen Technologie erweitert sich immer mehr und wächst in neuer Zeit fast ins Riesenhafte. Die Hörer dieser Wissenschaft sind technisch vielleicht etwas vorgebildet, aber in die tiefen Zusammenhänge noch nicht eingedrungen, da die Vorlesungen ja meistens am Anfang der ganzen Ausbildung stehen. Es ist an sich nicht schwierig über einzelne Herstellungsverfahren ein Bild zu geben, aber die großen Zusammenhänge der einzelnen Fabrikationszweige, die Ähnlichkeit von Herstellungsverfahren und chemischen oder physikalischen Erscheinungen auf ganz von einander abliegenden Gebieten darzustellen, scheint fast unmöglich, wenn man nur über einzelne Zweige vorträgt. Ich habe mich daher in meinen Vorlesungen bemüht, eine möglichst umfassende Darstellung des ganzen Gebietes zu geben, und gefunden, daß ich dabei meinen Hörern eine dauernd scharfe Aufmerksamkeit ohne jede Möglichkeit des Nachschreibens zumuten mußte. Das Nachschreiben mußte ich weiter dadurch erschweren, daß ich in den Vorträgen bis zu 1000 Lichtbilder zu zeigen hatte, an denen ich die einzelnen Vorgänge am besten erklären konnte. Dies gelang mir mit Hilfe einer epidiaskopischen Projektionseinrichtung, wodurch ein Herausschneiden von Darstellungen aus Büchern und Katalogen möglich wurde. Ich sah mich aber nunmehr genötigt dieses ganze Material mit meinen Hörern tiefer zu verarbeiten, und habe das in den Übungen in Form von Fragen getan, die ich jedesmal über das im letzten Vortrag Gehörte mit den einzelnen Hörern gruppenweise durchsprach. Auf diese Weise ist mir, wie auch die Ergebnisse zeigten, die Erweckung eines guten Verständnisses und vor allen Dingen Erklärung der Zusammenhänge dieses sehr umfassenden Gebietes gelungen. Aus der Fragestellung der erwähnten Übungen ist das vorliegende Buch entstanden und es soll einen, für die Einführung vielleicht genügenden, Querschnitt aus den wichtigsten Fertigungsverfahren vermitteln. Auch hier wurde selbstverständlich wieder eine größere Anzahl von Zeichnungen notwendig. Ich hoffe, daß allen den Lesern, die sich in das Gebiet der allgemeinen mechanischen Technologie einarbeiten wollen sowie denjenigen Lehrern, die auf diesem Gebiet arbeiten, das vorliegende Buch eine Unterlage bieten wird.

Zu Dank bin ich denjenigen Firmen verpflichtet, die mich in reichlichem Maße mit Material und auch Zeichnungen versehen haben. Besonders dankbar bin ich meinem Assistenten Herrn Dipl.-Ing. Max Meyer, der mit mir gemeinsam die Aufstellung und Durcharbeitung der Fragen nach meinen Übungen und die Skizzierung der Figuren übernommen hat.

Dresden, im Dezember 1923.

Der Verfasser.

Inhaltsverzeichnis.

Allgemeines.

1. **Was versteht man unter Technologie?**

Technologie beschäftigt sich mit den Bearbeitungs- und Gewinnungsverfahren der in Industrie und Handwerk benutzten Stoffe.

2. **Was versteht man unter mechanischer Technologie?**

Mechanische Technologie beschränkt sich im Gegensatz zur chemischen Technologie auf diejenigen Veränderungen, die unter Zuhilfenahme mechanischer Kräfte, d. h. Wärme, Druck, Schlag, Stoß vorgenommen werden, ohne die innere, d. h. die chemische Zusammensetzung der betreffenden Stoffe zu ändern. Bei den Gewinnungsverfahren spielen meist chemische und mechanische Vorgänge durcheinander.

3. **Wodurch ist eine Formänderung möglich?**

Die Formveränderung ist möglich entweder durch

1. Temperaturerhöhung, oder
2. Einwirken äußerer, mechanischer Kräfte und gleichzeitiger Temperaturerhöhung (Wärmezufuhr), oder durch
3. Einwirken äußerer, mechanischer Kräfte.

4. **Welche Arten der Formveränderung sind möglich?**

1. Gegenseitige Verlagerung der einzelnen Teile des Körpers zueinander, wie z. B. beim Stauchen, Dehnen, Biegen.
2. Abtrennen von Körperteilen z. B. beim Drehen, Schneiden usw.
3. Anfügen von Einzelteilen, z. B. beim Löten und Schweißen.

5. **Wodurch geschieht die gegenseitige Verlagerung?**

Die gegenseitige Verlagerung geschieht:

1. Bei Temperaturerhöhung durch Gießen, Schmieden, Walzen usw.
2. Ohne Temperaturerhöhung durch Walzen, Prägen, Ziehen usw.

6. **Wodurch geschieht das Abtrennen von Körperteilen?**

Durch Schneiden, Scheren, Schleifen, Sägen, Feilen usw.

7. **Wie sichert man fertige Gegenstände vor der Einwirkung schädlicher Temperaturen, Gase und Säuren?**

1. Durch Schutzüberzüge, wie Emaillen, Anstriche, Oxydüberzüge.

2. Durch die Art ihrer Zusammensetzung, z. B. Legierung von Eisen durch Nickel und Silizium.

3. Durch Verdichtung ihrer Oberfläche, z. B. Polieren und Hämmern.

8. Welcher Hilfsmittel bedient man sich für mechanische Arbeiten?

1. Zur Sicherung der gewünschten Größenverhältnisse verschiedener Meßwerkzeuge.

2. Zur Veränderung der Form der Schlag-, Stoß- und Trennwerkzeuge, die von Hand oder Maschine getrieben werden.

9. Was ist ein Herstellungsverfahren?

Eine bestimmte Arbeitsart, das Material der gewünschten Form zu nähern. Man kann den gleichen Zweck auf verschiedenen Wegen erreichen, d. h. einen Gegenstand nach verschiedenen Verfahren herstellen. Man hat jedesmal das wirtschaftlichste Verfahren auszuwählen. Sind zur Herstellung der endgültigen Form mehrere Verfahren notwendig, so ist die Einwirkung des vorhergehenden Verfahrens auf das folgende genau zu beachten.

10. Was ist ein Arbeitsgang?

Ein Arbeitsgang ist eine einzelne Handhabung, welche die Form eines Werkstückes um eine Arbeitsstufe verändert. In einem Herstellungsverfahren können ein oder mehrere Arbeitsgänge vorhanden sein.

11. Was ist Arbeitsstufe?

Ein Werkstück kann in den meisten Fällen nicht durch eine einfache Handhabung fertiggestellt werden. Seine Formveränderung muß daher stufenweis vor sich gehen. Man kann z. B. ein Schmiedestück vielfach nicht in einer Hitze fertig herstellen, sondern muß ihm eine Zwischenform geben, und es dann wieder erwärmen. Die erste Zwischenform würde dann die Grenze der ersten Arbeitsstufe bedeuten.

Das Messen.

12. Welches ist der Unterschied zwischen einem Zollstock und einem Stahlmaßstab?

Ein Zollstock besteht aus einzelnen zusammenlegbaren Gliedern. Er ist infolgedessen sehr handlich. Beide Seiten tragen eine Skala in Millimeterteilung (bei älteren auf der einen Seite Millimeter-, auf der anderen Seite Zolleinteilung). Gewöhnliche Längen zu 1 m und 2 m.

Der Stahlmaßstab besteht aus einem Stahlstück von rechteckigem Querschnitt, auf dem die Skala mit Millimeterteilung angebracht ist. Er kommt in Längen von 0,5 m und 1 m vor.

13. Es ist ein Bandmaß zu beschreiben.

Ein Bandmaß besteht aus einer Metall- oder Lederkapsel, in der ein Metall- oder Leinenband eingerollt wird. Auf dem Band ist der Maßstab angebracht. Einrollung mittels Kurbel. Längen bis 20 m normal.

14. Meßrädchen und seine Verwendung.

Ein Meßrädchen besteht aus einer kreisrunden Scheibe, die in einer mit einem Griff versehenen Gabel leicht drehbar gelagert ist. Der Umfang dieser Scheibe ist mit einer Skala in Zentimeter- (Millimeter-) Teilung versehen. Mit Hilfe dieser Einteilung ist es möglich, die Länge von Kurven zu messen, indem man die Nullstellung des Rädchens an den Anfang der zu messenden Linie setzt und das Rädchen dann auf der Linie abrollt.

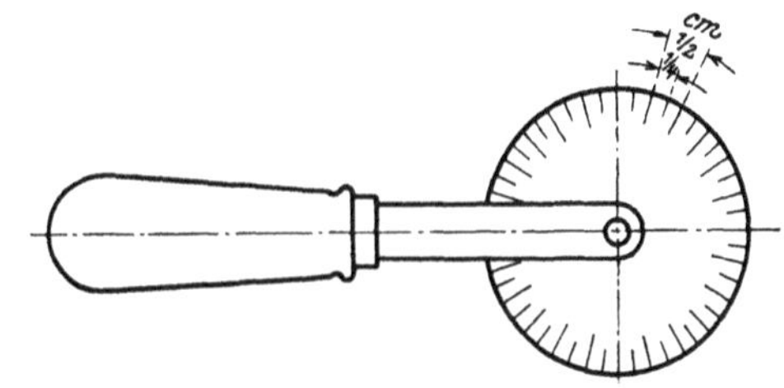

Abb. zu 14.

Verwendet wird es häufig im Kesselbau, Schiffbau, Klempnerei usw.

15. Es ist der Taster und seine Verwendung zu beschreiben.

Der Taster dient zum Abnehmen und Übertragen von Maßen am Arbeitsstück. Man unterscheidet Innentaster, Außentaster und Doppeltaster. Er besteht aus zwei um einen Punkt drehbaren Schenkeln. Den Innentaster verwendet man zum Messen der Durchmesser von Löchern, Bohrungen, z. B. Lagern. Der Außentaster wird gebraucht zum Messen und Übertragen von Wellendurchmessern. Sehr praktisch ist der Doppeltaster, dessen Schenkel im Verhältnis 1 : 1 hergestellt sind. Es ist mit ihm möglich, Zapfen und Bohrung bei einer Einstellung zu vergleichen.

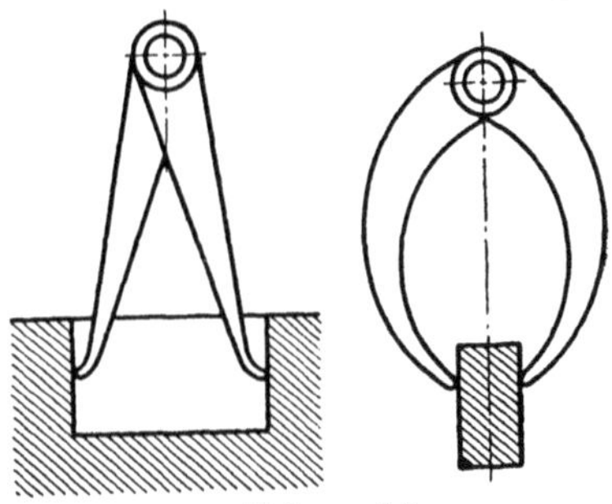

Abb. zu 15.
Innentaster. Außentaster.

Zu genauen Messungen sind die Taster nicht zu verwenden.

16. Skizze und Beschreibung einer Schublehre.

Die Schublehre besteht aus einem Stahllineal und aus zwei zu diesem senkrecht stehenden Schenkeln, von denen der eine fest, der andere verschiebbar ist. Das Stahllineal trägt eine Millimeterteilung, außerdem ist noch ein Nonius vorhanden, so daß Ablesungen bis zu $^1/_{10}$ mm möglich sind.

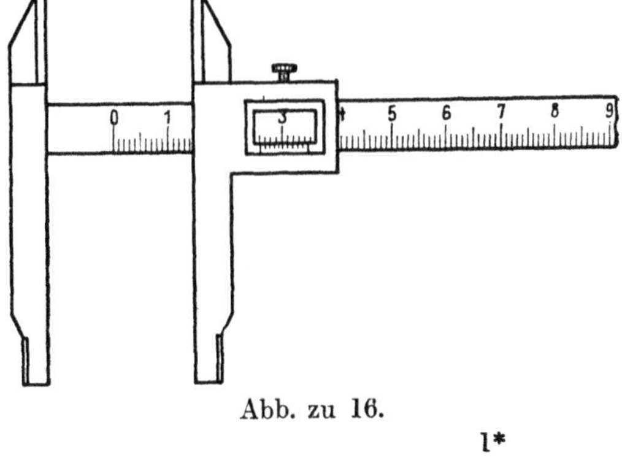

Abb. zu 16.

Die Schublehre wird verwendet zum Messen von Durchmessern, außen wie innen (zum Innenmessen sind noch besondere Meßschnäbel angebracht), von Längen und Dicken. Für besonders feine Messungen verwendet man Schublehren mit Mikrometerschrauben.

17. **Es ist die Wirkungsweise des Nonius zu erklären.**

Das Wesen des Nonius besteht darin, daß eine Strecke von 9 mm in 10 gleiche Teile geteilt ist. Es ist also jeder Skalenteil $^1/_{10}$ mm kleiner als 1 mm. Diese Strecke wird an einer Normalstrecke mit 10 mm-Teilung vorbeigeschoben. Wenn nun z. B. die Teilstriche 5 sich gegenüberstehen, so ist die zu messende Strecke 0,5 mm lang. Ein solcher Maßstab wird meist nicht allein gebraucht, sondern als Zusatzmaß zur Verfeinerung gröberer Messungen.

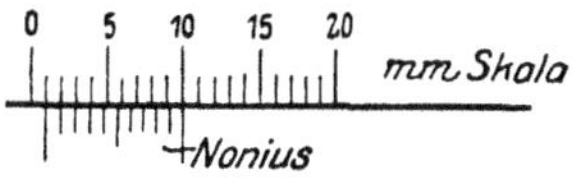

Abb. zu 17.

18. **Skizze und Erklärung eines Stichmaßes.**

Das Stichmaß braucht man im Maschinenbau zum Messen der großen Durchmesser von Zylindern, Bohrungen usw. Es besteht im Prinzip aus zwei zylindrischen Stangen, von denen eine in der anderen verschiebbar gelagert ist, s. Abb. 18. Die Meßspitzen sind gehärtet. Bei besseren Ausführungen kann die Verschiebung durch Mikrometerschraube erfolgen, wodurch genaue Ablesungen möglich sind. Ganz rohe Ausführungen verzichten auf die Verschiebung. Man nimmt dann eine in der Mitte leicht gebogene Stahlstange, die man durch Hammerschläge streckt, bis sie in der zu messenden Öffnung fest sitzt. Das Maß wird hierbei dann an einem Maßstab festgestellt.

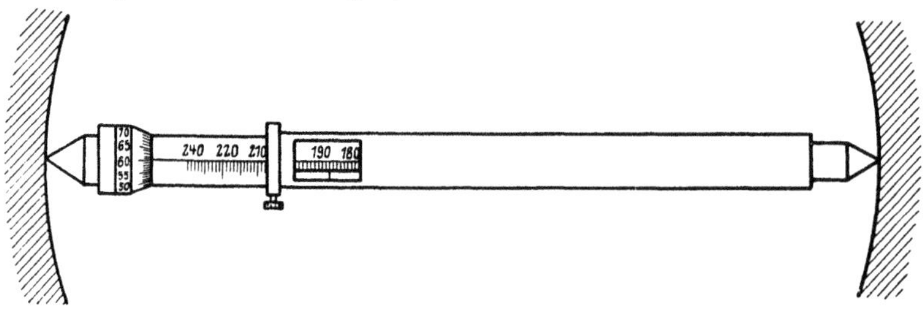

Abb. zu 18.

19. **Wie kann man einen Innen- und Außenkonus messen?**

Man schafft sich ähnlich wie beim Kaliber einen Konusdorn und eine Konushülse. Der Konusdorn dient zum Messen des Innenkonus. Er hat auf seinem Umfang einen Meßstrich eingerissen. Bis zu diesem muß er in den zu messenden Innenkonus hineingehen. Geht er nicht ganz in diesen hinein, so ist der Innenkonus zu eng. Geht er tiefer als die Marke anzeigt hinein, so ist der Konus zu weit. Das Umgekehrte tritt bei der Konushülse ein. Beim Messen des Innenkonus kann man das Verfahren noch vereinfachen, indem man ein konisch zugeschnittenes Blech anwendet.

20. Was versteht man unter Tiefenmaß? Seine Verwendung?

Zum Messen der Tiefe von Löchern, Keilnuten usw. dient das Tiefenmaß. Häufig ist dieses mit Nonius oder Mikrometerschraube versehen, um genaue Messungen ausführen zu können. Das Tiefenmaß besteht aus einem Maßstab, der in einem Schieber beweglich ist. Der Schieber wird quer über die zu messende Öffnung gelegt und der Maßstab dann niedergedrückt, bis er unten in dem zu messenden Loch aufstößt.

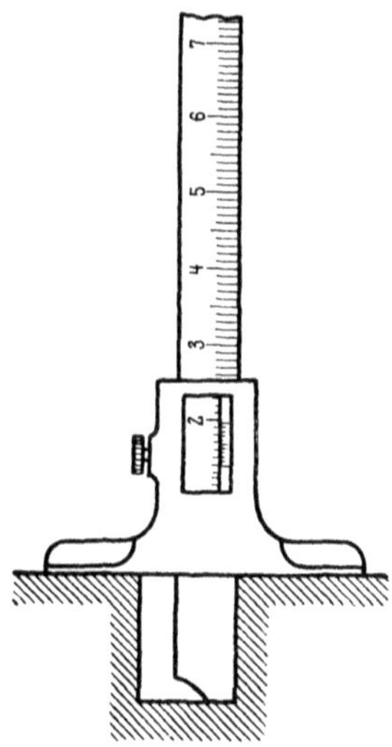

Abb. zu 20.

21. Es ist eine Federlehre und ihre Verwendung zu beschreiben.

Die Federlehre ist ein zum Messen feiner Dreharbeiten häufig verwendetes Instrument. Sie besteht aus zwei um einen Punkt drehbaren Schenkeln, deren Verlängerungen in Verbindung mit einer Bogenskala ein genaues Ablesen ermöglichen. Infolge des Schenkelverhältnisses von 1 : 10 ist eine Ablesung von zehntel Millimetern möglich. Eine zwischen den Schenkeln vorhandene Feder, wonach der Name des Instrumentes, sorgt für das erforderliche Anpressen der Meßschnäbel an das Werkstück bzw. für Einstellung auf den Nullpunkt der Skala.

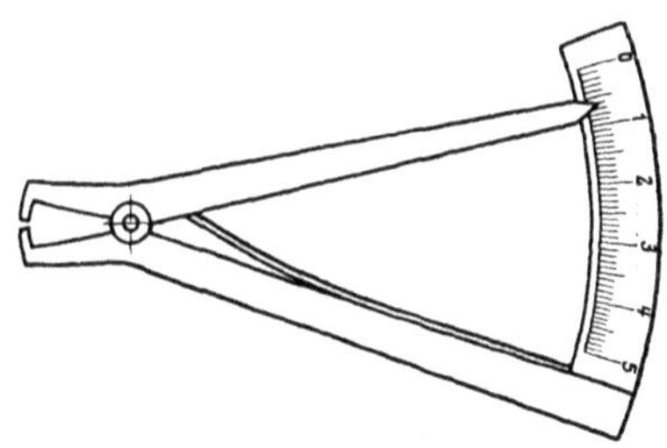

Abb. zu 21.

22. Wie mißt man die Weite enger Spalten und Schlitze?

Durch sog. Fühllehren. Diese bestehen aus einer Anzahl schmaler Blechstreifen von verschiedener Stärke, die an einem Ende durch einen Zapfen verbunden sind. Sie können einzeln aus dem Paket herausgeklappt und in den Schlitz eingeführt werden. Dasjenige Blech, das in den Schlitz gerade noch hineingeht, gibt die Spaltdicke an.

Abb. zu 22.

23. Wie mißt ein Lagerhalter schnell und einfach die Dicke der auszugebenden Bleche?

Mit Hilfe einer Blechlehre. Sie besteht entweder aus einem Maßstab oder aus einer Scheibe, in deren Kante man Schlitze von verschiedener Weite eingefeilt hat. Die Schlitze sind durch vorheriges Bohren hinten

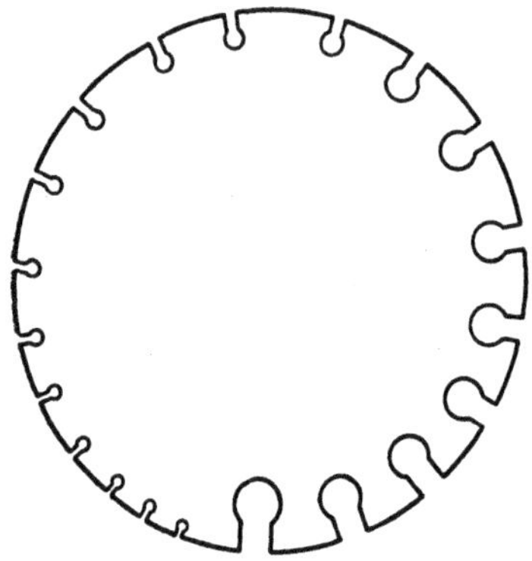

Abb. zu 23.

erweitert, um ihre Herstellung zu erleichtern und einen eventuell auftretenden Grat aufnehmen zu können. Bei den einfacheren Lehren sind die Schlitzweiten hinter den betreffenden Schlitzen aufgeprägt.

24. **Wie mißt man die Dicke von Drähten?**

Durch Drahtlehren. Man unterscheidet in der Hauptsache drei verschiedene.

1. Die deutsche Drahtlehre, die in demselben Sinn ausgeführt ist, wie die Blechlehre (s. Frage 23), allerdings ist sie meist bandförmig und nicht kreisrund.

2. Die französische Drahtlehre, die 100 verschiedene Bohrungen trägt, in die der Draht eingefädelt werden muß. Hierdurch ist das Messen sehr erschwert.

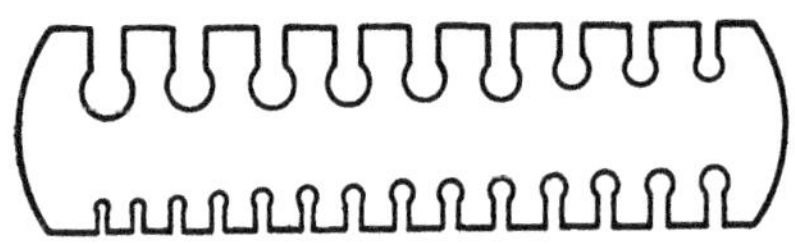

Deutsche Lehre.

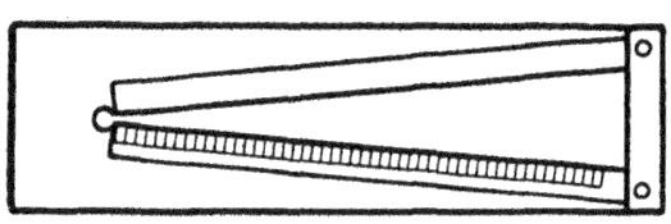

Englische Lehre.
Abb. zu 24.

3. Die englische Drahtlehre, die in einem konischen Schlitz besteht, auf dessen Rand die entsprechenden Entfernungen zweier gegenüberliegender Kanten aufgetragen sind. Man mißt hier am schnellsten, aber nicht so genau wie mit der deutschen.

25. **Es ist ein Gehrmaß zu erklären.**

In der Holzbearbeitung kommt sehr oft, z. B. bei Rahmenarbeiten, der Zusammenstoß zweier rechtwinklig zueinander stehender Flächen vor. Um eine recht lange Stoßfläche zu erhalten, schneidet man in diesem Falle in einem Winkel von 45^0 ab. Diesen häufig angewandten Winkel nennt man den Gehrungswinkel und das Instrument, ihn zu messen: Gehrmaß.

Abb. zu 25.

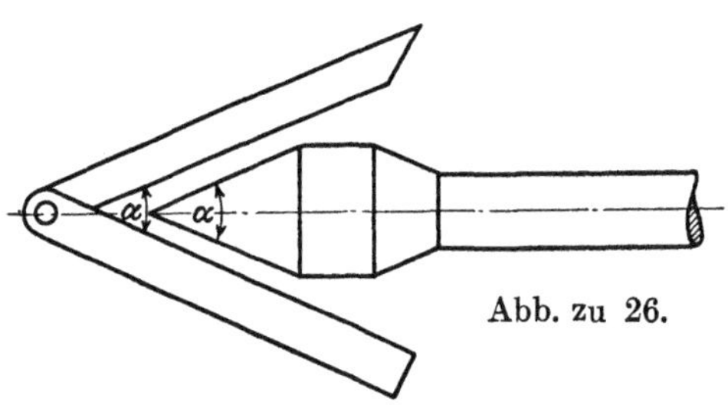

Abb. zu 26.

26. **Was bezeichnet man als Schmiege?**

Andere Winkel kommen in der Tischlerei, der Schmiede und namentlich der Winkelschmiede viel vor. Die Instrumente zum Messen solcher Winkel nennt man Schmiegen oder Schmiegmaße. Diese bestehen in der Tischlerei aus Holz, in der Schmiede aus Eisen. Es sind kurze Winkel, deren einer Schenkel gegen den anderen drehbar und in jeder Lage durch einen Knebel feststellbar gelagert ist.

27. **Es ist eine Wasserwage zu beschreiben.**

Bei Montagen und Bauten auf dem Lande arbeitet man häufig mit der Wasserwage. Der Holzarbeiter benützt lange hölzerne, der Metallarbeiter kürzere eiserne Wasserwagen. Sie bestehen aus einem nach der Mitte zu gekrümmten Glasrohr, das mit Wasser oder Alkohol gefüllt ist und eine Luftblase enthält. Dieses Glasrohr liegt in einem hölzernen oder eisernen Prisma unter Glasschutz. Es kann längs oder quer zur Längsachse des Prismas eingelassen sein. Solange nun das Schutzprisma eine genau horizontale Lage einnimmt, bleibt die Luftblase in der Mitte des Glasrohres stehen. Hebt sich aber das Prisma nach der einen Seite, so steigt die Luftblase nach dieser hin, und zeigt damit die Schräge der zu messenden Fläche an. Wasserwagen sind nicht verwendbar bei Bordmontagen.

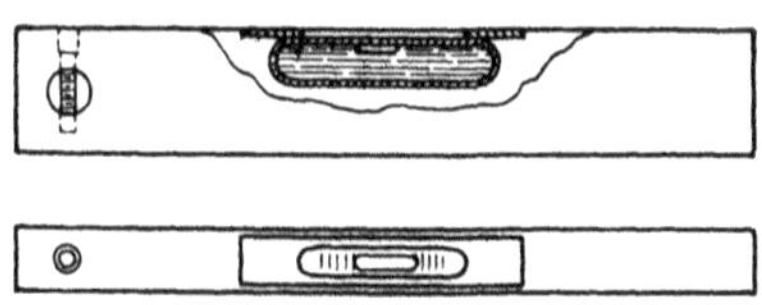

Abb. zu 27.

28. **Es ist eine Schlauchwasserwage zu beschreiben.**

Oft handelt es sich darum, ob zwei Seiten eines Gebäudes, zwei Bahnen einer Brücke oder ähnliches die genau gleiche Höhe haben. Wollte man hier mit Wasserwage arbeiten, so würden sehr lange Instrumente erforderlich sein. Man hilft sich hier mit Schlauchwasserwagen. Es ist dies streng genommen keine Wasserwage im besprochenen Sinne, sondern nur zwei senkrecht gestellte kommunizierende Glasröhren mit Skalenteilung in einem Schutzgehäuse. Die Röhren stehen durch einen mit Wasser gefüllten Gummischlauch in Verbindung. Stellt man die eine dieser Röhren auf eine zu messende Fläche, so muß die Spiegelhöhe in beiden gleich sein, wenn die beiden Flächen die gleiche Höhenlage haben. Hierbei ist zu beachten, daß bei schrägen Flächen die Säulen der Schlauchwasserwagen scheitelrecht auszurichten sind und beide an die entsprechende Kante der Fläche aufgesetzt werden müssen.

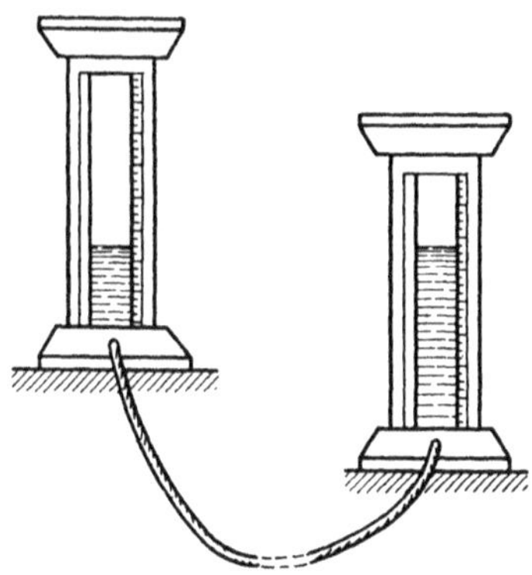

Abb. zu 28.

29. **Messen schräger Flächen mit Wasserwage.**

Die Wasserwage kann nur vollständig oder annähernd horizontale Flächen messen. Soll mit ihrer Hilfe auch festgestellt werden, welche

Schräge gegen die Horizontale eine erheblich schief liegende Fläche hat, so muß die Wasserwage auf einem Winkel montiert werden. Der eine Schenkel dieses Winkels wird dann auf die schräge Fläche aufgelegt. Der andere Schenkel, auf dem die Wasserwage befestigt ist, und der drehbar mit dem ersten Schenkel verbunden wird, ist nun so einzustellen, daß die Luftblase der Wasserwage wieder in der Mitte einspielt. An einem Bogen, der die beiden Schenkel verbindet, kann man dann den Winkel zwischen ihnen ablesen.

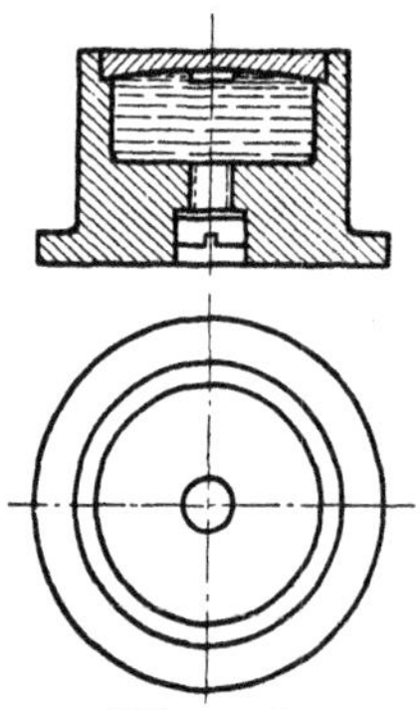

Abb. zu 30.

30. Es ist eine Dosenlibelle zu beschreiben.

Unter einer Dosenlibelle versteht man eine Dose aus Metall, deren obere Seite mit einem innen hohlgeschliffenen Glaskörper abgeschlossen ist. Die Dose ist mit einer Flüssigkeit gefüllt, an deren Oberfläche sich eine Luftblase am Glase befindet. Die Dosenlibelle dient zum Kontrollieren, ob sich ein Gegenstand in horizontaler Lage befindet. Die Kontrolle geschieht durch die Stellung der Luftblase. Horizontale Lage ist dann vorhanden, wenn die Luftblase in der Mitte eines auf dem Glase angegebenen Kreises sich befindet.

31. Wie prüft man im Maschinenbau ebene Flächen mittels eines Lineals?

Um zu prüfen, ob eine Fläche vollkommen eben ist, kann man folgendermaßen vorgehen: Man nimmt ein Lineal, das gerade geschliffen und tuschiert ist, setzt es nach verschiedenen Richtungen auf die zu prüfende Platte auf und prüft nach der Lichtspaltmethode, d. h. man sieht nach, ob irgendwo noch zwischen Fläche und Lineal ein Lichtspalt vorhanden ist. Ist die Fläche vollkommen eben, so wird das Lineal überall gleich aufliegen und nirgends Licht durchdringen. Bei feinen Messungen kippt man das Lineal so weit auf, daß nur eine Kante trägt. Hierdurch wird der Weg für den Lichtspalt kürzer und dieser dringt leichter durch.

32. Was ist eine Tuschierplatte? Wie wird sie verwendet?

Eine genau eben geschabte Platte, teils rund, teils viereckig, die durch Rippen gegen jedes Verziehen abgestützt ist. Sie wird benutzt, um die Ebenheit von Flächen zu kontrollieren. Zu diesem Zwecke reibt man sie ganz leicht mit Farbe oder Mennige ein und legt sie dann auf die zu prüfende Fläche, auf der man sie hin und her bewegt. Die vorstehenden Punkte der zu prüfenden Fläche reiben sich nun zuerst an der Farbe, während die tieferen Punkte ungefärbt bleiben. Man kann dann die vorstehenden Flächenteile durch Schaben entfernen, bis die ganze Fläche gleichmäßig beim Tuschieren eingefärbt wird. Platte nur ganz schwach einfärben, damit Farbe nicht in die Tiefen der zu prüfenden Fläche eingedrückt wird.

33. Wie werden Tuschierplatten genau hergestellt?

Solange man keine genaue Tuschierplatte hat, ist man genötigt, mindestens zwei, am besten noch mehr, Tuschierplatten auf einmal anzufertigen. Man hobelt und schleift sie zunächst und tuschiert sie dann gegenseitig aufeinander, wie Frage 32.

34. Wie prüft man Stähle zur Herstellung von Gewinden und diese selbst?

1. Einfachste Methode. Man hat Blechstreifen, die an einer Seite mit einem Winkel angespitzt sind, dem der entsprechende Flankenwinkel des Gewindes entspricht. Man hält diese Spitze in den Strähler oder das geschnittene Gewinde hinein und prüft mittels Lichtspalts, ob dasselbe paßt. Es ist für jeden vorhandenen Flankenwinkel ein solches Blech vorrätig zu halten.

2. Die Steigung eines Gewindes kann man mit einem Apparat ähnlich der Dickenfühllehre messen. Man hat hier Bleche, in deren Rand ein Gewindeprofil eingefräst ist. Hier soll hauptsächlich die richtige Steigung gemessen werden. Man hält ein Blech nach dem anderen, von denen jedes eine andere Steigung gibt, an das Gewinde heran und sieht zu, welches paßt.

3. Methode.

Etwas genauer arbeitet nebenstehender Apparat, der sonst genau so benutzt wird, wie der vorhergehende, nur gestattet er infolge seiner kräftigen Ausführung und doppelseitiger Führung weniger Abweichung. Mit Hilfe des Lichtspaltes kann man auch hier, selbst wenn die Lehre faßt, kleinere Abweichungen erkennen. Für Innengewinde, z. B. Muttern, sieht der Apparat wie Abb. 34^3b aus. Der glatte Schaft muß noch zwischen dem Gewinde gut einschiebbar sein, während sich das Gewinde auf der anderen Seite ohne Klemmung und ohne Lose einschrauben lassen muß.

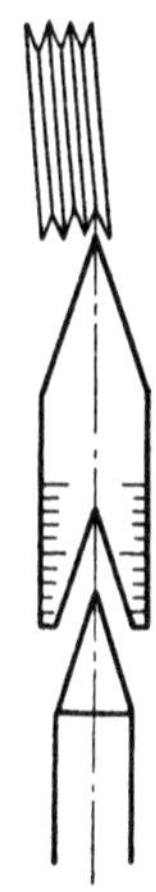

Abb. zu 34^1.

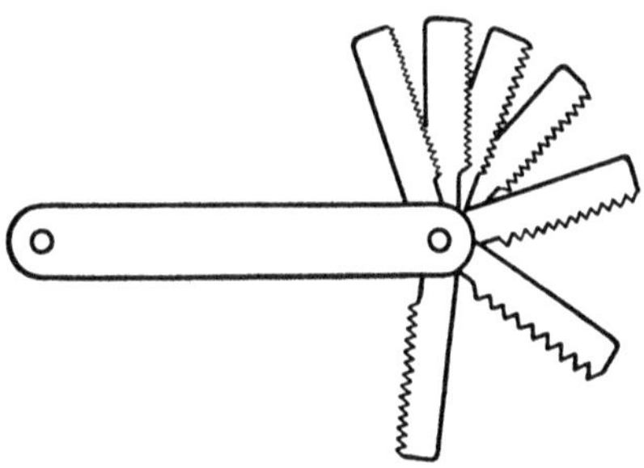

Abb. zu 34^2

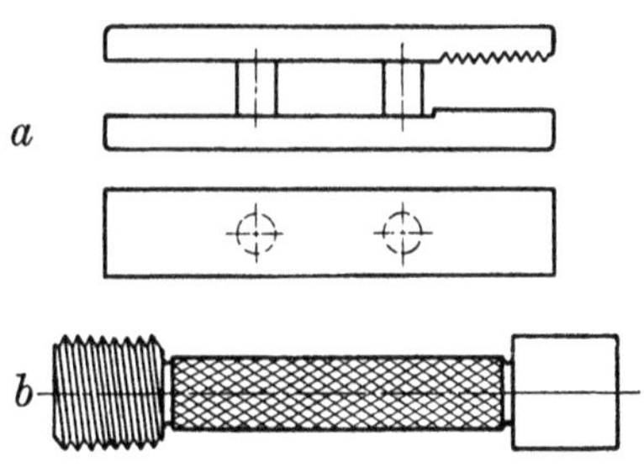

Abb. zu 34^3.

4. Für ganz feine Abmessungen, besonders an kleinen Schrauben, arbeitet man mit dem Mikroskop. Man betrachtet die Spitze des Gewindeganges durch dasselbe und stellt sie in ein Fadenkreuz ein. Dann stellt man unter Benutzung des Mikroskopes eine zweite senkrechte

Haarlinie auf die Spitze des nächsten Gewindeganges ein. Der Abstand beider Striche, mithin die Steigung, kann auf einer Feinmeßskala abgelesen werden.

35. Was versteht man unter einem Kaliber?

Als Kaliber bezeichnet man sowohl Bolzen als Ringe, die auf ein bestimmtes Maß geschliffen oder gebohrt sind. Beide werden als Meßwerkzeuge zur Kontrolle genauer Abmessungen verwendet. Der Bolzen wird in eine Bohrung hineingesteckt. Ist er kleiner, so geht er leicht hinein, ist er größer, so schnäbelt er höchstens an. Wenn er sich gut unter Druck des Eigengewichtes darin dreht, hat die Bohrung das gewünschte Maß. Der Ring wird über die zu prüfende Welle übergeschoben und kann auch entsprechend dem Bolzen im entgegengesetzten Fall lose, fest oder gar nicht passen.

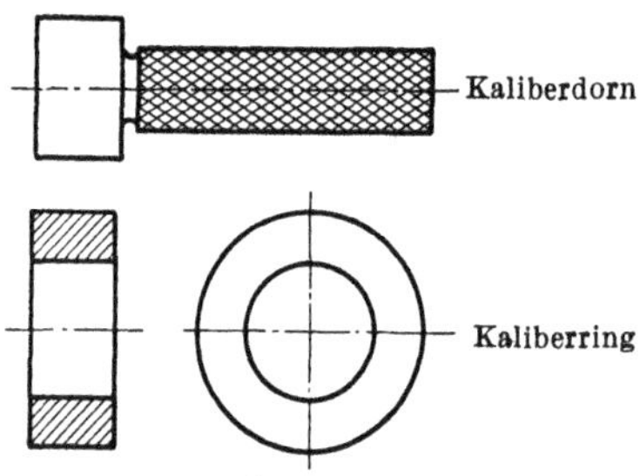

Abb. zu 35.

36. Rachenlehre und ihre Anwendung.

Die Rachenlehre, s. Abb. 36, wird wie der Kaliberring zum Messen von solchen zylindrischen Arbeitsstücken benutzt, auf die erstere nicht überzuschieben ist. Um sehr genaue Maße herzustellen, verwendet man doppelte Rachenlehren, sog. Grenzlehren. Sie sichern die Fehlergrenze bei der Anfertigung. Bei den Grenzlehren ist die eine Seite der Rachenlehre, die sog. „Gutseite", so weit, daß diejenige Welle, die den stärksten noch zulässigen Durchmesser hat, unter dem Eigengewicht der Lehre gerade noch durch diese hindurchgeführt werden kann. Die andere Seite, die „Ausschußseite", ist enger gehalten, und zwar so, daß die dünnste noch zulässige Welle der betreffenden Abmessung nicht mehr durch sie hindurchgezogen werden kann.

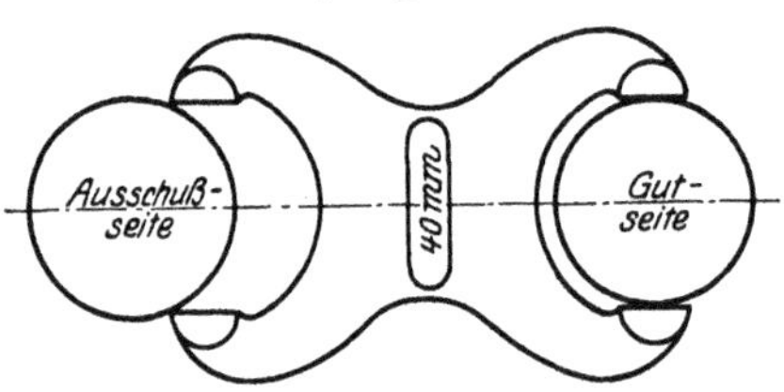

Abb. zu 36.

Die Abweichungen sind natürlich, da sie nur zwischen den zulässigen Fehlergrenzen liegen, ganz gering, z. B. würden bei einer Welle von 30 mm die Gutseite eine Weite von 30 + 0 mm, die Ausschußseite eine Weite von 30 — 0,015 mm haben. Teile, die nach diesen Grenzrachenlehren hergestellt sind, können, da sie praktisch gleich, auch dann gegeneinander ohne Schwierigkeiten ausgetauscht werden, wenn sie in verschiedenen Fabriken hergestellt sind (Austauschbau).

37. Lehrdorn und seine Anwendung.

Der Lehrdorn ist ein auf ein bestimmtes Maß geschliffener Dorn, der genau entsprechend der Rachenlehre, s. Frage 36, für Messungen von Bohrungen angewandt wird. Grenzlehrdorn ist wie die Grenzrachenlehre ein Doppeldorn, dessen „Gutseite", um die Toleranz dünner, noch in die Bohrung hineingehen muß, dessen stärkere „Ausschußseite" in der Bohrung höchstens anschnäbeln darf. Beispiel: Grenzlehrdorn für Bohrung von 30 mm, Gutseite 30 — 0 mm, Ausschußseite 30 + 0,022 mm.

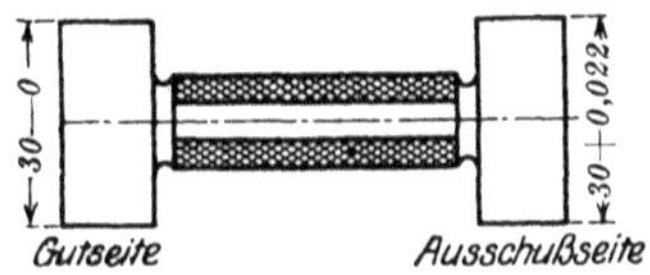

Abb. zu 37.

38. Was bezeichnet man als Arbeitslehren, was als Prüflehren?

Unter Arbeitslehren versteht man Grenzlehren, die bei der Herstellung der Werkstücke in der Werkstatt verwendet werden. Prüflehren sind Lehren, die zum Nachprüfen der in der Werkstatt verwendeten Arbeitslehren dienen.

39. Gesichtspunkte bei Aufstellung der Grenzlehren.

Eine Welle und eine Bohrung haben zunächst das runde Maß der Zeichnung, das sog. Nennmaß. Wenn die Welle in die Bohrung hineinpassen soll und sich darin zu drehen hat, muß sie kleiner sein, sie muß also absichtlich ein Abmaß nach unten erhalten, oder die Bohrung muß weiter sein und, wieder gewollt, ein Abmaß nach oben erhalten. Es gibt auch noch ungewollte Abmaße, weil die Herstellungsgenauigkeit eine absolute Deckung mit den gewünschten Maßen nicht zuläßt. Um nun keine Abmaße zu erhalten, die das sichere Zusammenpassen von Bohrung und Welle gefährden, schuf man das Grenzlehrsystem, das die Grenzen festlegt, zwischen denen sich Welle und Bohrung bei der praktischen Ausführung halten müssen. Wenn man diese nunmehr festgesetzten Grenzen innehält, so wird stets die in der einen Werkstatt hergestellte Welle in die in einer anderen Werkstatt hergestellte Bohrung in der gewünschten Weise passen.

40. Was versteht man unter einer Passung?

Von einer Passung kann nur gesprochen werden, wo zwei Körper miteinander in einer bestimmten Beziehung stehen sollen, d. h. wo sie ineinander oder aneinander passen müssen. Sie kommen nur vor im System des Austauschbaues und sind für diesen Zweck von der Industrie zusammen mit dem Verein deutscher Ingenieure festgelegt worden. Man unterscheidet je nach der Güte und Sauberkeit der herzustellenden Waren verschiedene Passungen.

41. Welche verschiedenen Passungen gibt es?

1. Edelpassung, auf Zeichnung abgekürzt mit *E*.
2. Feinpassung, auf Zeichnungen mit *F*.

3. Schlichtpassung mit *S*.
4. Grobpassung mit *G*.

42. Was bezeichnet man als Toleranz?

Als Toleranz bezeichnet man die zulässige Abweichung vom Nennmaß. Wenn z. B. ein Bolzen von 40 mm Durchmesser mit einer Toleranz von $\pm$ 0,025 mm anzufertigen ist, so muß der Durchmesser des Bolzens zwischen 40 + 0,025 mm und 40 — 0,025 mm liegen.

43. Was ist eine Passungstoleranz?

Es ist eine Toleranz, die unter Berücksichtigung der größtmöglichen Abweichung für die beiden zusammenpassenden Teile festgelegt ist. Bei der Aufstellung der Passungstoleranzen ist also dafür zu sorgen, daß z. B. die kleinstmögliche Welle in der größtmöglichen Bohrung noch eine befriedigende Passung ergibt. Wenn dies nicht der Fall, würden die Toleranzen zu verringern sein.

44. Ist bei der Festsetzung von Passungen auf äußere physikalische Einflüsse Rücksicht zu nehmen?

Ja; da sämtliche Metalle bei verschiedenen Temperaturen verschiedene Volumina annehmen, müssen für das Austauschverfahren alle Toleranzen für eine bestimmte Temperatur festgelegt werden, die sog. Bezugstemperatur. Man hat sich auf die gewöhnliche Werkstattemperatur 20° C geeinigt. Passungen für andere Temperaturen müssen umgerechnet werden.

45. Was versteht man unter einem Sitz?

Innerhalb der verschiedenen Passungen unterscheidet man Sitze. Die Passung stellt nur den Gütegrad der Anfertigung dar, gibt also an, ob die zu wählenden Toleranzen kleiner oder größer sein dürfen. Der Sitz dagegen bestimmt, wie z. B. eine Welle in einer Bohrung sitzen soll, d. h. ob die beiden fest aufeinander sitzen sollen (Ruhesitze) oder ob die Welle in der Bohrung laufen soll (Laufsitze).

46. Welche verschiedenen Sitze unterscheidet man?

1. Ruhesitze:
   - Preßsitz *P*.
   - Festsitz *F*.
   - Haftsitz *H*.
2. Laufsitze:
   - Schiebesitz *S*.
   - Gleitsitz *G*.
   - Enger Laufsitz *EL*.
   - Laufsitz *L*.
   - Leichter Laufsitz *LL*.
   - Weiter Laufsitz *WL*.

Diese Sitze treten in den verschiedenen Gütegraden, d. h. Passungsgraden auf, und kommen die Ruhesitze ausschließlich bei Edel- und Feinpassung vor. Was mit den verschiedenen Sitzen erreicht werden soll, ergibt bereits ihre Name, so sind z. B. Teile, die sich in weitem Laufsitz aufeinanderpassen, so zu bemessen, daß sie sich mit sehr reichlichem Spiel ineinander bewegen. Bei engem Laufsitz bewegen sie sich ohne merkliches Spiel ineinander, und bei Preßsitz sitzen sie unter allen Umständen sehr fest, so daß sie mit Pressen oder warm aufeinander aufgezogen werden müssen. Im übrigen siehe V. D. I.-Normen.

47. **Wie bemißt man die Toleranzen bei den einzelnen Sitzen?**

Man macht die Toleranzen abhängig vom Durchmesser der Arbeitsstücke. Da ein Fehler von z. B. 0,1 mm bei einer sehr dünnen Welle schon sehr bedeutend sein kann, während er bei einer starken Welle noch gar nicht wesentlich wirksam wird. Man sagt daher bei den verschiedenen Sitzen, daß die Teile eine Toleranz von soundsoviel Paßeinheiten erhalten. Die Paßeinheit wird vom Durchmesser abhängig gemacht, und man hat sich hier auf folgende Formel geeinigt:

$$1\,PE = 0{,}005\sqrt[3]{D}.$$

D = Durchmesser der Welle oder des Loches in Millimeter.

48. **Wann wendet man die einzelnen Passungen an?**

Die Edelpassung hauptsächlich in der Feinmechanik, bei Meßwerkzeugen, genauesten Maschinen, z. B. Zigarettenmaschinen.

Feinpassung ist der normale Gütegrad für den meisten Maschinenbau, z. B. Werkzeugmaschinen u. dgl.

Schlichtpassung im gröberen Maschinenbau, z. B. Zerkleinerungsmaschinen, teilweise Ziegeleimaschinenbau.

Grobpassung im Mühlenbau, Ziegeleimaschinenbau, Brikettpressen.

49. **Unterschied zwischen Einheitsbohrung und Einheitswelle.**

Um möglichst wenige Meßwerkzeuge zu benötigen, stellt man entweder die Bohrung oder die Welle nur nach dem Nennmaß mit Arbeitstoleranz her und gibt dem dazu gehörigen Teil die Abmaße für den jeweiligen Sitz. Man würde also z. B. für den Durchmesser 30 mm bei der Einheitsbohrung nur eine Bohrung von 30 mm + Arbeitstoleranzen haben, während man bei etwa fünf gewünschten verschiedenen Sitzen fünf verschieden bemessene Wellen haben müßte. Es würde dann aber das kleinste Maß der Bohrung 30 mm sein und die Arbeitstoleranzen nach oben liegen müssen.

Wenn man sich zum System der Einheitswelle entschließt, so würde man in diesem Falle nur eine Abmessung der Welle haben, deren oberste Grenze genau 30 mm ist, und fünf verschiedene Abmessungen von Bohrungen.

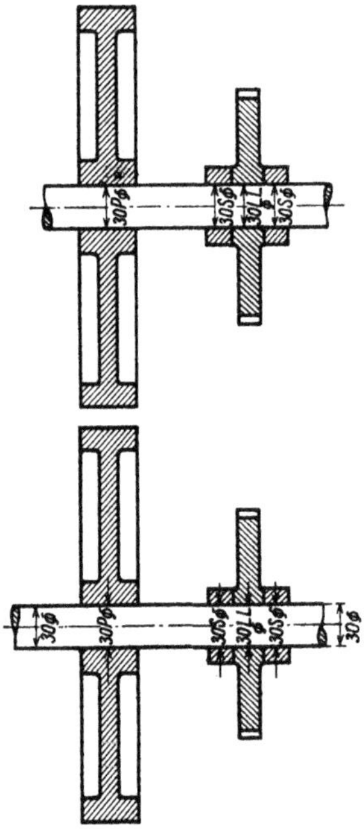

Einheitsbohrung:

$30\ \mathrm{P}\quad \phi = 30^{+0{,}045}_{+0{,}032}$

$30\ \mathrm{S}\quad \phi = 30^{+0{,}008}_{-0{,}008}$

$30\ \mathrm{LL}\ \phi = 30^{-0{,}045}_{-0{,}070}$

Einheitswelle:

$30\ \mathrm{P}\quad \phi = 30^{-0{,}025}_{-0{,}045}$

$30\ \mathrm{S}\quad \phi = 30^{+0{,}015}_{-0{,}008}$

$30\ \mathrm{LL}\ \phi = 30^{+0{,}080}_{+0{,}045}$

Abb. zu 50.

50. **Man skizziere einmal nach dem System der Einheitsbohrung und dann nach dem System der Einheitswelle folgendes Werkstück.**

Auf einer Welle von 30 mm äußerem Durchmesser sitzt mit Preßsitz ein Schwungrad. Auf der gleichen Welle bewegt sich mit leichtem Laufsitz ein Zahnrad, das rechts und links durch zwei Stellringe, die im Schiebesitz aufgesetzt sind, gegen seitliches Ausweichen gehalten wird.

51. **Welche Vorteile und Nachteile bringt für die Werkstatt das System der Einheitsbohrung und Einheitswelle mit sich?**

Es müssen hier berücksichtigt werden:

Bearbeitungskosten, Materialkosten, Werkzeugkosten und Lehrenbeschaffungskosten.

1. Bei Massenfabrikation ist zumal bei langen Wellen das System der Einheitswelle im Vorteil, da sowohl Bearbeitungs- wie Materialkosten wegen der fehlenden Absätze geringer sind. Es kommen hier weniger Werkzeugkosten und Lehrenkosten in Frage, besonders wenn man viel schleift.

2. Bei Einzelfabrikation ist häufig die Einheitsbohrung im Vorteil, weil hier für jedes Nennmaß nur ein Grenzlehrdorn zu beschaffen ist, während für *n* Sitze dieses Nennmaßes dann *n* Grenzrachenlehren zu beschaffen wären. Da meist der Grenzlehrdorn etwas teuerer ist als die Rachenlehre, kommt man hier billiger weg. Außerdem hat man zum Aufreiben in diesem Fall nur einen Satz Reibahlen notwendig, man spart also auch an Werkzeugen.

Im allgemeinen wird man von Fall zu Fall entscheiden müssen, welches System das vorteilhaftere ist.

52. **Was versteht man unter Endmaßen?**

Endmaße oder Parallelendmaße sind gehärtete Stahlkörper, die in einer Dimension ein ganz bestimmtes Längenmaß ganz genau wiedergeben. Fehlergrenzen sind bei diesen Endmaßen verschieden, je nachdem sie in der Werkstatt zum Nachmessen von Lehren oder zu Feinmeßarbeiten verwendet werden sollen. Sie werden z. B. als Parallelendmaße so geliefert, daß immer drei zusammengesetzte Meßklötze jedes Maß zwischen 1 und 100 mm ergeben. Hierbei sind die meßbaren Stufen bei den feineren Sätzen $^1/_{100}$ mm, bei dem Werksatz $^1/_{50}$ mm. Der höchstmögliche Fehler beträgt beim feinsten Satz $\pm$ 0,0015 mm, beim nächsten Satz $\pm$ 0,0045 mm und beim gröbsten Satz $\pm$ 0,02 mm.

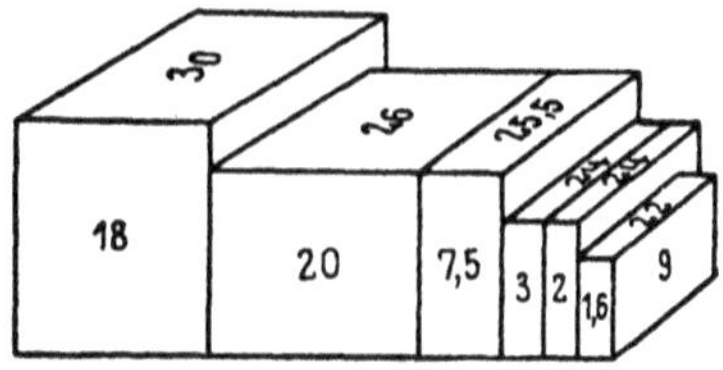

Abb. zu 52.

53. **Es ist die Verwendung der Parallelendmaße zu beschreiben.**

1. Bei der Drehbank:

Handelt es sich um genaues Ablängen oder Anbringen von Eindrehungen in genauem Abstande bei einem Werkstück, so verwendet man die Parallelendmaße auf folgende Weise: Auf dem Drehbankbett

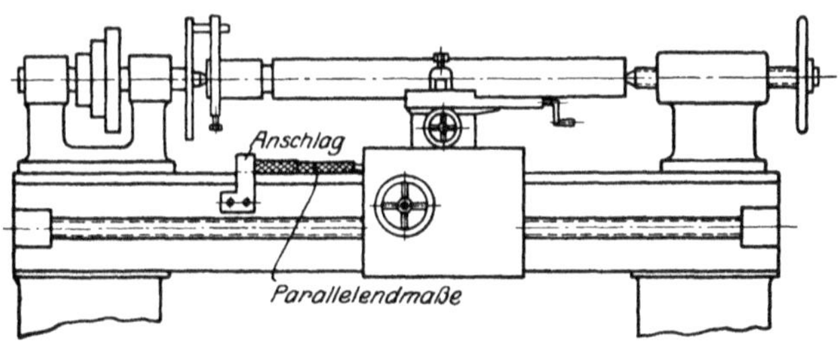

Abb. zu 53[1].

befindet sich ein Anschlag, an dem der Support beim ersten Einstellen anliegt. Nach erfolgtem Einstechen verschiebt man den Support durch Leitspindelantrieb, legt zwischen Anschlag und Support die Parallelendmaße in der geforderten Länge und bringt den Support so weit zurück, bis er die Endmaße berührt. Nach erfolgtem zweiten Einstechen hat man die gewünschte Länge in der geforderten Genauigkeit.

2. Bei Stählen der Hobelmaschine:

Will man in ein Werkstück eine Nut einhobeln, oder es bis zu einer in bestimmter Genauigkeit vorgeschriebenen Dicke herunterhobeln, so verfährt man bei Einstellung des Stahles folgendermaßen: Man legt auf den Aufspanntisch, auf dem das Werkstück aufliegt, Parallelendmaße, und zwar baut man sie in der Höhe auf, welche die Fläche des zu hobelnden Werkstückes haben soll. Dann senkt man den Stahl so weit, bis seine Schneidkante dieses Parallelendmaß berührt. Dadurch erhält man nach der Bearbeitung die gewünschten Abmessungen.

3. Zum Messen von Gewinde:

Will man kontrollieren, ob das Gewinde, z. B. einer Leitspindel, richtig ist, so prüft man die Entfernungen zwischen mehreren Gewindegängen unter Verwendung von Parallelendmaßen. Das Prüfen geschieht in folgender Weise: Eine in senkrechter Richtung verschiebbare, auf dem Support der Drehbank, zwischen deren Spitzen die Leitspindel eingespannt ist, befestigte Mikrometerschraube bringt man mit einem Gewindegang in Berührung, s. Abb. 53[3]. Der Support stößt an einem Anschlag an. Nun verschiebt man den ganzen Apparat um die bestimmte Gangzahl, legt zwischen Anschlag und Support so viel Parallelendmaße, als die Entfernung der betreffenden Gänge beträgt. Ist nun

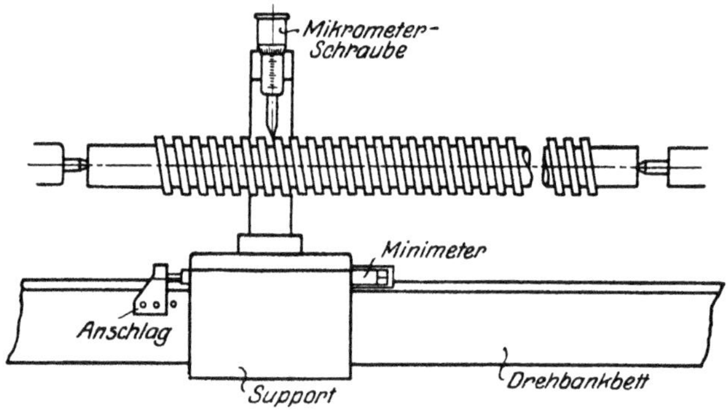

Abb. zu 53[3].

die Steigung des Gewindes richtig, so muß jetzt, wenn der Schlitten an den Endmaßen anliegt, die von oben eingeführte Mikrometerschraube dieselbe Tiefenstellung wie vorher haben. Aus ihrer Stellung ist dann gegebenenfalls leicht der Fehler zu errechnen. Um ganz genaue Ergebnisse zu haben, legt man hinter den Anschlag ein Minnimeter ein, das angibt, daß in beiden Fällen kein Anpressungsdruck die Genauigkeit der Messung beeinträchtigen kann.

54. Wie mißt man Öffnungen mit Durchmessern von über 80 mm?

Bei diesen großen Durchmessern würde ein Kaliber zu schwer. Man schneidet daher nur einen schmalen Teil eines solchen Kalibers durch die Mittelachse heraus und erhält dadurch das Grenzflachkaliber, s. Abb. 54. Die Herstellung erfolgt natürlich nicht aus vollem Kaliber, sondern meist durch Guß des flachen Körpers, der nachher gedreht und geschliffen wird.

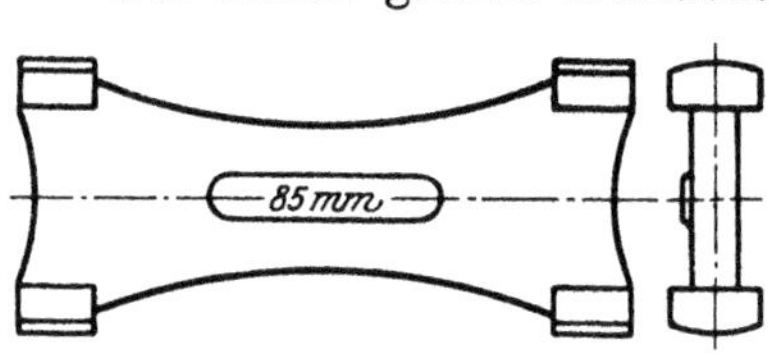

Abb. zu 54.

55. Wie mißt man Bohrungen über 100 mm?

Hier wird auch das Grenzflachkaliber zu unhandlich, und man schneidet wieder einen Stab heraus. Dessen Enden werden aber nun nicht mehr in einer Fläche rundgedreht, sondern so, daß sie auf der Oberfläche einer Kugel liegen, deren Mittelpunkt in der Mitte des ausgeschnittenen Stabes liegt.

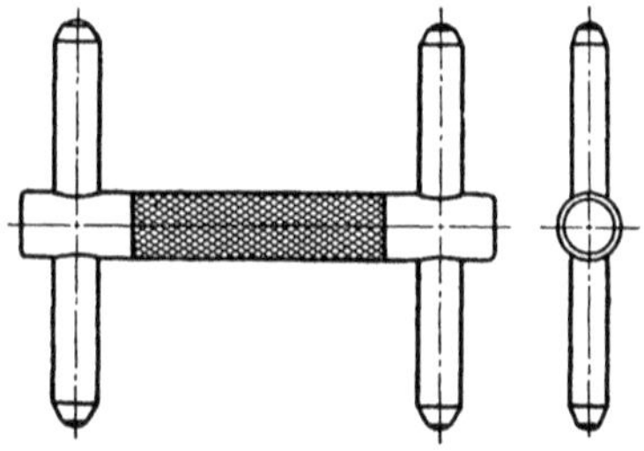

Abb. zu 55. Zylindrische Endmaße.

56. Es ist eine Mikrometerschraube zu beschreiben.

Die Mikrometerschraube wird zu Messungen von Dicken benutzt. Mit ihr ist es möglich, außerordentlich genau zu messen. Sie besteht aus einem Bügel, der an der einen Seite einen festen Meßzapfen, an der anderen Seite die Meßschraube trägt. Die Meßschraube hat geringe Steigung und kann bei jeder Umdrehung z. B. 1 mm vorwärts geschoben werden. Wie weit sie vorwärts geschoben ist, kann man an einer Strichskala an ihrem hinteren Ende ablesen. Ein Mantel, der Teilstriche trägt, gestattet meist noch Hundertstel Umdrehungen abzulesen.

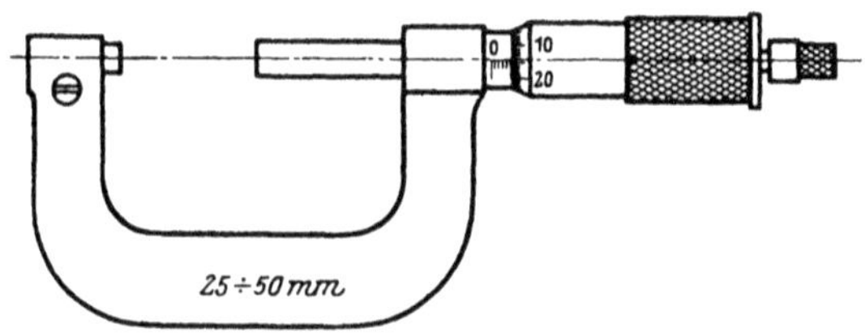

Abb. zu 56.

57. Es ist ein Minnimeter zu beschreiben.

Das Minnimeter wird sehr häufig zu genauen Messungen verwendet. Es werden gewöhnlich bis $^1/_{100}$ mm abgelesen. Das Prinzip beruht darauf, daß ein Hebel H auf den beiden Schneiden S und S' gelagert ist. S ist fest gelagert, S' mit Fühlstift verbunden. Die Entfernung der beiden Auflagepunkte und die Länge des Zeigerarmes bestimmen das Übersetzungsverhältnis und mithin die Genauigkeit der Ablesung.

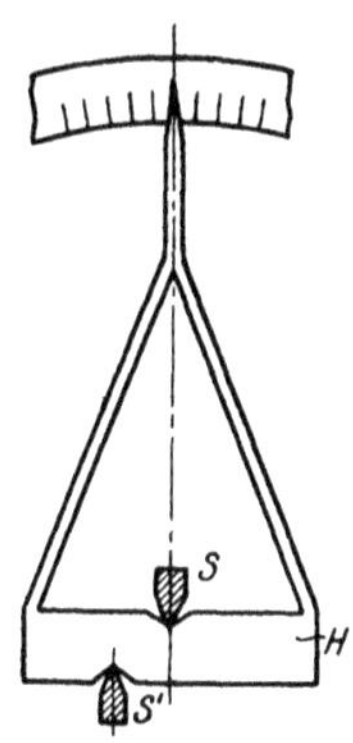

Abb. zu 57.

58. Skizze und Verwendung des Fühlhebels.

Das Prinzip des Fühlhebels beruht darin, durch Hebelübersetzung kleine Verschiebungen so zu vergrößern, daß ein genaues Ablesen mittels Zeiger und Skala möglich ist.

Verwendet wird der Fühlhebel sehr häufig zum genauen Messen im Maschinenbau, wenn es sich darum handelt, ebene Flächen auf ihre Genauigkeit nachzuprüfen.

Der Zeiger, der durch den Fühlhebel verschoben wird, wird beim Messen in eine Nullstellung gebracht. Eine Feder ist bestrebt, den Fühlstift niederzudrücken. Der zu messende Gegenstand bietet Widerstand.

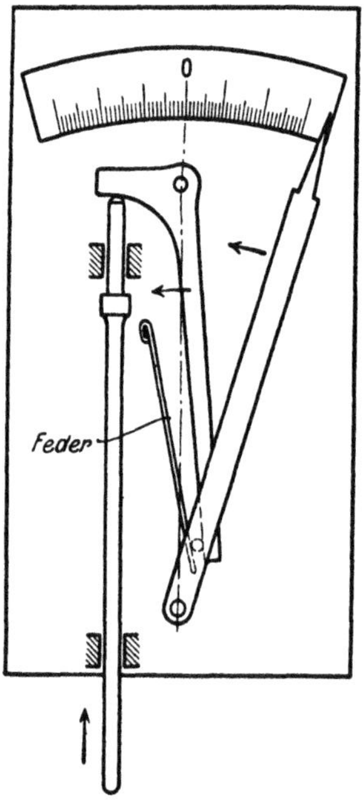

Abb. zu 58,

Bei Vertiefungen der Maßfläche wandert der Zeiger nach der einen, bei Erhöhungen nach der anderen Seite aus. Der Meßbereich solcher Instrumente beträgt meist 3—5, beim Hirthschen Minimeter 10 mm.

59. Kann man den Fühlhebel auch bei größerem Meßbereich, als der Minnimeter bietet, anwenden und mit welchem Instrument?

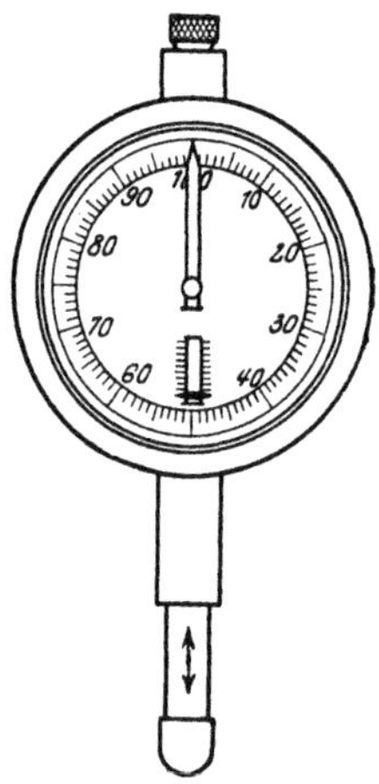

Abb. zu 59.

Ja; man benutzt hierbei die Fühluhr, eins der modernsten Meßinstrumente. Auch diese wird in einem festen Arm eingespannt und der Fühlstift gegen den zu messenden Gegenstand angedrückt. Die Übersetzung erfolgt meistens durch Zahnquadranten. Das Ausweichen des Fühlhebels wird durch eine Drehung des Zeigers auf dem Zifferblatt angezeigt. Der Zeiger kann mehrmals vollständig herumgedreht werden, so daß ein Meßbereich von etwa 1 cm gesichert ist. Auf dem Zifferblatt sind hundertstel mm ablesbar.

60. Worauf beruht das Prinzip der Meßmaschine?

Das Prinzip der Meßmaschine beruht darauf, daß auf einer sehr stabilen Brücke eine ganz feine Längsverstellung mittels Schraube und Nonius angebracht ist. Hierdurch kann man die Entfernung zwischen zwei Spitzen sehr genau ablesen, zumal die Verstellung mittels einer

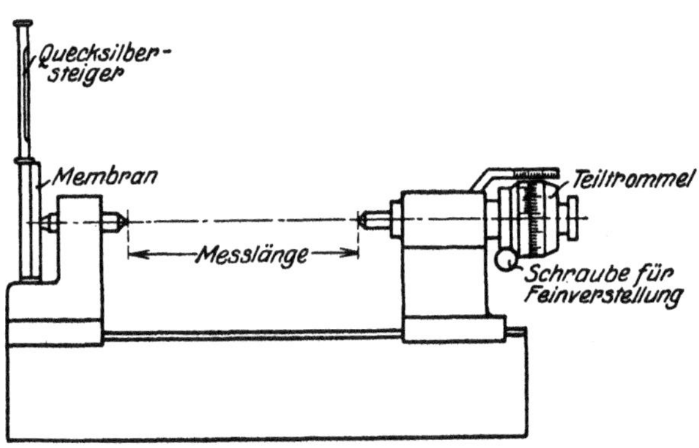

Abb. zu 60.

Teilscheibe geschieht, die in tausend Teile geteilt ist. Auch der Anlagedruck der Spitzen kann genau eingestellt werden durch Anlage des zu messenden Stückes gegen eine Membran, hinter der sich ein Quecksilbersteiger befindet.

61. Durch welche Mittel kann der gleichmäßige Anlagedruck beim Messen gesichert werden?

1. In gröberer Form durch Einschalten eines Minnimeters. Die zu messende Fläche wird so lange vorwärtsgeschoben, bis der Zeiger des Minnimeters auszuwandern beginnt.

2. Durch Membrankapsel mit Quecksilber- oder Wassersteigrohr. Die Kapsel ist mit Flüssigkeit vollkommen gefüllt, so daß noch ein Teil der Flüssigkeit im Steigrohr steht. Man schiebt nun den zu messenden Gegenstand so weit gegen die Membran vor, daß die Flüssigkeit bis zu einem angerissenen Nullstrich steigt, weil sie durch die zurückweichende Membran aus der Kapsel verdrängt wird. Hierdurch hat man an der Membran immer den gleichen Anlagedruck.

62. Wie kann man Massenteile an mehreren Stellen in der Revision am einfachsten kontrollieren?

1. Man stellt ein Minnimeter über einem Auflagetisch so ein, daß der Zeiger beim Unterlegen des Werkstückes auf Null zeigt, wenn der Fühlhebel die zu messende Fläche berührt. Um die zweite und weitere Flächen zu messen, verstellt man den Unterlagetisch entsprechend, nachdem man eine größere Gruppe von Werkstücken gemessen hat. Hierbei treten durch die verschiedenen Umstellungen leicht Ungenauigkeiten und Zeitverluste ein. Auch kann einmal eine ganze Gruppe von Messungen vergessen werden. Der Vorteil der Methode liegt darin, daß ein Revisor mit einem Instrument die gesamten Kontrollen erledigen kann.

2. Wenn genügend Material vorhanden ist, so kann man die Meßstellen vervielfachen und so viel Minnimeter aufstellen, wie Messungen vorzunehmen sind. Die Minnimeter können bei sehr ruhigem Betrieb sämtlich von einer oder zwei Personen, bei starkem Betrieb je von einer Person bedient werden.

3. Man bedient sich der Revolvermeßgeräte und stellt die Meßarme der Apparate für die einzelnen Messungen ein. Man braucht nur ein zwar etwas teueres Instrument und einen Revisor. Auslassung ganzer Meßgruppen kaum möglich. Auslassung einzelner Messungen durch versehentliches Überschlagen eines Armes denkbar.

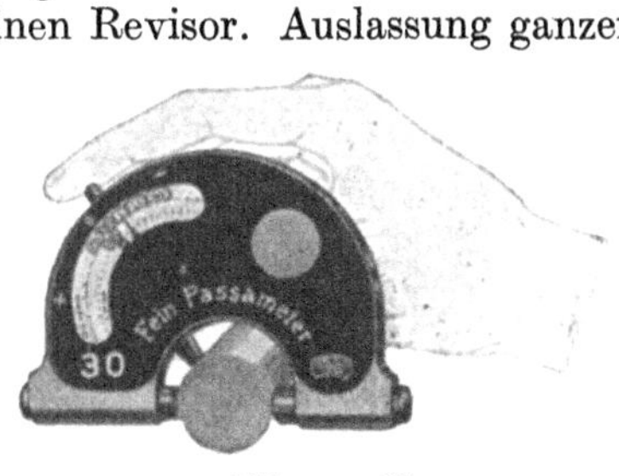

Abb. zu 63.
(Schuchardt & Schütte, Berlin.)

63. Was ist ein Passameter?

Ein Meßinstrument, das ähnlich einer Fühluhr arbeitet, für Außenmessungen. Neben der Skala sind jedoch die einzelnen Gebiete für die verschiedenen Sitze mit angegeben, so daß man an der Zeigerstellung direkt sehen kann, ob sich der Durchmesser des betreffenden Stückes noch im Toleranzgebiet für den beabsichtigten Sitz befindet. Die Apparate können also an Stelle von Grenzrachenlehren, und zwar gleichzeitig für verschiedene Sitzarten bei gleichem Durchmesser benutzt werden. Die Skalen können auch mit Paßmaßfeldern für Schlichtarbeiten oder Feinarbeiten oder nur mit Maßstab für Paßeinheiten versehen sein.

64. Was ist ein Passimeter?

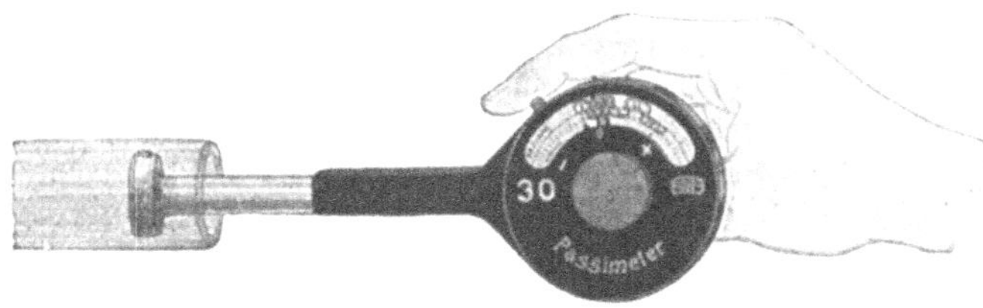

Abb. zu 64. (Schuchardt & Schütte, Berlin).

Ein Meßinstrument für Innenmessung, das auf demselben Prinzip beruht wie das Passameter, s. Frage 63.

65. Was sind Revolvermeßgeräte?

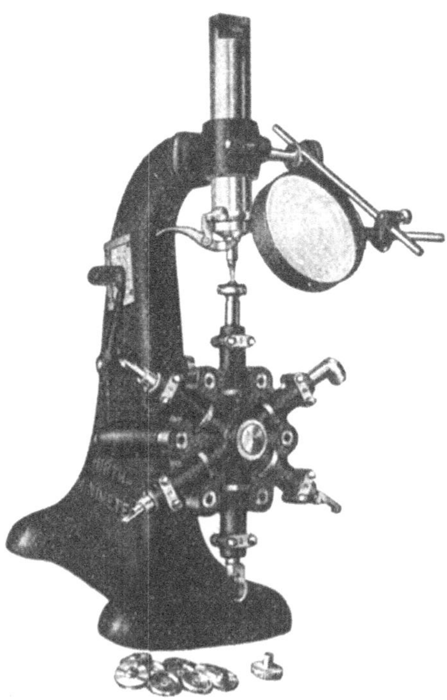

Abb. zu 65 (Fortuna-Werke, Stuttg.-Cannst.).

Es sind eingespannte Minnimeter, unter denen ein Kreuzständer entweder mit horizontaler oder vertikaler Achse durchbewegt wird. Die Arme des Kreuzständers tragen einstellbare Paßflächen, auf denen die zu messenden Gegenstände aufgesetzt werden. Man kann dadurch die Höhenlage des zu messenden Stückes auf jedem Arm anders einstellen, so daß nacheinander 5 bis 8 genaue Maße an einem Werkstück durch Auflage auf die betreffenden Arme, die unter dem Minnimeter hindurchgedreht werden, genommen werden können. Man stellt die Auflageflächen der Arme so ein, daß beim Auflegen des Werkstücks der Minnimeterzeiger immer auf Null zeigen muß, wenn der Fühlhebel die zu messende Stelle berührt. Für Innenmessung wird gewöhnlich durch einen Zwischenhebel, der mit dem Fühlhebel in Berührung steht, indirekt gemessen.

Abb. zu 65 (Fortuna-Werke, Stuttgart-Cannstatt).

66. **Wie sieht ein Optimeter aus, und wozu dient es?**

Ein Optimeter ist ein Fühlhebelinstrument mit stark verfeinerter Ablesung. Durch ein Mikroskop wird ein Maßstab, der mit dem Fühlhebel in Verbindung steht, beobachtet. Bei der Nullstellung stellt sich der Nullstrich des Maßstabes in einer Fadenlinie ein. Der Maßstab wandert mit dem Fühlhebel auf und ab. Durch die starke Vergrößerung sind Abweichungen von $^1/_{1000}$ leicht zu beobachten. Der zu messende Gegenstand wird auf ein hochpoliertes Tischchen gelegt, das so einstellbar ist, daß die Skala des Fühlhebels zunächst auf dem Nullstrich steht. Der zu messende Gegenstand wird auf dem Tischchen unter dem Fühlhebel hin und her geschoben. Man kann naturgemäß nur kleine Gegenstände mit Sicherheit messen.

67. **Wie mißt man eine Länge von $^3/_4$ m?**

Mit Millimetergenauigkeit für Bauzwecke mittels Zollstock oder Bandmaßen.

Mit $^1/_{100}$ mm Genauigkeit für Austauschverfahren mittels Endmaß und Anschlägen.

Mit $^1/_{1000}$ mm Genauigkeit mittels Meßmaschine.

68. **Wie mißt man die Ebenheit einer stählernen Fläche?**

Roh mittels darauf gelegtem Lineal (Lichtspaltmethode), feiner mittels Meßuhr und Fühlhebel oder Minimeter, ganz fein mit Optimeter.

69. **Wie mißt man die Dicke eines Werkstückes mit**

1. $^1/_4$ mm Genauigkeit?

Taster, Meßstab.

2. $^1/_{100}$ mm Genauigkeit?
Rachenlehre, Endmaß.
3. auf $^1/_{1000}$ mm Genauigkeit?
Fühlhebel oder Optimeter.

70. **Wie kann man die Anschaffung verschiedener Rachenlehren vereinfachen und trotzdem im Austauschverfahren arbeiten?**
1. Durch Wahl des Systems der Einheitswelle.
2. Durch Beschaffung von Passimetern.

71. **Man gebe drei verschiedene Meßverfahren an für Messung der Tiefe eines Loches.**
1. Mit Tiefenmaß.
2. Mit Passimeter.
3. Durch Einlegen von Endmaßen in das Loch und Ausgleichen mittels übergelegtem Lineal.

72. **Was gebraucht man beim Anreißen eines Werkstückes?**
Als Unterlage verwendet der Anreißer die Richtplatte oder Anreißplatte. Ein Stahllineal mit Millimeterteilung dient zum Messen und zum Anreißen gerader Linien. Winkel zum Ausrichten des Werkstückes gegen die Unterlage. Ein Winkelmesser ist zum Anreißen verschiedener Winkel erforderlich, Reißnadel zum Anreißen, d. h. zum Linien ziehen, Schublehre oder Streichmaß, um Parallele zu ziehen. Ferner Parallelreißer, mit dem man Parallele zur Unterlage nach genau abgenommenem Maß ziehen kann. Das Maß wird vom Maßständer abgenommen. Zirkel und Stangenzirkel zum Anreißen von Kreisen oder zum Übertragen von Entfernungen, Zentrierwinkel, um Wellenenden zentrieren zu können. Körner und Hammer zum Ankörnen der angerissenen Werkstücke.

73. **Was tut man, um die Anreißstriche besonders sichtbar zu machen?**
Um die Anreißstriche dem Arbeiter bei der Bearbeitung besser erkennbar zu machen, geht man auf folgende Weise vor: Man überstreicht die Werkstücke an den Flächen, auf denen angerissen werden soll, mit Schlemmkreide, wodurch die betreffende Fläche weiß wird. Bei kleineren Werkstücken reibt der Anreißer die Flächen oft nur mit Kreide ein, um so besser die Linien kenntlich zu machen. Die Anreißlinien treten scharf hervor, wenn die Reißnadel die aufgetragene Kreidefläche durchreißt und die Farbe des Werkstückes auf der weißen Fläche sich stark abhebt. Bereits bearbeitete Stücke werden oft durch Kupfervitriol rötlich gefärbt, was feine Linien ergibt. Die eingerissenen Linien werden dann durch Körnerschläge, die später zur Hälfte weggearbeitet werden dürfen, besonders gekennzeichnet.

74. **Anreißplatte und ihre Verwendung.**
Die Anreißplatte ist eine größere, tischförmige, gerade gehobelte Platte aus Gußeisen, meist mit rechteckiger Grundfläche. Sie ist gut

versteift, so daß sie sich nicht verziehen kann, und liegt meist auf zwei Böcken auf. Der Anreißer bedient sich ihrer zum Aufsetzen der anzureißenden Werkstücke. Die gerade Anreißplatte gibt ihm hierzu eine ebene Standfläche zur Abmessung aller Höhen und zur Führung der Parallelreißer.

75. Wie sieht ein Streichmaß aus?

Das Streichmaß besteht aus einer mit Millimeterteilung versehenen Stahlschiene, auf der ein mit Klemmschraube versehener Anschlag

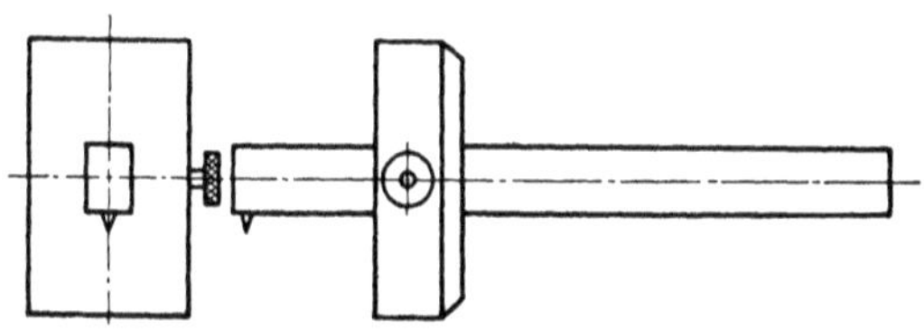

Abb. zu 75.

verschiebbar ist. Am vorderen Ende ist mittels einer Schraube ein gehärteter Stahlstift angebracht, mit dem das Anreißen einer zur Führungskante parallelen Linie in beliebigem vorher einstellbaren Abstand erfolgen kann.

76. Es ist ein Parallelreißer zu beschreiben.

In einer Fußplatte ist senkrecht ein Stahlstab eingesetzt. An diesem sitzt eine Klemme, die eine Reißnadel hält. Um ein genaues Einstellen auf bestimmte Höhe zu ermöglichen, ist die Reißnadel in der Klemme drehbar angeordnet. Verwendet wird der Parallelreißer beim Anreißen, um entweder wagerechte Gerade, also Parallele zur Anreißtischfläche, zu ziehen, oder um genaue Höhen zu übertragen.

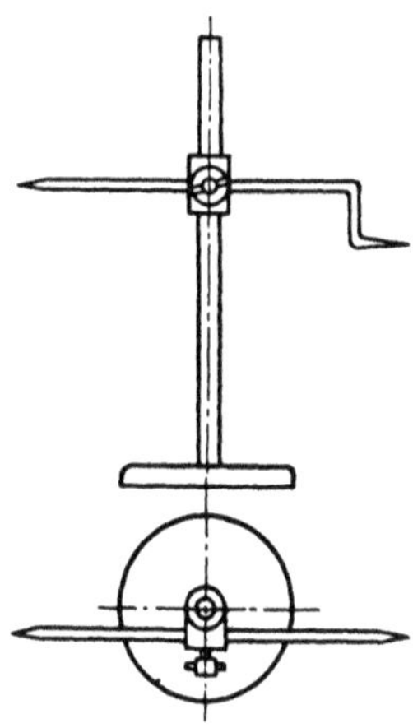

Abb. zu 76.

77. Es ist ein Parallelreißer mit verstellbarer Meßskala zu beschreiben.

Bei diesem Parallelreißer ist die Skala auf ein endloses Stahlband aufgetragen, das durch den Stahlstab geführt wird und auf und ab bewegt werden kann. Der Vorteil dieses Parallelreißers beruht darin, daß der Anreißer nicht mehr die Anreißhöhen zu addieren braucht, sondern, nachdem er auf den jeweiligen Stand der Reißnadel den Nullpunkt der Skala eingestellt hat, das Meßband arretiert, und dann die Nadel um das geforderte Maß verschiebt. Durch diese Anwendung schaltet man Additions- und Subtraktionsfehler des Anreißers vollkommen aus. Außerdem erleichtert man das direkte Aufmessen von Höhen, indem man das Band auf Nullstellung bringt und die Nadel in der gewünschten Höhe auf dem Band direkt einstellen kann. Die Apparate werden von der Firma Krupp geliefert.

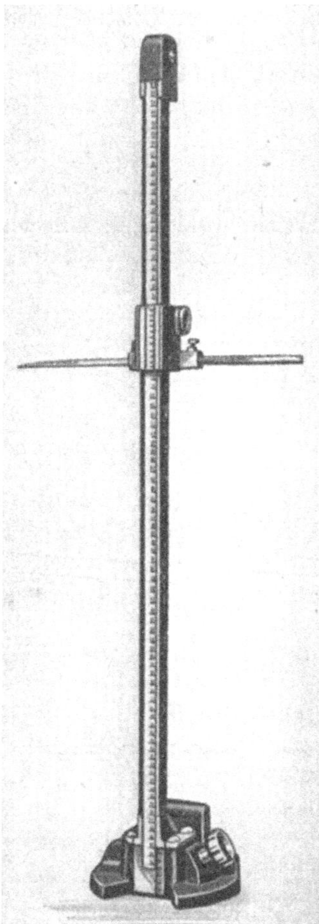

Abb. zu 77.
(Schuchardt & Schütte, Berlin).

78. Es ist ein Stangenzirkel zu beschreiben.

Der Stangenzirkel besteht aus einem Stahlrohr oder Stab, auf dem zwei Stahlspitzen in je einer Führung verschiebbar angebracht sind. Feststellung der Spitzen erfolgt durch Schrauben, um ein genaues Einstellen der Spitzen zu ermöglichen.

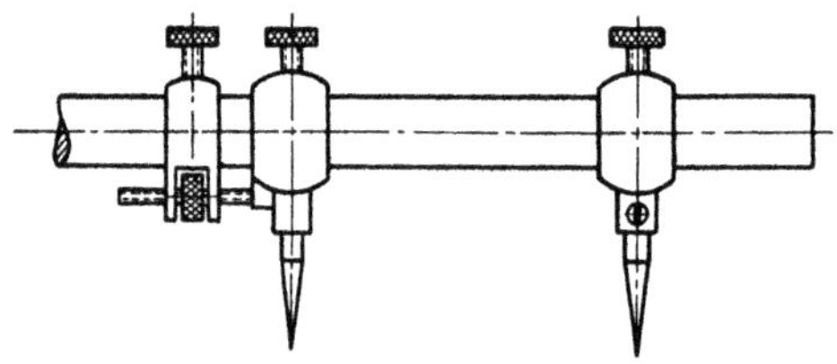

Abb. zu 78.

Manchmal ist Hilfseinstellung der einen Spitze mit besonderer kurzerer Schraube zur genauen Einstellung vorgesehen. Vorteil gegenüber Spitzzirkel besteht in Greifweite und senkrechtem Aufsetzen der Spitzen.

79. Wie sieht ein Anschlagwinkel für Schlosser aus?

Wie ein gewöhnlicher Stahlwinkel. Der eine Schenkel hat aber noch am Winkelschenkel eine senkrechtstehende Anschlagfläche.

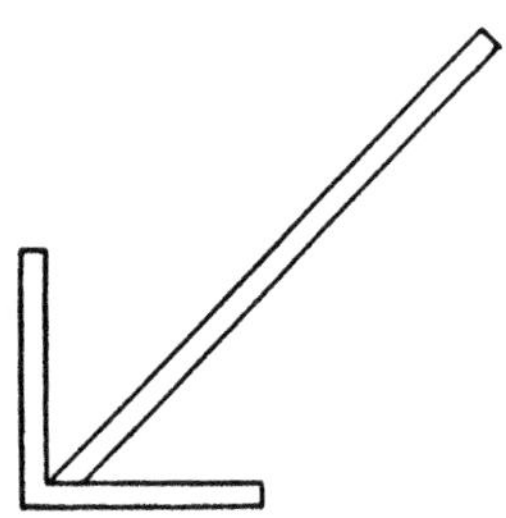

Abb. zu 80.

80. Es ist die Verwendung und Konstruktion eines Zentrierwinkels zu beschreiben.

Will man die Mitte einer Kreisfläche feststellen, legt man die beiden in 90^0 gestellten Schenkel des Zentrierwinkels als Tangenten an den Kreisumfang an. Die den 90^0-Winkel halbierende Gerade, die durch das Lineal dargestellt wird, geht dann durch die Mitte des Kreises. Der Schnittpunkt zweier aus zwei Stellungen des Winkels an dem Lineal entlang gezogener Geraden ergibt dann die Mitte.

81. Es ist ein Körner zu erklären und seine Verwendung anzugeben.

Der Körner ist ein prismatischer oder zylindrischer Stahlkörper, dessen eines Ende eine kegelförmige Spitze ist. Der Körner wird vom Anreißer verwendet, um durch Einschlagen Punkte zu markieren, oder auch, um die Einsatzstelle beim Bohren anzugeben.

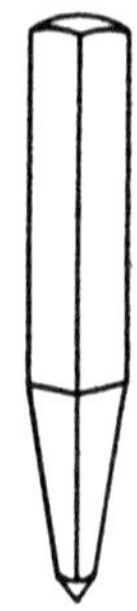

Abb. zu 81.

82. Wie reißt man zwei parallele Linien in einem bestimmten Abstande an?

1. Mittels Reißnadel, die einmal verstellt wird, unter Zuhilfenahme eines Maßstabes und Abziehen oder Hinzufügen der ersten Einstellhöhe. Nimmt viel Zeit in Anspruch, ungenau.

2. Mittels Kruppschem Parallelreißer mit verstellbarer Meßskala. Ohne Umrechnung.

83. Wie kann man bei großen Platten, bei denen Bohrvorrichtungen zu groß würden, das Anreißen ersparen?

Man reißt die erste Platte sehr genau an und bohrt sie. Dann befestigt man sie auf der nächsten gleichen, so daß sie sich nicht verrücken kann, und stellt sich einen Körner, wie Abb. 83, her. Der Körner führt sich dann in den Löchern der obersten Platte und gibt die Lochmitten in der unteren an. Das Verfahren ist nur anzuwenden bei Platten, über 5 mm Dicke, weil sonst die Führung zu gering wird. Auch dürfen die Lochungen im Durchmesser nicht zu verschieden sein, weil sonst die Körner zu häufig ausgewechselt werden müssen.

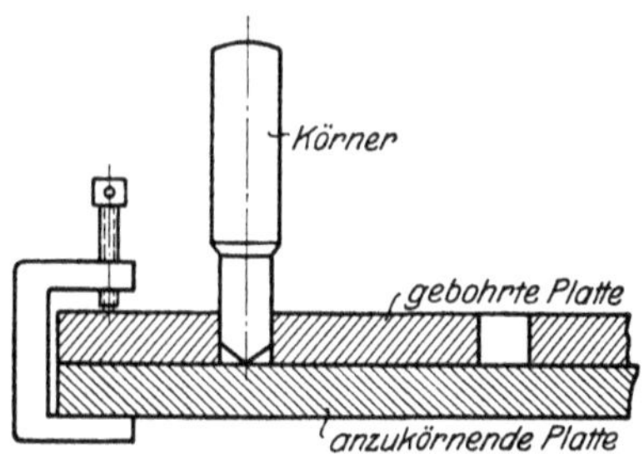

Abb. zu 83.

84. Wozu dient eine Hobellehre und wie sieht sie aus?

Die Hobellehre wird angewendet bei einfacheren und schwierigeren Profilen, die in Arbeitsstücke eingehobelt werden sollen. Sie soll das Anreißen ersparen und kann daher nur dort angewendet werden, wo eine große Zahl gleicher Stücke zu hobeln sind. Sie besteht aus einem Guß- oder Schmiedekörper, dessen eine Oberfläche die Form des auszuhobelnden Profils hat, während die Gegenseite eben ist. Sie wird auf den Hobeltisch in der Höhe des zu hobelnden Profils aufgesetzt, ähnlich wie Endmaß Frage 53. Der Hobelstahl wird auf sie eingestellt und hobelt dann die herzustellende Fläche, ohne daß vorher angerissen wird, in der gewünschten Form aus. Für den Schruppspan stellt man die Lehre etwas höher und erst für den Schlichtspan in die endgültige Lage. Zur Schonung der Lehre, und damit der Stahl nicht zu hart aufgedrückt wird, legt man beim Einstellen ein feines Stück Papier, das sich nicht mehr unter dem Stahl hervorziehen lassen darf. Vielfach bringt man die Lehren, und zwar meist wegklappbar, an den Bearbeitungsvorrichtungen an.

85. Wie kontrolliert man eine Profilfläche?

Man stellt sich das Gegenprofil einer Hobellehre her und zieht diese durch das gehobelte Profil hindurch, wobei man beachtet, ob die Profilleiste überall anliegt. Will man noch genauer kontrollieren, besonders einzelne unregelmäßige Stellen, so bringt man in der Profilleiste einzelne Stifte an, deren Oberrand mit der Oberseite der Profilleiste, deren Fühlspitze mit der Profilleiste eine Ebene bildet. Wenn man eine solche Leiste über die gehobelte Fläche führt, so wird man an tieferen Stellen ein Einsinken und an höheren Stellen ein Hervortreten des betreffenden Fühlstiftes über die Oberfläche der Profilleiste bemerken und dadurch den Fehler feststellen.

86. Wann und weshalb wendet man Bohrvorrichtungen an, und wie wirken sie?

Bohrvorrichtungen sollen das Anreißen ersparen und genaue Übereinstimmung der Lochteilung zwischen gebohrten Gegenständen sichern. Man kann sie nur anwenden, wenn eine große Zahl von Gegenständen die gleiche Lochteilung haben, und die Werkstücke nicht allzu groß sind. Eine Bohrvorrichtung ist entweder ein Körper, der den zu bohrenden Gegenstand aufnimmt, ihn einschließt und in seinen Wänden an be-

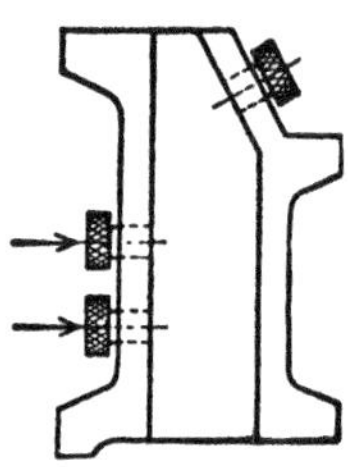

Abb. zu 86[1].

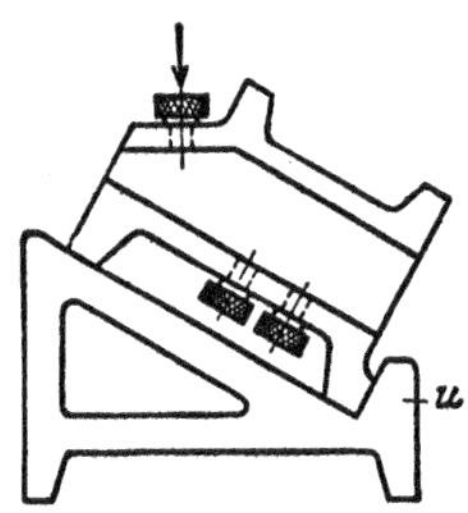

Abb. zu 86[2].

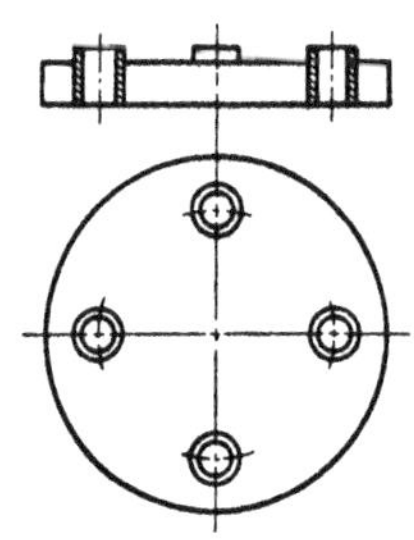

Abb. zu 86[3].

stimmten Stellen Öffnungen hat, in denen gehärtete Buchsen sitzen. Die Buchsen dienen zur Bohrerführung. Man kann solche Gegenstände nacheinander ohne Ausspannen aus der Vorrichtung von mehreren Seiten bohren. Man muß hierbei besonders für die Entfernung der Späne sorgen und die Vorrichtung so konstruieren, daß ein leichtes und sicheres Einschließen und Festhalten des Werkstückes in der Vorrichtung möglich ist.

Für einfachere und einseitig zu bohrende Gegenstände baut man gewöhnlich nur Aufsteckvorrichtungen, das sind Platten mit eingesetzten Bohrbuchsen, die sich auf die zu bohrende Fläche aufstecken lassen.

Verbrennung und Brennstoffe.

87. Wozu braucht man bei den Herstellungsverfahren Wärme?

1. Um feste Körper in den flüssigen Zustand zwecks Gießen überzuführen.

2. Um Verbindungen chemischer oder mechanischer Art zu lösen oder zu erzeugen.

3. Um Metalle in einen dehnbareren oder breiigen Zustand überzuführen, z. B. zwecks Schmiedens oder Schweißens.

88. **Wodurch ist Wärmeerzeugung möglich?**

1. Durch einen Verbrennungsvorgang.
2. Durch chemische Zersetzung.
3. Durch Umsetzung von Kraft in Wärme, z. B. von Schlag und Stoß.

89. **Was ist ein Verbrennungsvorgang?**

Die Verbindung eines Körpers, zumeist des Kohlenstoffs, mit dem Sauerstoff der Luft.

90. **Wie kann ein Körper erwärmt werden?**

1. Auf direktem Wege, indem man ihm Verbrennungswärme von außen zuführt.

2. Auf indirektem Wege, dadurch daß man ihm Kräfte zuführt, die sich in seinem Innern in Wärme umsetzen, z. B. Reibung einer Welle im Lager, Erwärmung eines Eisenkerns durch elektrische Wirbelströme.

3. Dadurch, daß man eine chemische Zersetzung des Körpers, bei der Wärme frei wird, hervorruft.

91. **Welche Möglichkeiten der Verbrennung liegen vor?**

1. Ein Körper kann sich so weit mit dem Sauerstoff der Luft verbinden, daß die Verbindung vollkommen gesättigt ist, und eine weitere Verbindung unmöglich wird. Diesen Vorgang nennt man vollständige Verbrennung.

2. Er kann sich nur so weit mit dem Sauerstoff verbinden, daß die Verbindung unter günstigeren Bedingungen noch weiter Sauerstoff aufnehmen kann. Das ist eine unvollständige Verbrennung.

92. **Man nenne ein Beispiel für eine vollständige und unvollständige Verbrennung.**

1. Ein Teil Kohlenstoff verbindet sich mit zwei Teilen Sauerstoff. Man erhält Kohlensäure. Das natürliche Verhältnis zwischen Kohlenstoff und Sauerstoff ist hergestellt, eine weitere Verbrennung nicht mehr möglich. Kohlensäure ein unbrennbares Gas.

2. Ein Teil Kohlenstoff verbindet sich mit einem Teil Sauerstoff. Verbindung nicht gesättigt. Aufnahme eines zweiten Teiles Sauerstoff noch möglich. Man erhält Kohlenoxyd, brennbares Gas.

93. **Was versteht man unter oxydierenden und reduzierenden Heizgasen?**

Bei reduzierenden Heizgasen genügt der Inhalt von Sauerstoff nicht, um eine vollständige Verbrennung durchzuführen. Die Gase nehmen daher gern noch Sauerstoff von der Oberfläche oder aus dem Innern der von ihnen erhitzten Körper auf. Sie vermindern — reduzieren — daher den Sauerstoffinhalt von Metalloxyden usw.

Oxydierende Gase haben einen Sauerstoffüberschuß, so daß freier Sauerstoff auch nach der Verbrennung noch zur Verfügung steht. Dieser Sauerstoff ist frei und geht an durch diese Gase erhitzte Metalle über — oxydiert diese.

94. Nach welchem Maß bestimmt man die von einem Körper bei vollständiger Verbrennung entwickelte Wärmemenge?

Nach Wärmeeinheiten (WE). Eine Wärmeeinheit ist diejenige Wärmemenge, die 1 l Wasser von $14^1/_2{}^0$ auf $15^1/_2{}^0$ C erwärmt.

95. Was versteht man unter absolutem Heizwert eines Brennstoffes?

Diejenige Wärmemenge, und zwar in Wärmeeinheiten ausgedrückt, die bei vollständiger Verbrennung von 1 kg des betreffenden Materials entwickelt wird.

96. Womit werden Temperaturen gemessen?

Zum Messen von Temperaturen werden Wärmemesser verwendet. Man unterscheidet folgende Instrumente:

1. Thermometer, die als Meßkörper Quecksilber, Weingeist oder ähnliche sich stark ausdehnende Körper enthalten.
2. Thermoelektrische Pyrometer.
3. Optische Pyrometer.
4. Schmelzkegel, sog. Segerkegel.

97. Meßbereiche der einzelnen Instrumente.

1. Quecksilberthermometer: — 40 bis 550^0 C. Bei Messungen über 300^0 C ist das Rohr mit Stickstoff oder Kohlensäure gefüllt zu verwenden, um Verdampfungen zu verhüten. Alkoholthermometer: — 100 bis + 78^0.
2. Thermoelektrische Pyrometer:
   a) bei Kupfer-Konstantan-Element:
   — 190^0 bis + 600^0 C.
   b) Le Chatelier-Element:
   + 250^0 bis + 1600^0 C.
3. Optische Pyrometer:
   Von 600^0 C bis unbegrenzt.
4. Segerkegel:
   600 bis 1500^0 C.

98. Was versteht man unter einem Segerkegel?

Segerkegel sind 30 bis 60 mm hohe dreiseitige Pyramiden, die aus Silikatgemischen zusammengesetzt sind. Durch verschiedene Zusammensetzung ist es möglich, verschiedene Schmelzpunkte zu erreichen, und zwar werden sie so zusammengesetzt, daß ihr Schmelzpunkt in Zwischenräumen von je 20^0 von + 600 bis 1500^0 C liegt.

Die Segerkegel dienen zum Messen von Temperaturen in der Gießerei, Hütten und hauptsächlich in keramischen Betrieben.

99. **Werden Brennstoffe in der Natur gewonnen oder dargestellt?**

Sämtliche Brennstoffe werden grundsätzlich in der Natur gewonnen. Sie können jedoch durch Zerlegung teils wirksamer gemacht, teils von solchen Stoffen getrennt werden, die anderweitig vorteilhaft verwendbar sind. Man spricht in diesem Falle von künstlichen Brennstoffen.

100. **Welche hauptsächlichsten natürlichen Brennstoffe verwendet man?**

Hauptsächlich werden verwendet:

a) Feste Brennstoffe:
   1. Holz 2800 bis 3600 WE/kg.
   2. Torf 3000 bis 4500 WE/kg.
   3. Braunkohle 2500 bis 5000 WE/kg.
   4. Steinkohle 6500 bis 8500 WE/kg.
   5. Anthrazit 8000 bis 9000 WE/kg.

b) Flüssige Brennstoffe:
   1. Erdöl 9800 bis 11500 WE/cbm.

Aus diesem gewinnt man durch Destillation Benzin, Leuchtöl, Gasöl.

c) Gasförmige Brennstoffe:
   Erdgas mit 7800 bis 8500 WE/kg.

101. **Welche hauptsächlichsten künstlichen Brennstoffe werden in der Industrie verwendet?**

a) Feste Brennstoffe:
   1. Holzkohle mit 6500 bis 6800 WE/kg.
   2. Torfkohle.
   3. Koks.

b) Flüssige Brennstoffe:
   1. Destillate des Erdöles.
   2. Destillate der Steinkohle.
   3. Destillate der Braunkohle.

c) Gasförmige Brennstoffe:
   1. Azetylengas.
   2. Luftgas, Wassergas, Mischgas.
   3. Leuchtgas, Koksofengas, Holzgas, Ölgas.

102. **Wie entsteht Holzkohle?**

Zwei Möglichkeiten: Alte Methode, Brennen in Meilern. Produkt gut, hoher Heizwert.

Neue Methode: Glühen des Holzes in abgeschlossenen Retorten. Hierbei kann Holzteer und Holzessig gewonnen werden. Heizwert hierbei nicht so hoch.

103. **Wie entsteht Koks?**

Durch Glühen von Steinkohle in liegenden, heute meist stehenden Retorten. Diese werden durch das beim Prozeß gewonnene Gas beheizt.

Bei Inbetriebsetzung Hilfsgasanlage oder Gasentnahme vom Nachbarofen notwendig. Im Normalbetrieb Gasüberschüsse, die an Gasanstalten abgegeben werden.

104. Was ist ein Kammerofen, und wie sieht er aus?

Ein Kammerofen ist ein solcher, in dem aus Steinkohle Koks dargestellt wird. Aus feuerfestem Material sind stehende Retorten aufgemauert. Die Zwischenräume zwischen ihnen, sowie diejenigen zwischen Retorte und äußerer Ofenwand werden von dem gewonnenen brennenden Gas mit Luft gemischt, durchströmt, wodurch die Retorten beheizt werden. Die Retorten werden meist von oben beschickt und nach hinten ausgestoßen.

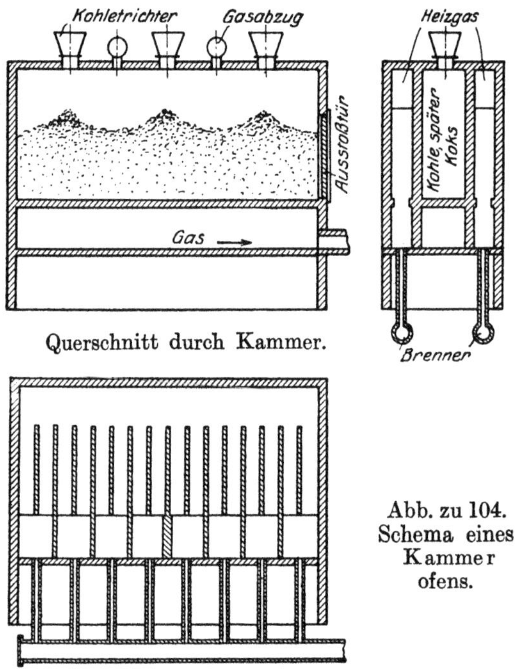

Querschnitt durch Kammer.

Querschnitt durch Zwischenkammer.

Abb. zu 104. Schema eines Kammerofens.

105. Wie entsteht Benzin?

Durch Destillation des Rohöles, d. h. dadurch, daß das Rohöl bis zum Siedepunkt des Benzins erhitzt wird. Hierbei verdampft Benzin, sämtliche anderen Bestandteile bleiben noch zurück. Das verdampfte Benzin wird in ein anderes Gefäß übergeleitet und dort niedergeschlagen.

106. Was versteht man unter fraktionierter Destillation?

Die Zerlegung einer Flüssigkeit in ihre einzelnen Bestandteile. Man kann das Verfahren nur anwenden, wenn die einzelnen Bestandteile verschiedene Verdampfungspunkte haben. Man erhitzt dann bis zum Verdampfungspunkt des am leichtesten flüchtig werdenden Bestandteils, zieht das Gas ab und schlägt es nieder. Dann erhitzt man bis zum Siedepunkt des nächst flüchtigen usf. Auf diese Weise zerlegt man nacheinander Rohöl in Benzin, Petroleum, Schmieröl und Pech.

Ferner kann man die einzelnen Gase der Luft auf diesem Wege trennen, indem man die Luft verflüssigt und zunächst den Stickstoff abdampfen läßt usf.

107. Was für künstliche gasförmige Brennstoffe verwendet man? Ihre Entstehung?

Leuchtgas, Koksofengas, Holzgas, Ölgas. Sie entstehen durch trockne Destillation aus festen oder flüssigen Brennstoffen.

Luftgas, Wassergas, Mischgas.

Sie entstehen durch Vergasung und unvollständige Verbrennung fester Brennstoffe unter Zuleitung von Luft oder Wasserdampf.

Azetylengas, entstanden durch Zerlegung von Karbid.

108. Es ist der Generatorprozeß zu beschreiben mit Skizze des Generators.

Der Generatorprozeß beruht auf einer Vergasung von Steinkohle, Koks oder Braunkohle im Generator. Der Generator ist ein Schachtofen mit einem Rost, unter dem die Luft zugeführt wird, mit verschließbarem Zuführungsschacht für die zu vergasenden Brennstoffe und mit Gasabführungsrohr (s. Abb.). Der Vorgang im Generator ist folgender: Die direkt auf dem Rost liegenden Brennstoffe verbrennen und liefern die für die Vergasung erforderliche Wärme. Die außerdem in den Generator eingebrachten Kohlen trocknen zunächst. Nachdem sie allmählich in die Vergasungszone nachgerückt sind, werden sie vergast. Um gutes Nachsinken der Kohle und Entaschung des Generators zu erreichen, verwendet man vielfach Generatoren mit sich drehendem Rost.

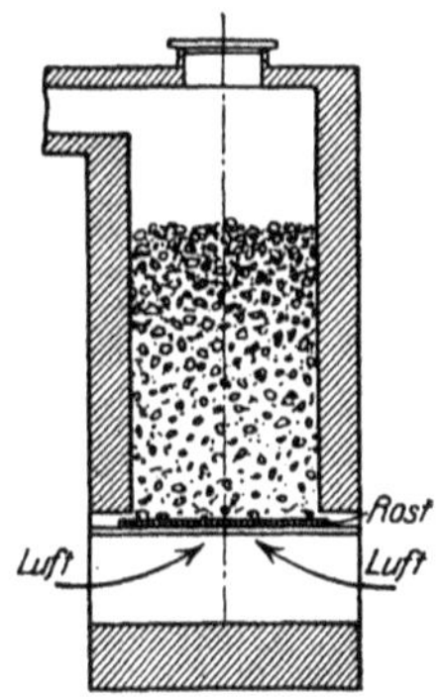

Abb. zu 108.

Die Vergasung geschieht folgendermaßen:

1. Das aus der Verbrennungszone kommende CO_2 (Kohlensäure) nimmt noch C (Kohlenstoff) auf:

$$C + CO_2 = 2\,CO \text{ (Kohlenoxyd).}$$

2. Der Sauerstoff der zugeführten Luft bindet sich mit C:

$$C + O = CO \text{ (O = Sauerstoff).}$$

3. Der H_2O-Gehalt der Luft mit C gibt:

$$C + H_2O = H_2 + CO \text{ (H = Wasserstoff).}$$

Die Erzeugnisse des Generatorprozesses sind Kohlenoxyd und Wasserstoff. Grundprinzip beim Generatorprozeß also: Verbrennung bei hoher Schicht und ungenügender Luftzufuhr.

109. Wie entsteht Azetylengas und welchen Heizwert hat es?

Azetylengas entsteht durch Übergießen von Kalziumkarbid mit Wasser. Mit einem Kilogramm Kalziumkarbid kann man 310 l Azetylengas herstellen. Der Heizwert beträgt 14500 WE/cbm.

110. Wie schützt man den Hochofen vor Beschädigung durch Hitze?

Durch Ausmauerung mit hoch feuerfesten und gegen physikalische und chemische Einflüsse des Einsatzes unempfindliche Steine.

111. **Woraus bestehen hoch feuerfeste Steine?**
1. Aus Bauxit und Ton.
2. Aus Sandstein, Quarz usw. mit Kalk gebunden.
3. Aus gebranntem Dolomit mit Teerbindung.
4. Aus gemahlenem Koks mit Teerbindung.

112. **Worin unterscheiden sich die vorgenannten Steine in ihren physikalischen Eigenschaften bei der Benutzung in den einzelnen Öfen?**
1. und 2. Sind härter und verschleißen weniger.
3. und 4. Verschleißen leichter.
4. Verbrennt bei Luftüberschuß.

113. **Worin unterscheiden sich die vorgenannten Steine in ihrer chemischen Wirkung bei der Benutzung in den einzelnen Öfen?**
1. und 2. Geben beim Schmelzen Kieselsäure frei, können nur bei saurem Prozeß benutzt werden.
3. Gibt Basen frei, Benutzung nur bei basischem Prozeß.

114. **Woraus stellt man die bei der Stahlgewinnung notwendigen Tiegel her, und welche Wirkung hat deren Zusammensetzung?**
1. Entweder aus Graphit oder überwiegend Graphit mit Tonbindung. Stahl entnimmt hier Kohlenstoff beim Schmelzen aus der Wandung, wird also kohlenstoffreicher. Tiegel hält hohe Temperaturen aus, zerbricht aber bald.
2. Aus Bauxit, Ton oder Quarz in verschiedenen Mischungen, eventuell etwas Graphit. Schmelzendes Material kann hier keinen Kohlenstoff entnehmen.

Erzeugung von Eisen und Stahl.

115. **Hat alles durch die verschiedenen Prozesse hergestellte Eisen die gleichen Eigenschaften, oder wie unterscheidet es sich?**
Eigenschaften stark verschieden.
1. Bei hohem Kohlenstoffgehalt, über 3%, gut gießbar aber wenig streckbar.
2. Bei mittlerem Kohlenstoffgehalt, 0,5 bis 1,6%, noch gießbar, sehr zäh und fest, aber schlecht streckbar, hart.
3. Bei niedrigem Kohlenstoffgehalt, unter 0,5%, nicht gießbar, aber gut streckbar und dehnbar, daher leicht zu schmieden, besonders im warmen Zustande.
4. Ohne Kohlenstoff und andere Beimengungen als reines Eisen, sehr weich, in der Technik nicht verwandt.

116. **Ist der Kohlenstoff immer in der gleichen Form im Eisen enthalten, eventuell in welchen?**
In mehreren.
1. Ausgeschieden als Graphit. Gut sichtbar als graues Kristall.
2. Als Temperkohle, auch frei.

3. Als Karbidkohle, an das Eisenkristall gebunden.
4. Als Härtungskohle, ebenso.

117. **Ist alles gießbare Eisen gleich?**

Nein; es gibt verschiedene Roheisensorten, je nach der Bindung und Menge des Kohlenstoffs, und zwar:

Weißes Roheisen und graues Roheisen.

Weißes Roheisen: Kohlenstoff chemisch gebunden, Schmelzpunkt höher, etwa bei 1100°, dickflüssig.

Graues Roheisen hat Kohlenstoff ausgeschieden, auf Bruchfläche grau, ist dünnflüssig. Weißes Roheisen meist strahlig im Bruch, graues meist körnig.

118. **Kann man durch das Herstellungsverfahren das Aussehen der beiden Roheisensorten verändern?**

Ja; wenn man graues Roheisen schnell abkühlt, hat der Kohlenstoff keine Zeit zur Ausscheidung, so daß der Bruch das gleiche Aussehen wie der des weißen Roheisens hat.

119. **Welche nicht gießbaren Eisensorten unterscheidet man?**

Zwei Hauptgruppen nach der Herstellung.

1. Schweißeisen und Schweißstahl in teigigem Zustand (meist Puddelverfahren) gewonnen.
2. Flußeisen und Flußstahl, in flüssigem Zustand (meist durch Windfrischverfahren) hergestellt.

120. **Welches sind die Eigenschaften und Verwendungszwecke der vorgenannten Eisensorten?**

Flußeisen und Schweißeisen haben geringen Kohlenstoffgehalt (0,5 bis 0,1 %), sind nicht gießbar und härtbar; gut schmiedbar und schweißbar. Bei Schweißeisen meist Schlackeneinschlüsse. Flußeisen unterschieden nach Herstellungsverfahren als Bessemer-, Thomas-Eisen, wovon das erstere besser ist.

Dann Schweißstahl und Flußstahl härtbar, auch noch schmiedbar und schweißbar und nicht gießbar. Kohlenstoffgehalt etwas höher, 1,6 bis 0,5 %. Auch nach Bessemer- oder Thomas-Verfahren hergestellt.

121. **Welche besonderen Stähle hat man noch außer den in Frage 120 genannten?**

Die sog. vergüteten Stähle für Sonderzwecke. Sie werden meist aus den vorgenannten hergestellt durch Umschmelzen in Tiegel, Zementieren und Zusetzen von bestimmten, ihre Eigenschaften verbessernden Metallen.

122. **Was beabsichtigt man mit dem Wiederumschmelzen im Tiegel?**

Durch die etwa 4 Stunden dauernde hohe Temperatur, die auf das geschmolzene Metall einwirkt, und durch den Schutz vor Verunreinigung durch den Tiegel selbst, reinigt sich das Material von Gasen und

Oxydeinschlüssen. Es kann außerdem je nach Zusammensetzung der Tiegelwandung aus dieser Kohlenstoff aufnehmen.

123. Was gehört zur Erzeugung des Roheisens?

Zur Erzeugung des Roheisens im Hochofen gehören:

1. Eisenerze.
2. Zuschläge.
3. Brennstoffe.
4. Wind.

124. Es sind die wichtigsten Eisenerze zu nennen.

1. Magneteisenstein.

Hoher Eisengehalt. Vorkommen Nordschweden, Nordafrika.

2. Roteisenstein.

Hoher Eisengehalt. Vorkommen Deutschland, Spanien, Nordafrika.

3. Brauneisenstein.

Wasserhaltig, mittlerer Eisengehalt. Als Minette phosphorreich für Thomas-Prozeß geeignet. Vorkommen Lothringen, Thüringen, Spanien, Österreich.

4. Spateisenstein.

Schwacher Eisengehalt. Vorkommen Deutschland, Steiermark.

Außer diesen eine Menge weniger wichtiger Erze.

125. Verwendet man die Eisenerze wie sie aus der Grube kommen zur Eisenerzeugung, oder bereitet man sie noch vor, und wie?

Man bereitet sie nicht immer, aber zum Teil vor, und zwar:

1. Durch Rösten.
2. Durch magnetische Aufbereitung.
3. Durch Brikettieren oder Agglomerieren.

126. Was ist das Rösten und welchen Zweck verfolgt es?

Es geschieht durch Erhitzung der Erze zu dem Zweck, daß sie Wasser, zum Teil auch etwas Schwefel loslassen. Sie werden dadurch für den Hochofenprozeß leichter angreifbar und sehr viel leichter im Gewicht, so daß Fracht gespart wird.

127. Wie geschieht die magnetische Aufbereitung, und welchen Zweck hat sie?

Man läßt das meist sehr kleinstückige Erz über eine magnetische Trommel laufen. Diese hält diejenigen Erze, die normalen Eisengehalt haben, bis zu einem Abstreifer fest, während sie das tote Gestein und ganz geringhaltige Erz abgleiten läßt. Hierdurch werden beide Sorten getrennt, der Hochofen entlastet und Fracht gespart.

128. Was ist Brikettieren und Agglomerieren, zu welchen Zwecken geschieht es?

Brikettieren ist das Zusammenfügen feinerer Erze zu größeren Steinen. Es wird durch Mischen der Erze mit Kalkmilch und Pressen durchgeführt.

Agglomerieren ist ein ähnlicher Prozeß, der nicht durch Mischen mit Kalkmilch und Pressen, sondern durch Erhitzen der Erze, bis sie zu Stücken zusammensintern, vor sich geht.

Beide Prozesse haben den Zweck, sehr feinkörnige mulmige Erze, die den Hochofen in ihrer natürlichen Gestalt leicht verstopfen, geeigneter für den Prozeß zu machen.

129. **Werden die Eisenerze im Hochofen mit Koks ohne weitere Zusätze niedergeschmolzen oder sind Zusätze, eventuell welcher Art, notwendig?**

Man muß beim Hochofenprozeß den Eisenerzen noch Beimischungen anderen Charakters hinzufügen, damit sie leichter zerlegbar werden und Bergart sich besser zu flüssiger Schlacke bindet.

Man hat verschiedene Arten von Zuschlägen, und zwar wird man solchen Erzen mit basischen Bergarten sauere Zuschläge, wie Tonschiefer, Quarzsand und sauere Schlacken, und Erzen mit saueren Bergarten basische Zuschläge, wie Kalkstein, Dolomit und Flußspat zur Bindung geben.

130. **Es sind die beim Hochofen verwendeten Brennstoffe zu nennen.**

Beim Hochofen werden als Brennstoffe verwendet:

1. Holzkohle.
2. Steinkohle.
3. Koks.

Holzkohle war früher der alleinige Hochofenbrennstoff; jetzt wird sie nur noch in waldreichen Ländern dazu verwendet.

Von den Steinkohlen kann nur Anthrazit für den Hochofen in Frage kommen. Die anderen Steinkohlensorten würden durch den starken Druck der aufgegebenen Massen zermürbt werden und als pulvrige Masse den Ofen verstopfen.

Koks ist für den heutigen Hochofenbetrieb der wichtigste Brennstoff, der von den Hüttenwerken in besonderen Öfen hergestellt wird.

131. **Wie werden die Rohstoffe gelagert?**

Vorratsstoffe sind in großen Mengen zu lagern, damit Zufuhrschwierigkeiten den Hochofenbetrieb nicht stören. Man benutzt als Ablagerorte hochliegende Taschen, in welche die Eisenbahnwaggons direkt entleert werden können. Unter den Taschengerüsten liegen meist Feldbahnen, so daß das Material aus den Taschen heraus in die Wagen eingelassen werden kann. Die Wagen laufen dann direkt zum Gichtaufzug. Es ist notwendig, eine große Anzahl von Taschen anzulegen, damit die verschiedenartigen Materialien, z. B. verschiedene Eisensorten und Zuschläge, gesondert gelagert und zwecks Mischung in die Wagen abgelassen werden können.

132. **Es ist ein Gichtaufzug zu skizzieren und zu erklären.**

Man unterscheidet zwei Arten von Gichtaufzügen:

1. Geradaufzüge.
2. Schrägaufzüge.

Die Geradaufzüge findet man bei älteren Werken, während der in Abb. 132 dargestellte Schrägaufzug heute überall verwendet wird. Durch diese Aufzüge geschieht die Begichtung mittels großer Förderkübel

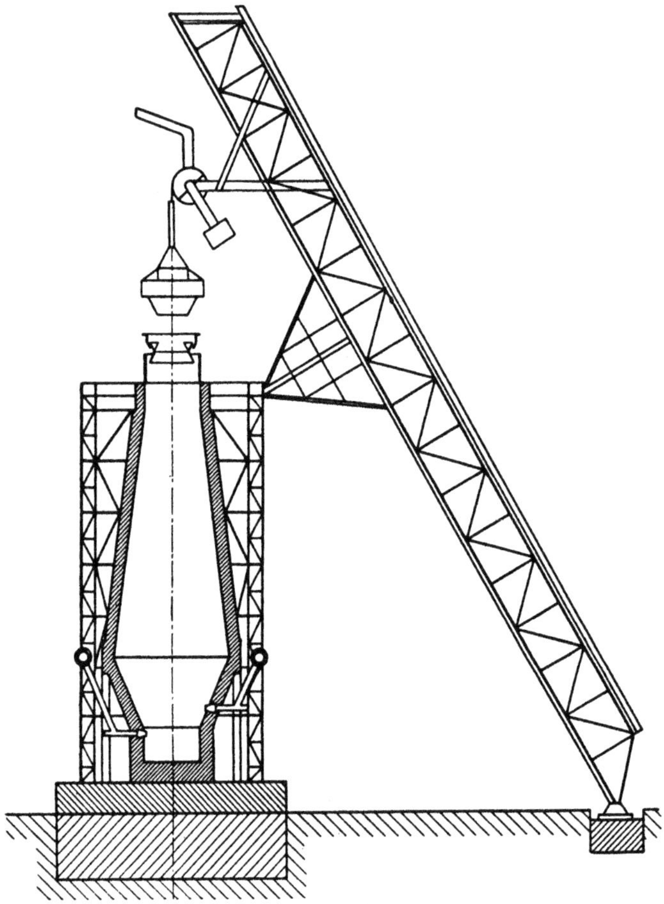

Abb. zu 132.

vollkommen automatisch. Diese werden aus einem Füllrumpf gefüllt und kommen dann auf dem Schrägaufzug zur Gicht. Nach Aufsetzen auf den Ofen fällt ihr Inhalt in diesen.

133. **Wie sieht ein Hochofen aus?**

Ein moderner Hochofen macht den Eindruck eines Doppelkegels mit abgeschnittenen Spitzen, dem auf beiden Seiten kurze zylindrische Stücke aufgesetzt sind. Der obere Kegel ist schlanker und und höher als der untere. Das Erz wird aufgegeben von oben durch die sog. Gicht, fällt dann in den Schacht und fällt durch den Kohlensack unter ständiger Abnahme seines Volumens, daß durch die ausfließende Schlacke verringert wird, durch die Rast in das Gestell. Im Gestell lagert sich flüssiges

Eisen, darüber die leichtere Schlacke. Den unteren Abschluß des Ofens bildet der Bodenstein. Die Schlacke kann ständig durch das Schlackenloch, das Eisen durch das nur zeitweilig geöffnete Abstichloch ausfließen.

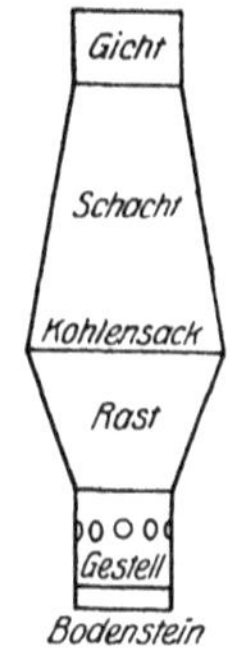

Abb. zu 133.

134. Welches sind die normalen Abmessungen und Leistungen von modernen Hochöfen?

Die Höhe eines Hochofens beträgt bis zu 30 m. Sein unterer Durchmesser bis zu 4,5 m. Die übrigen Abmessungen richten sich nach dem zu verhüttenden Material, dem zur Verfügung stehenden Koks und werden in jedem Werke etwas anders festgelegt. Im allgemeinen nimmt man jedoch die Schachthöhe $^3/_5$, die Rasthöhe $^2/_5$ der genannten Höhe.

Die Leistung eines mittleren Ofens beträgt rund 300 t/24 Stdn.

135. In welcher Form wird der notwendige Verbrennungswind dem Hochofen zugeführt?

Durch eine Windleitung, die an eine rings um den Ofen liegende Ringleitung anschließt. Aus der Ringleitung entnehmen 6 bis 10 Düsenstöcke den Wind und leiten ihn den wassergekühlten Windformen zu. Die Windformen schneiden nicht mit der inneren Ofenausmauerung ab, sondern ragen bis zu 250 mm in das Ofeninnere hinein. Dies hat den Zweck, daß der eingeblasene Wind nicht an den Ofenwänden, an denen der Ofeninhalt loser liegt, entlang streicht, sondern durch die Koks- und Eisenschichten wirklich hindurchtritt. Die Windleitungen sind meist mit Kokssteinen ausgemauert, weil der durch sie hindurchgeleitete Wind erhitzt ist.

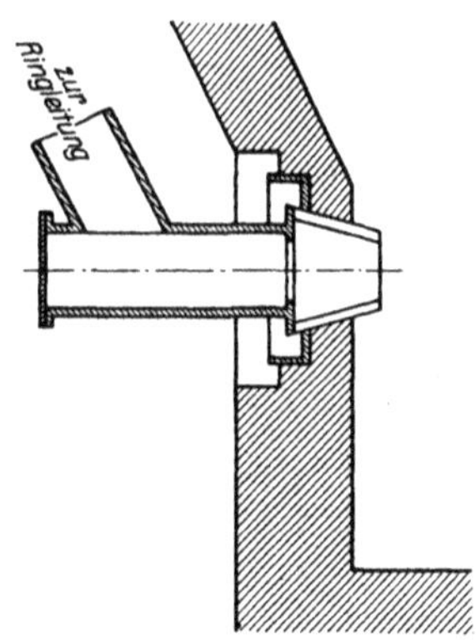

Abb. zu 135. Düsenstock.

136. Welches sind die Prinzipien, nach denen der Hochofen abgeschlossen wird?

Seitdem man die Gichtgase auffängt und ausnutzt, muß der Hochofen oben abgeschlossen sein. Der Gichtverschluß dient mithin in erster Linie zur Abführung des Gases, die selbstverständlich, um gleichmäßigen Durchtritt durch den Ofeninhalt zu ermöglichen, in der Achse des Ofens liegen muß. Ferner wird man ein Entweichen von Gas während der Beschickung vermeiden müssen, und diese selbst so gestalten, daß die Gichten möglichst gleichmäßig über den Ofen verteilt werden.

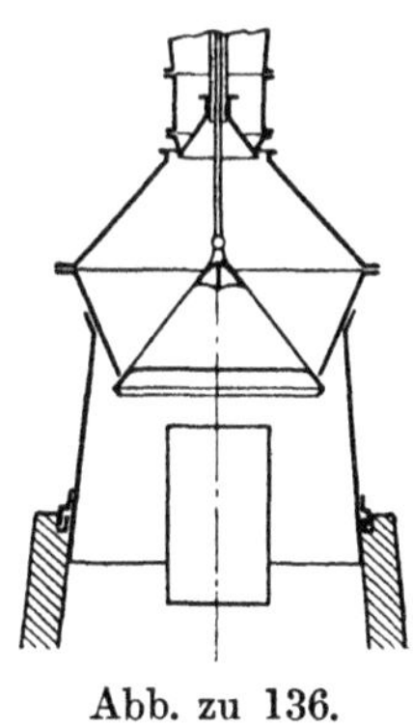
Abb. zu 136.

137. Mit welchen Windmengen muß man für den Hochofen rechnen?

Windmengen sind verschieden, je nachdem ob man losen oder festen Koks hat. Für losen Koks Windmengen geringer. Bei festem Koks kommt man bei einer Pressung von 0,5 Atm. mit 3000 m^3 angesaugtem Wind für 1000 kg Koks aus.

Der Kraftbedarf für die Herstellung des Windes für einen mittleren Ofen liegt ungefähr bei 1500 PSe.

138. Es ist ein Cowper-Apparat zu skizzieren und zu beschreiben.

Der Cowper-Apparat dient zur Vorwärmung der Gebläseluft für den Hochofen. Er besteht aus einem turmartigen zylindrischen Körper, der mit feuerfesten Steinen ausgesetzt ist. Die Ausmauerung ist so eingerichtet, daß die vom Hochofen kommenden noch brennbaren Gichtgase in einen Brennschacht *a* mit Luft gemischt aufsteigen und dort verbrennen. Die abziehenden heißen Gase gehen durch ein gitterförmiges Gefüge mit feuerfesten Steinen mit großer Oberfläche, das die ganze Höhe des Turmes einnimmt, nach unten und erhitzen diesen sog. Gitterschacht. Ist genügende Erhitzung eingetreten, wird umgestellt, Außenluft angesaugt, im Gitterschacht erwärmt und durch den Brennschacht nach den Düsenstöcken des Hochofens gedrückt. Die Luft nimmt hierbei die Wärme vom Gitterschacht ab und erwärmt sich bis 900° C. Hierdurch wird die Hochofenhitze eine viel stärkere. Bei jedem Hochofen befinden sich 4 bis 5 Cowper-Apparate, da eine Reserve vorhanden sein muß und der einzelne Apparat zwei Stunden zur Erwärmung braucht und nur 1 Stunde zur Wärmeabgabe benutzt werden kann. In neuerer Zeit wendet man zur Ausmauerung der Cowper-Apparate stark poröse Steine an, wodurch die Hitzeaufnahme eine günstigere wird, so daß man mit weniger Apparaten auskommt. Ungefähre Abmessungen sind:

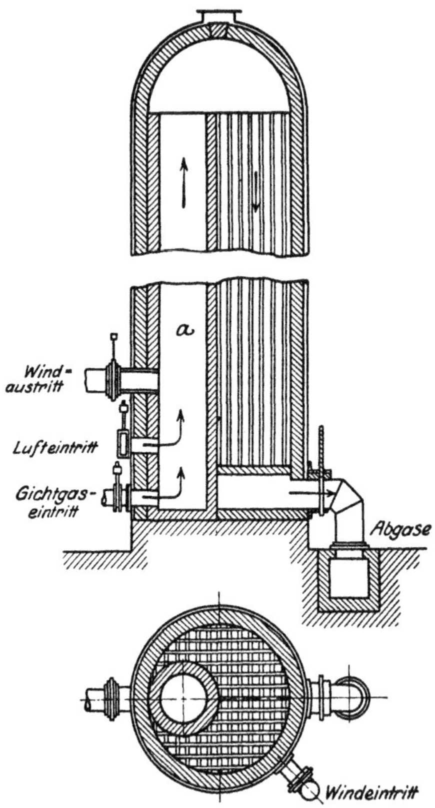

Abb. zu 138.

Höhe 20—30 m
Durchmesser 6—8 m.

139. Welche Vorgänge erfolgen in der Reduktionszone?

In der Reduktionszone des Hochofens hat man zwischen direkter Reduktion der Eisenerze zu Eisen und indirekter Reduktion zu unterscheiden. Bei der direkten Reduktion, die höhere Temperaturen erfordert, reißt der aus dem verbrennenden Koks frei werdende C in Form von CO den Sauerstoff aus den Eisenerzen vollständig an sich, wobei er zu Kohlendioxyd verbrennt und Eisen übrig bleibt. Bei der indirekten Reduktion geht unter geringerer Temperatur dieser Vorgang schrittweise vor sich. Es findet hier eine allmähliche und schrittweise Entziehung des Sauerstoffs aus den Eisenerzen und Anreicherung der Erze an reinen Erzen meist in 3 bis 4 Perioden statt. Auch hierbei verbindet sich in jeder Stufe Sauerstoff des jeweiligen Umwandlungsproduktes, aber nur ein Teil desselben mit dem CO zu CO_2 (Kohlensäure). Das Eisen ist auf diesem Wege dann schließlich sauerstofffrei. Wegen des geringeren Wärmeverbrauches wird man die indirekte Reduktion nach Möglichkeit fördern.

140. Welche Vorgänge finden in der Kohlungszone statt?

In der Kohlungszone nimmt das in der Reduktionszone frei gewordene Eisen bei einer Temperatur zwischen 800 bis 1200° C Kohlenstoff aus dem CO auf, wobei der noch übrigbleibende Kohlenstoff des Gases mit dem gesamten vorhandenen Sauerstoff zu Kohlensäure verbrennt. Die chemische Formel für diesen Vorgang ist:

$$2\,CO + 3\,Fe = F_3C + CO_2.$$

141. Wie erhält man siliziumreiches Eisen?

Durch reichlichen Kokssatz und dadurch erzeugte hohe Temperatur.

142. Wie geschieht das Anblasen des Hochofens?

Der Ofen wird zunächst zu $^1/_3$ mit Koks und wenig Kalksteinzuschlag gefüllt, angezündet und am besten mit heißem Wind langsam angeblasen. Nach etwa 2 Tagen kann man dann langsam Erz und Zuschläge mitaufgeben, wodurch der normale Betrieb in Gang gebracht wird.

143. Es ist der regelmäßige Hochofenbetrieb zu beschreiben.

Der Hochofen wird von Zeit zu Zeit begichtet, d. h. die notwendige Menge Erz mit Zuschlag zwischen 7000 und 15000 kg wird durch Anheben des Gichtverschlusses in den Ofen eingestürzt, danach wieder eine Koksschicht im Gewicht zwischen 2500 bis 7000 kg. Der Koks verbrennt langsam, und das Erz mit dem Zuschlag findet sich im Gestell des Ofens wieder als flüssiges Eisen und flüssige Schlacke. Schlacke ist leichter und hat größeres Volumen, so daß sie fast dauernd abgelassen werden muß. Das flüssige Eisen wird alle 2 bis 3 Stunden durch Öffnen des Abstichrohres in eine Pfanne abgelassen und zum Stahlwerk transportiert. Soll es als Roheisen verwandt werden, läßt man es in Kanäle einlaufen und zu Masseln erstarren. Letztere werden auch neuerdings häufig mit Gießmaschine gegossen, wodurch man wesentlich weniger Platz braucht und schneller arbeiten kann.

144. Es ist das Abstechen eines Hochofens zu beschreiben.

Das Stichloch des Hochofens ist mittels einer Stichlochstopfmaschine mit einem Tonpfropfen geschlossen worden. Dieser Tonpfropfen wird mittels einer Eisenstange durchstoßen. Durch Öffnung fließt das flüssige Eisen aus. Man merkt aus Funkenbildung und Farbe, wann das Eisen ausgelaufen ist und Schlacke nachläuft. Bei abgestelltem Wind wird dann das offene Stichloch mittels Stichlochstopfmaschine wieder geschlossen. Die Stempel dieser Maschine werden mittels Druckluft vorbewegt. Wenn das Stichloch durch erstarrtes Eisen verstopft ist, kann man es mittels Sauerstoffstrahl öffnen

145. Es sind verschiedene Störungen des Ofenganges zu beschreiben.

Störungen sind:

1. Rohgang.
2. Hängen der Gichten.
3. Durchbruch.

Zu 1. Erzeugt durch Eindringen von Wasser oder sonstige teilweise Abkühlung. Erkennbar am Dunkelwerden der Schlacke und Abkühlen des unteren Ofenteils. Abhilfe nach Beseitigung des Schadens durch stärkeres Blasen, eventuell mittels Notformen.

Zu 2. Tritt häufig durch mulmiges Erz oder zertrümmerten Koks ein. Es bilden sich Gewölbe im Ofen, unter denen sich Gasansammlungen festsetzen, die explosionsartig durchbrechen. Abhilfe: Beschikkung mit möglichst festem und grobem Koks.

Zu 3. Kommt bei älteren Öfen, bei denen ein starker Abtrieb eingetreten ist, vor. Schlacke und Eisen durchbrechen entweder die innere oder auch die äußere Ofenwand. Abhilfe zunächst Abdämmen von außen, später Neuaufmauerung des Ofens. Das Gestell wird gegen die dort sehr gefährlichen Durchbrüche durch Panzer aus Eisenknüppel geschützt.

146. Es sind die Erzeugnisse des Hochofens kurz anzugeben.

Erzeugnisse:

1. Roheisen verschiedener Zusammensetzung, je nach Einsatz.
2. Schlacke, in einer Menge von 80 bis 160% vom Gewicht des Roheisens.
3. Gichtgas.

147. Welches ist die Zusammensetzung der Hochofenschlacke?

Sie besteht gewöhnlich aus Kieselsäure, Kalk, Tonerde, Magnesia, Eisenoxydul, etwas Schwefelkalzium. Die Prozentgehalte der einzelnen Teile sind verschieden, je nach den eingesetzten Erzen und Zuschlägen. Es überwiegt Kieselsäure, die bis zur Hälfte ausmacht. Das spezifische Gewicht der Schlacke beträgt 2 bis 2,4.

148. Welche Verwendung findet die Hochofenschlacke?

Die Schlacke wird entweder in Kästen abgelassen und auf die Halden geworfen, oder flüssig nach der Halde gefahren. Erstarrte Schlackenklötze kann man auch als Wegebaumaterial oder als behauene Pflastersteine verwenden. Für diesen Zweck nur die kieselsäurereichsten verwendbar.

Außerdem kann man die Schlacke gleich beim Ausfließen durch Einführen eines Wasser- oder Druckluftstrahls körnen. Das gekörnte Produkt wird mit Kalk gemischt zu Schlackensteinen gepreßt, die zum Teil unter Dampfdruck abbinden, oder bei sehr kalkreichen Schlacken zu Beton und Schlackenzement vermahlen.

149. **Wie ist die normale Gichtgaszusammensetzung?**

Gichtgas besteht aus Kohlensäure, etwa 30% Kohlenoxyd, wenig Wasserstoff und 55% Stickstoff. Sein Heizwert beträgt 800 bis 900 WE/m^3.

150. **Warum und wie wird Gichtgas gereinigt?**

Gichtgas muß gereinigt werden, weil es Staub mit sich führt. Dieser Staub verlegt die Cowper-Türme und zerstört die Gasmaschinen, in denen das Gichtgas ausgenutzt wird. Man unterscheidet trockne und nasse Reinigung. Ersteres möglich durch weite Sammelkammern mit Prellblechen, in denen der Staub bei geringer Gasgeschwindigkeit zu Boden sinkt und unten mittels Schieber abgezogen werden kann. Filtrierung durch Filterschläuche oder Filtrierwände nach vorheriger Abkühlung.

Zweites möglich in a) Skrubbern. Das Gas steigt, durch Horden geführt, gegen einen Regen, der die Staubteile nach unten schwemmt. b) Durch Ventilatoren oder durch Theisensche Zentrifugalreiniger. Hier wird Wasser in das Gas eingespritzt.

Reinigung wirkt etwa so, daß nach einmaliger Reinigung 0,5 g/m^3 Staub, nach doppelter Reinigung 0,01 bis 0,04 g/m^3 Staub vorhanden ist.

151. **Welche Verwendung finden Gichtgase?**

1. Zur Erhitzung der Cowper-Türme.
2. Zum Betrieb von Großgasmaschinen.
3. Zur Beheizung von Koksöfen.

In letzterem Fall wird hierdurch das gute Koksofengas für andere Fälle frei.

152. **Verhältnis der Koksmenge zur erzeugten Gasmenge?**

Eine Tonne Koks gibt etwa 4500 m^3 Gichtgas.

153. **Bau und Wirkungsweise der elektrischen Hochöfen ist anzugeben.**

Wirkungsweise dieselbe wie beim normalen Hochofen, nur wird zum Niederschmelzen des Materials der Lichtbogen benutzt, während zum

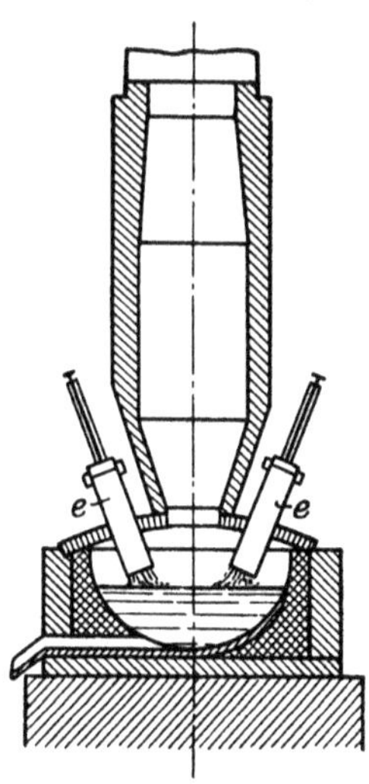

e = Elektroden.
Abb. zu 153.

Kohlen Zusatz von Holzkohle oder Koks notwendig bleibt. Stromzuführung durch Elektroden *e*.

154. **Wie ist Herstellung von schmiedbarem Eisen möglich?**

Schmiedbares Eisen kann auf zwei Wegen hergestellt werden:

1. Auf teigigem Wege.
2. Auf flüssigem Wege.

Auf teigigem Wege entstanden:

a) Schweißeisen.
b) Schweißstahl.

Auf flüssigem Wege:

a) Flußeisen.
b) Flußstahl.

Bei teigigem: Puddelprozeß.

Bei flüssigem: Konverter- und Siemens-Prozeß.

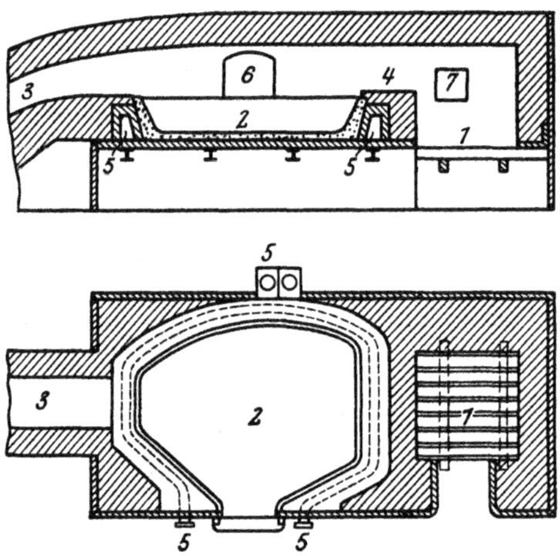

1. Rost. 2. Herd. 3. Fuchs. 4. Feuerbrücke. 5. Wasserkühlung. 6. Einsatztür. 7. Feuertür.

Abb. zu 155.

155. **Es ist ein Puddelofen zu skizzieren.**

1. Rost.
2. Herd.
3. Fuchs.
4. Feuerbrücke.
5. Wasserkühlung.
6. Arbeitstür
7. Feuertür.

156. **Es ist das Puddeln ausführlich zu beschreiben.**

Einsatz: Roheisen, Niederschmelzen, etwa 40 Min. Schlackenzusatz in Form von Schweißschlacke. Dann Puddeln. Arbeiter zieht Haken durch flüssiges Eisen hin und her. Hierbei erfolgt Mischung zwischen Eisen und Schlacke, wobei Oxydation des Eisens hervorgerufen wird. Kohlenstoff entweicht gasförmig. Silizium und Mangan gehen in Schlacke. Eisen wird durch Entkohlung schwerer schmelzbar und daher dickflüssig. Schließlich Rühren nicht mehr möglich, daher Aufbrechen notwendig. Die sich bildenden Eisenklumpen werden gewendet, um sie gleichmäßig durchzuarbeiten. Dann Aufteilung, Umsetzen genannt. Klumpen werden dann zu Luppen zusammengedrückt, die herausgezogen und unter dem Dampfhammer niedergeschlagen werden müssen, um die noch eingeschlossene Schlacke zu entfernen.

157. **Es ist das Puddeln auf Sehne und auf Feinkorn zu beschreiben.**

Etwa der Unterschied zwischen Herstellung von Schmiedeeisen und Schmiedestahl. Letzterer kohlenstoffreicher.

Zu 1. Einsatz: weißes manganarmes Roheisen, dann weitgehende Entkohlung.

Zu 2. Einsatz: graues manganhaltiges Roheisen. Entkohlung früher beenden. Luppe unter Schlackenschutz formen.

158. **Welchen Zweck hat der Roheisenmischer?**

Roheisenmischer soll große Eisenmengen warmhalten, aufbewahren und mischen. Wird dem Stahlwerk vorgeschaltet, um Ungleichmäßigkeiten der einzelnen vom Hochofen kommenden Mengen auszugleichen. Ferner soll Entschwefelung in ihm stattfinden durch Verbindung von Schwefel mit Mangan.

159. **Es ist der Kippmischer und Rollenmischer zu beschreiben.**

Kippmischer gebaut etwa in Form der Bessemer-Birne (Abb. 162, s. diese!). Fassungsvermögen 150 bis 300 t.

Rollenmischer: Größer, Fassungsvermögen bis etwa 1500 t. Besteht aus einem auf Rollen ruhenden Zylinder.

Mischer sind ausgemauert, werden meist mit Gichtgas beheizt. Kippen erfolgt mittels Schnecke und Schneckenrad elektromotorisch oder direkt hydraulisch.

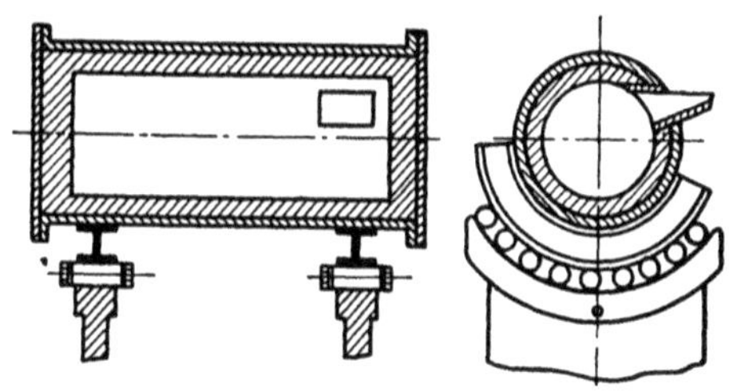

Abb. zu 159. Rollenmischer.

160. **Was versteht man unter Windfrischen?**

Windfrischen bedeutet die Herstellung von Flußstahl und Flußeisen aus flüssigem Roheisen, in der Art, daß man Wind unter Pressung durch das flüssige Material hindurchbläst. Es verbrennen hierbei Silizium oder Phosphor und Kohlenstoff, wodurch das Material flüssig gehalten und gereinigt wird.

161. **Es ist der Unterschied des Windfrischens nach Bessemer und Thomas zu erklären.**

Beim Windfrischen nach Bessemer, Einsatz stark siliziumhaltiges Eisen. Ausfütterung der Birne (s. Abb. 162) sauer. Es verbrennt Silizium, dann Mangan, zum Schluß Kohlenstoff. Temperatursteigerung im Eisen von 1500^0 C bei $1^0/_0$ Si 190^0 C. Erzeugnis: Kohlenstoffarmes, gereinigtes Eisen und saure Eisenmangansilikatschlacke. Phosphor hierbei nicht aus dem Eisen entfernbar, würde außerdem Futter zerstören.

Bei Thomas-Verfahren. Einsatz siliziumarmes, phosphorreiches Eisen. Futter basischer Dolomit. Etwas Kalkzusatz zur Bildung der Schlacke. Beim Durchblasen der Luft verbrennt zuerst Siliziumrest, Mangan, Kohlenstoff und dann erst Phosphor. Der letztere ist der eigentliche Wärmeabgeber. $1^0/_0$ P gibt Wärmesteigerung von 120^0 C in 1500^0igem Eisen. Hauptwärmeentwicklung hier am Ende des Prozesses durch Phosphorverbrennung im Gegensatz zum Bessemer-Prozeß, wo Wärmeentwicklung am Anfang des Prozesses.

162. Beschreibung einer Birne.

Die Birne, oder der Konverter, ist ein birnenförmiges Gefäß aus Eisenblech, das beim Bessemer-Prozeß sauer (Sandstein und Quarz), beim Thomas-Prozeß basisch (Dolomit) ausgemauert ist. Die Birne ist um zwei Zapfen drehbar, deren einer ein Zahnrad trägt. Dieses Zahnrad wird durch Auf- und Abbewegen einer Zahnstange bewegt und damit ein Kippen der Birne erreicht. Der andere Zapfen hat eine Bohrung, durch die die Windzuführung zu dem am Boden der Birne liegenden Windkasten erfolgt. Der Boden besitzt zahlreiche Winddüsen, die zur Zuführung des Gebläsewindes dienen. Der Boden der Birne, der auswechselbar ist, kann entweder als Nadelboden oder als Düsenboden ausgebildet sein. Bei Herstellung der Nadelböden setzt man Nadeln aus Stahl in gußeiserne Formen ein und stampft diese mit einer Bodenstampfmaschine oder mit Preßluftstampfern ein. Nach Herausziehen der Nadeln haben die Böden etwa 150—300 Windöffnungen. Die Düsenböden bestehen aus eingestampften, mit je 8 bis 10 Öffnungen versehenen Düsen.

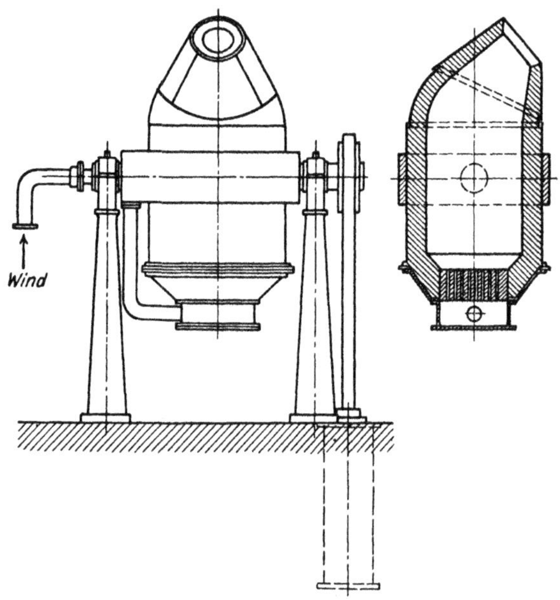

Abb. zu 162.

163. Beschreibung des Bessemer-Verfahrens.

Siehe Aufgabe 161.

164. Wodurch beurteilt man die Entkohlung des Birneninhaltes beim Bessemer-Verfahren?

Durch die Färbung der Flamme oder durch Betrachtung der Flamme durch das Spektroskop.

165. Wie erreicht man Rückkohlung des Einsatzes?

Durch Ferromangan oder Spiegeleisen, das am Ende des Prozesses fest oder flüssig zugesetzt wird. Besser ist flüssiger Zusatz!

166. **Beschreibung des Thomas-Verfahrens.**
Siehe Aufgabe 161.

167. **Wie geschieht die Überwachung beim Thomas-Prozeß?**
Die Oxydation des Phosphors entsprechend der Dauer des Prozesses. Ferner wird nach Ende des Blasens eine Schöpfprobe ausgeschmiedet, und nach dem Aussehen der Bruchfläche wird der Grad der Entphosphorung beurteilt. Eventuell wird nochmals nachgeblasen.

168. **Wie erfolgt die Rückkohlung?**
Durch Zusatz von Spiegeleisen oder Ferromangan, das am Ende des Prozesses, nachdem die Schlacke abgegossen, zugegeben wird. Vorher würde Spiegeleisen eine Zersetzung der Phosphorsäure durch seinen Kohlenstoff hervorrufen und dadurch eine Rückführung des Phosphors in das Eisen veranlassen. — Ferner erreicht man Rückkohlung durch Zugabe von pulverisierter Kohle oder Kohleziegeln.

169. **Weshalb ist die Thomas-Schlacke sehr wertvoll?**
Weil sie infolge ihres Gehaltes an Phosphorsäure ein sehr gutes Düngemittel für die Landwirtschaft bildet. Zu diesem Zwecke wird sie fein gemahlen.

170. **Weshalb wurde das Siemens-Martin-Verfahren entwickelt?**
Um das Einschmelzen von Schrott und Altmaterial zu ermöglichen, das bei den anderen Verfahren wegen der dann erforderlichen hohen Schmelztemperaturen nicht geschehen konnte.

171. **Es ist ein Siemens-Martin-Ofen zu skizzieren.**

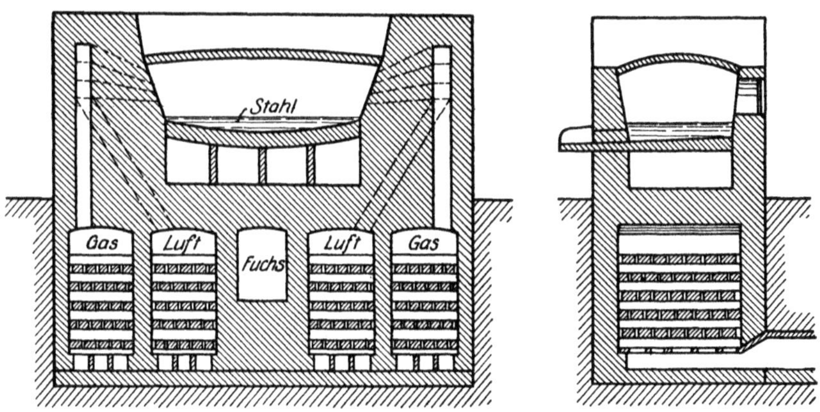

Abb. zu 171.

172. **Beschreibung eines derartigen Ofens.**
Der Siemens-Martin-Ofen besteht aus einem muldenförmigen Herde, mit saurem oder basischem Futter. Über dem Herde wölbt sich die

Ofendecke. Unter dem Herde befinden sich die Wärmespeicher, die mit einem Gitterwerk hoch feuerfester Steine ausgemauert sind. Die Gas- und Luftkanäle, sog. Brennköpfe, führen von den Wärmespeichern zum Ofen. Die Vorderwand des Ofens hat drei Einsatztüren, das Stichloch befindet sich in der Rückwand. Moderne größere Öfen mit normalem Fassungsvermögen von 30 bis 70 t werden auch kippbar ausgeführt. Sie ruhen mit gebogenen Schienen auf Rollenbahnen und werden so geschwenkt. Der eigentliche Ofenherd ist hier natürlich von den Wärmespeichern und Brennköpfen getrennt ausgeführt.

173. **Wie ist der Arbeitsgang beim Siemens-Martin-Verfahren?**

Mittels eines an einem Kran hängenden Magneten wird eine Chargiermaschine mit losen größeren Schrottstücken oder paketierten feineren Schrottabfällen beladen. Die Chargiermaschine führt ihre Mulde durch eine der offenen Türen des Ofens und dreht die Mulde im Ofen um, so daß der Schrott in den Herd fällt. Manchmal hat man zur schnelleren Wärmeübertragung noch einen Teil des geschmolzenen Eisens im Herd stehen lassen, in das dann der Schrott hineingekippt wird. Hat der Ofen seine Charge erhalten, werden die Türen geschlossen. Die Brennköpfe treten in Tätigkeit. Beobachtet wird durch Entnahme von Schöpfproben, die ausgeschmiedet und gebrochen werden. Genügt die Schöpfprobe den Anforderungen, so wird der Ofen geleert. Während des Arbeitsganges wird das Gas und die Brennluft zur Vorerhitzung durch einen Teil der Wärmespeicher geführt. Durch den anderen Teil der Wärmespeicher ziehen die Abgase. Von Zeit zu Zeit wird umgeschaltet, so daß frisch erhitzter Wärmespeicher nun zur Vorwärmung benutzt wird, während durch Vorwärmung abgekühlter neu durch Abgase erhitzt wird.

174. **Leistung eines Siemens-Martin-Ofens?**

Prozeßdauer 7 bis 10 Stdn., daher 2 bis 3maliger Abstich in 24 Stdn.

Ofeninhalt 20 bis 100 t, daher Gesamtleistung zwischen 70 bis 200 t/24 Stdn.

175. **Welche Neuerungen hat man beim Siemens-Martin-Verfahren versucht?**

Bestehen hauptsächlich darin, daß Roheisen flüssig eingesetzt und durch Hinzufügung von Eisenerz Oxydation beschleunigt wird. Hierbei Kalkzusatz notwendig. Schlackendecke muß abgezogen werden. Verschiedene Verfahren üblich, unter anderem auch Teilung des Prozesses in Vorfrischen in einem Flachherdmischer und Fertigverarbeitung im feststehenden Ofen. — Ausnutzung der Abgase zur Beheizung von Abhitzekesseln, dadurch Rückgewinn von 16 bis 20% des Heizwertes der Generatorkohle.

176. **Mit welchen Temperaturen rechnet man beim Siemens-Martin-Ofen?**

An der Gewölberückwand bis 1600°. Kammertemperatur etwa 1200°, Abhitzetemperatur 500 bis 700°, im Kamin 600°.

177. **Werden andere Gase als Generatorgase verwandt?**
Ja; namentlich Koksofengas. Dieses verträgt keine Vorwärmung, da es sich dann leicht zersetzt, muß daher kalt zugegeben werden. Prozeß gewöhnlich so geteilt, daß man zunächst mit Gichtgas oxydierend schmilzt, dann auf Koksofengas umstellt, um die großen Hitzen und dann sauerstoffarmes Brenngas zu bekommen. Erzeugnis hierbei sehr gut.

178. **Beschreibung eines Stahlwerkbetriebes mit Birne.**
Roheisen kommt vom Hochofen mittels fahrbarer Pfanne zum Mischer. Vom Mischer aus wird die umgelegte Birne beschickt. Dann wird die Birne aufgerichtet. Während des Aufrichtens tritt zunächst langsam, dann stärker durch den Düsen- oder Nadelboden Preßluft aus, die durch das flüssige Eisenbad strömt. Nach Vollendung des Prozesses wird die Birne ausgekippt, das Eisen rückgekohlt, in Kokillen vergossen, nach Entfernung der Kokillen werden die erzeugten Blöcke in möglichst heißem Zustande in die Tiefenöfen gebracht und gehen von dort aus zur Walzenstraße.

179. **Wie wird der Inhalt des Siemens-Martin-Ofens weiter verarbeitet?**
Genau wie bei Frage 178.

180. **Wie werden Lunkerbildungen bei hochwertigem Material verhütet?**
Lunker sind Hohlräume, die sich durch die Verringerung der erstarrenden Masse bei teilweise erstarrtem Block bilden. Sie werden vermieden durch:

1. Warmhalten des Kopfes, indem man den Blockkopf heizt, und daher das Material an den Stellen, aus denen Material fortgesaugt wird, flüssig hält, damit es nachlaufen kann.
2. Dieses Beheizen kann auch durch Zusatz von Lunkerthermit in den erstarrenden Block stattfinden, wodurch Block lange flüssig gehalten wird.
3. Verfahren nach Harmet, der nur ganz wenig erkaltete Block wird unter starken äußeren Druck von zwei Seiten mittels hydraulischer Stempel gesetzt. Die Kokille, in der er sich befindet, wird gekühlt.
4. Verfahren nach Gathmann, Block wird in Kokille, die oben weit und dünnwandig, unten eng und dickwandig, gegossen. Hierdurch kühlt er unten schneller als oben.

181. **Wodurch tritt Seigerung ein?**
Durch Ausscheiden von Gasen und schwerer schmelzbaren Legierungen wie Phosphor- und Schwefelverbindungen, die nach dem zuletzt flüssig bleibenden Blockinnern und nach dem Kopf treten.

182. **Wodurch kann man Seigerung vermeiden?**

1. Durch phosphor-, schwefel- und gasfreies Material.
2. Durch Bindung der Gase durch Zugabe von Silizium und Aluminium.
3. Durch Warmhalten des Blockes und steigenden Guß.
4. Durch sehr plötzliche starke Abkühlung, wodurch die Zeit zur Entmischung wegfällt.

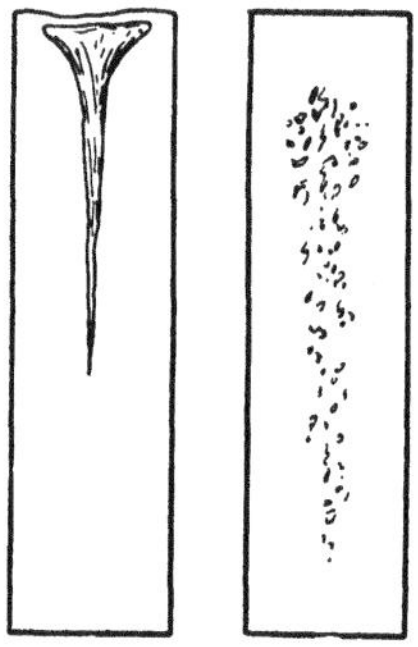

1 2

Abb. zu 183.

183. Skizziere einen Block.
1. Nur mit Lunkern.
2. Nur mit Seigerung.

184. Was ist Zementstahl?

Ein Stahl, dem durch Einpacken in Kohlenstoffträger, z. B. Holzkohlenmehl, und längeres Glühen in diesem Kohlenstoff zugeführt ist. Glühdauer 3 bis 4 Wochen, Glühtemperatur über 1000°, Luftabschluß. Einsatz beim Zementieren: kohlenstoffarmes Schmiedeeisen.

185. Was ist Temperstahl?

Ein Stahl, der aus kohlenstoffreichem gegossenen Material gewonnen wird, dadurch, daß man diesem durch Einpacken in Sauerstoffträger z. B. Eisenerz (Roteisenstein) Kohlenstoff entzieht. Hierdurch kann man Gußeisenteile schmiedbar machen. Prozeßdauer 3 bis 5 Tage. Glühtemperatur 850 bis 1000° C. Einsatz: kohlenstoffarmes Gußeisen.

186. Es ist das Tiegelschmelzverfahren zu erklären.

Stahl wird in Tiegel zum Umschmelzen eingesetzt, verwendet Graphittiegel. Schmelzhitze bis 1700°, daher sehr hohe Reinigung. Erhitzung der Tiegel in Öfen, die den Siemens-Martin-Öfen ähneln, mit Wärmespeicher. Kohlenverbrauch hoch, bis 200 kg pro 100 kg Stahl. Etwa 100 Tiegel in einem Herd. Schmelzdauer 4 Stdn. Phosphor und Schwefel nur in unbedeutenden Mengen entfernbar, daher je unter 0,22 % beider im Einsatz. Kohlenstoffaufnahme des Stahls aus Tiegelwandung, wenn diese mehr als 30 % C enthält. Siliziumgehalt wird durch Mangangehalt des Einsatzes geregelt, da Mangan den Tiegelwandungen Silizium entzieht.

187. Was beabsichtigt man durch das Niederschmelzen des Stahls mittels des elektrischen Lichtbogens?

Verfeinerung des im Windfrisch- oder Siemens-Martin-Verfahren hergestellten Stahles durch die bedeutend höheren Temperaturen, die der elektrische Strom als Wärmequelle liefert (Elektrostahl).

188. Welche zwei Hauptgruppen von Elektrostahlöfen gibt es?

A. Lichtbogenöfen.
   1. Direkte Lichtbogenöfen.
   2. Indirekte Lichtbogenöfen.

B. Induktionsöfen.

189. Es ist ein direkter Lichtbogenofen zu beschreiben.

Der Héroult-Ofen besteht aus einem kippbaren, wannenförmigen Herd, in den durch die Ofendecke zwei Kohleelektroden hineinragen. Der elektrische Strom geht von der einen Elektrode durch die Schlackendecke direkt unter Lichtbogenbildung ins Metallbad über, um dann durch zweite Elektrode wieder auszutreten. Beim Girod-Ofen tritt der Strom durch eine Kohlenelektrode, ähnlich wie beim Héroult-Ofen, ins Metallbad über, um durch Leiter, die im Herdboden liegen, wieder auszutreten.

Außer der Erwärmung durch den Lichtbogen erfolgt bei diesen Öfen eine Widerstandserwärmung.

190. **Es ist ein indirekter Lichtbogenofen zu beschreiben.**

Der indirekte Lichtbogenofen besteht aus einem gemauerten Herd mit basischem Futter, in den 2 oder 3 Kohlenelektroden hineinragen. Der beim Übergang des Stromes von der einen zur anderen Elektrode gebildete Lichtbogen gibt seine Wärme an das Metallbad ab. Der Lichtbogen wird häufig noch durch einen Magneten auf das Bad aufgeblasen.

191. **Beschreibung eines Induktionsofens.**

Im Herde stehen, senkrecht zu ihm, zwei Eisenkerne, um die Kupferdrahtspulen als primäre Wicklung gelegt sind. Läßt man nun durch die Spulen Wechselstrom fließen, so entstehen im Metallbade, das die beiden Spulen als sekundäre Wicklung umgibt, Induktionsströme, die eine Erwärmung des Metallbades herbeiführen.

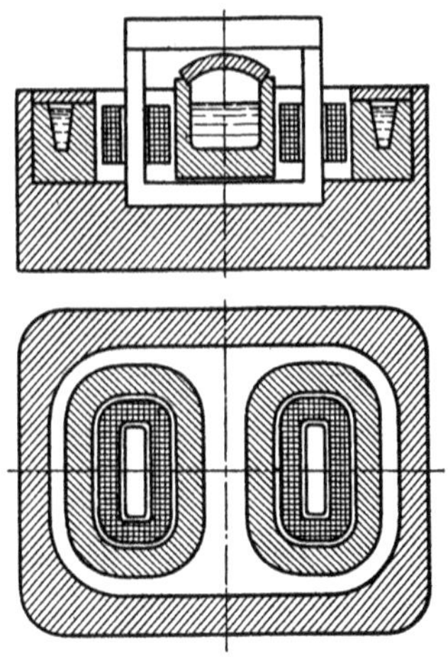

Abb. zu 191.

192. **Es ist der Arbeitsgang beim Elektrostahlofen zu beschreiben.**

Zwei Arbeitsmöglichkeiten.

Entweder flüssiger Einsatz von Rohstahl oder kalter Einsatz. Ersteres bei Verbindung mit Stahlwerken wesentlich günstiger, da Prozeßdauer kürzer und Stromverbrauch etwa $^1/_3$ gegen kalten Einsatz. Bei letzterem noch Zusatz von Eisenerz und Kalkstein notwendig. Hauptzweck: Oxydation der Beimengungen, namentlich Phosphor, der in Schlacke übergeht. Vor Beendigung des Prozesses kann zur Entschwefelung noch Kalk aufgegeben werden. Man hat den Prozeß sehr fein in der Hand, da man durch Zusätze weitgehendst desoxydieren und durch Kohle usw. rückkohlen kann.

193. **Welche Einflüsse bewirken die Beimengungen im Schmiedeeisen?**

Je geringer Kohlenstoffgehalt, desto geringer Festigkeit, desto besser Schmiedbarkeit.

Zu großer Siliziumgehalt, bereits über $0{,}5\,^0/_0$, erzeugt Brüchigkeit des Eisens.

Phosphor- und Schwefelbeimengungen sind ganz zu vermeiden, sonst Kalt- und Rotbrüchigkeit. Höchstgrenze etwa $0{,}1\,^0/_0$.

Oxydeinschlüsse erzeugen Rotbrüchigkeit.

194. Es sind die wichtigsten Sonderstähle zu nennen.

Nickelstahl, 2 bis 5 % Ni.
Chromstahl, 0,5 bis 2 % Cr.
Manganstahl, 6 bis 12 % Mn.
Wolframstahl, bis 25 % W.
Vanadiumstahl, 0,2 bis 0,7 % V.
Molybdänstahl.

195. Es ist die Entstehung dieser Sonderstähle zu beschreiben.

Es wird guter reiner Stahl hergestellt, und die verschiedenen Beimengungen werden ihm als Legierungen entweder im Tiegelschmelzverfahren oder im Elektrostahlprozeß zugesetzt. Die Schwierigkeit besteht darin, eine gleichmäßige Mischung zu erzeugen.

Rostschutz.

196. Wie kann man Eisen gegen Rosten schützen?

1. Durch Brünieren der Oberfläche, das ist Bildung eines oxydischen Überzuges oder einer Eisenoxyduloxydschicht.
2. Überzug mittels eines anderen nicht rostenden Metalls.
3. Bildung eines Schmelzüberzuges aus glasartiger Masse, das sog. Emaillieren.
4. Bildung eines Überzuges mit Zement.
5. Bildung eines Fettüberzuges.
6. Anstrich mittels Ölfarbe.
7. Überzug von Teer oder Asphalt.
8. Überzug mittels eines Säure und Wasser bindenden Materials, wie Kalkanstrich usw.

197. Wie geschieht die Feuerverzinkung des Eisens?

1. Reinigen der Bleche mit Bürsten oder Sandstrahlgebläse.
2. Abbeizen in verdünnter Salzsäurelösung.

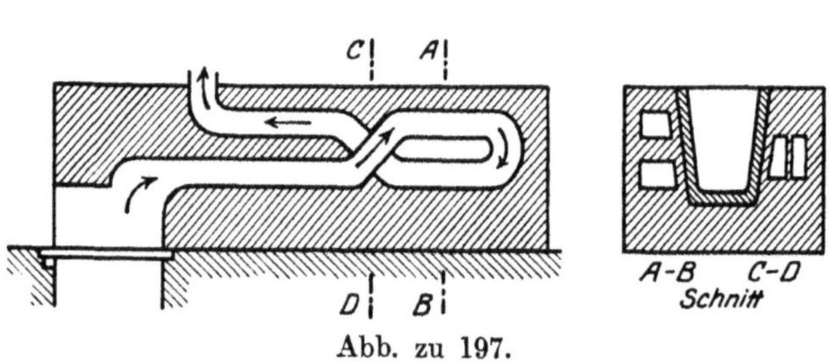

Abb. zu 197.

3. Abspülen in heißem Wasser und trocknen.
4. Eintauchen in eine Pfanne mit flüssigem Zink und herausnehmen, Zink ablaufen lassen.

Pfanne gleichmäßig beheizen, da sonst viel Hartzinkbildung. Hierzu Konstruktion des Verzinkungsofens laut Abbildung erwünscht.

Zu gleichmäßiger Verzinkung wird Oberfläche mit Palmfett bedeckt. Zinkersparnis durch Zusatz von 3% Aluminium zum Zinkbad. Ferner Durchziehen der frischverzinkten noch heißen Platte durch über dem Zinkbade liegende Walzen in enger Einstellung. Normalzinkverbrauch 800 g/m², herunterzudrücken durch obige Maßregeln bis 150 g/m².

198. **Wie geschieht das galvanische Verzinken?**

Reinigen des Materials wie Frage 197. Einsetzen in Bad, durch das elektrischer Strom geht. An der Seite, an der der Strom eintritt, hängt eine Zinkplatte als Anode, der Strom tritt aus durch das zu verzinkende metallisch reine Material (Kathode), den Leiter bildet eine Flüssigkeit mit Zinksalzlösung. Zink schlägt sich aus dem Bad auf der Kathode nieder, Zinkgehalt des Bades ergänzt sich aus Anode.

199. **Was versteht man unter Sheradisieren?**

Sheradisieren ist ein Verzinkungsprozeß. Angewandt für kleine Teile, am günstigsten für solche mit komplizierten Formen, z. B. auch für Gewinde.

Teile werden in eiserne Trommeln mit 80% Quarzsand und 20% Zinkstaub zusammen eingesetzt. Trommel wird bis auf 400° C erwärmt und langsam gedreht. Hierbei bildet sich Zinkeisenlegierung, darüber leichter Zinküberzug, der sehr gut hält. Prozeßdauer 3 bis 4 Stdn. Mit anderen Metallarten bisher noch nicht angewandt.

200. **Es ist das Schoopsche Metallspritzverfahren zu beschreiben.**

Das Verfahren wendet eine Preßluftpistole an, die flüssiges Metall auf die zu überziehenden Flächen spritzt. Metall wird in Drahtform in die Pistole eingeführt und durch Windturbine laufend nachgezogen. Metalldraht wird in Pistole durch Knallgasflamme oder elektrischen Lichtbogen geschmolzen und mit Luftstrom durch Düse ausgeblasen. Verfahren besonders günstig für Metallisierung von Holz, Pappe und solchen Teilen, die schwer Metall annehmen. Mit den verschiedensten Arten von Metallüberzügen anwendbar.

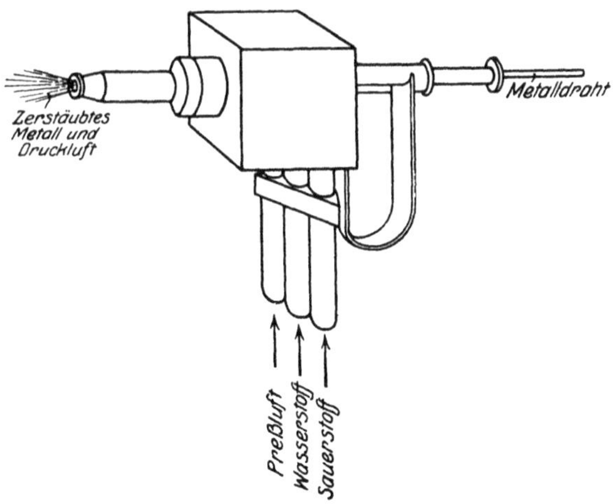

Abb. zu 200. Schoopsche Metallspritze.

201. Was ist beim Verbleien von Eisen zu beachten?

Blei bindet nicht mit Eisen, daher Verzinkung vorher notwendig.

202. Was versteht man unter „Plattieren"?

Aufwalzen einer dünnen Metallschicht auf andersartige glühende Originalplatte mittels polierter Walze.

203. Wie stellt man Schmelzüberzüge her?

1. Zu überziehendes Material beizen und reinigen.
2. Eintauchen in suppenartig angerührten Brei aus Quarz, Borax, Magnesia usw.
3. Einbrennen dieses Breies in Ofen bei über 1000^0 C. Hierdurch Grundemaille, die mit Eisen fest verbunden, geschaffen. Meist grau bis schwarz.
4. Nach Abkühlung nochmals eintauchen in ähnlichen Brei mit Farbzusatz und niedrigerer Schmelztemperatur.
5. Wiederbrennen bei 800^0, wodurch Unterglasur nur weich wird und beide Glasuren sich verbinden.

204. Wie wird ein Zementanstrich hergestellt?

Durch Beizen des Eisens und mehrfachen Anstrich mit einer dünnen Zementsuppe. Hält sich gut an schwer zugänglichen, wenig arbeitenden und nicht begangenen Stellen.

205. Wie ist beim Einfetten vorzugehen?

Reinigen des Eisens mittels Petroleum, gut abwischen, einreiben mittels säurefreien Fettes.

Hierzu meist Mineralöl notwendig, da pflanzliche und tierische Öle schwer säurefrei zu bekommen.

206. Was sind Firnisse und Lacke?

Firnisse sind Ölüberzüge, Lacke in Terpentinöl aufgelöste Harzarten, die nach Auftragen erhärten.

207. Was sind Ölfarbenanstriche?

In gekochtem Leinöl aufgelöste Farbmittel, die auf die betreffenden Gegenstände aufgetragen werden. Man unterscheidet Grundfarben, Lasurfarben und Deckfarben. Erstere meist aus Bleimennige oder Eisenmennige bestehend, bilden den eigentlichen Rostschutz, die beiden anderen geben die gewünschte Färbung und den Schutz der Grundfarbe.

208. Was versteht man unter teeren und asphaltieren?

Das Eintauchen von Materialien in flüssigen Teer oder Asphalt. Nach dem Herausziehen bildet sich nach dem Ablaufen eine dünne, vor Rost und Säuren schützende Schicht.

Erzeugung von Metallen und Legierungen.

209. Es sind die wichtigsten Kupfererze zu nennen.

Kupferkies, hauptsächlich im Mansfeldischen.
Kupferglanz, Nordamerika.
Buntkupfererz, Nordamerika, England.
Malachit, Chile, Ural.
Kupferlasur, Nordamerika, Australien.
Azurit.
Gediegenes Kupfer.

210. Es ist die Kupfergewinnung zu beschreiben.

Möglichkeiten auf zwei Wegen:

1. Trockenes Verfahren.
2. Nasses Verfahren.

Zu 1. Mehrmaliges oxydierendes Rösten, reduzierendes Schmelzen. Dann Niederschmelzen des gewonnenen Rohsteins im Schachtofen mit Koks, wobei Schwefel herausgeht. Eventuell Wiederholung des Verfahrens. Möglichkeit, auch ähnlich wie beim Eisen Rohstein im Konverter zu blasen. Kupfer muß dann noch raffiniert werden, sei es durch oxydierendes Niederschmelzen im Flammofen oder auf elektrolytischem Wege.

Zu 2. Angewendet bei ärmeren Erzen, Röstung, dann Auslaugung mit Wasser und Säuren, dann elektrolytisches Niederschlagen.

211. Welche Eigenschaften hat das Kupfer?

Gut leitfähig für Strom und Wärme, sehr dehnbar, deswegen zum Schmieden, Walzen und zu Legierungen viel benutzt. Lötbar, empfindlich gegen Säuren. Schmelzpunkt 1100 bis 1200° C.

212. Wozu wird Kupfer hauptsächlich verwendet?

Wegen Witterungsbeständigkeit zu Dachbelegen.

Wegen Leitfähigkeit zu verschiedensten Gegenständen der elektrischen Industrie.

Wegen Zähigkeit und Dehnbarkeit zu Lokomotivstehbolzen.

Wegen Weichheit zu Hämmern für empfindliches Material.

Wegen Unempfindlichkeit gegen Wärme und Dehnbarkeit zu Dampfrohren.

213. Es sind die Bleierze zu nennen.

Bleiglanz (PbS), Erzgebirge, Oberschlesien, Harz, Siegerland, Eifel.
Weißbleierz ($PbCO_3$), Spanien, Griechenland, Australien.
Bleisulfat.

214. Welches ist das üblichste Verfahren der Bleigewinnung, und wie wird es gehandhabt?

Das sog. Röstreduktionsverfahren. Zuerst mehrmals geröstet, dann Mischung mit gebranntem Kalk. In geheizter Birne mit Preßluft durchgeblasen, hierdurch entschwefelt. Produkt Bleioxyd.

Reduktion dieses durch Niederschmelzen im Schachtofen unter Kalk und eisenhaltigen Zuschlägen. Erzeugnis: Werkblei. Enthält noch Silber, das durch Zusatz von Zink herausgezogen wird (Zinksilberverbindung schwimmt oben, wird abgeschöpft). Reste vom Zinkgehalt durch Einblasen von Wasserdampf befreit.

215. **Welche Eigenschaften besitzt Blei?**

Leicht schmelzbar, säurefest, auch im kalten Zustande biegsam und dehnbar, weich, schwer.

216. **Welches ist die hauptsächlichste Verwendung des Bleies?**

1. Wegen des niedrigen Schmelzpunktes zu Bleisicherungen in der elektrischen Industrie.

2. Weil es mit seinem eigenen Oxyd Spannungsreihe bildet zu Akkumulatorenplatten.

3. Wegen Schmiegsamkeit zu Wasserleitungsrohren innerhalb der Häuser.

4. Wegen leichter Gießbarkeit und Schmiegsamkeit zur Dichtung von eisernen Muffenrohren. Es wird hier in die Muffen eingegossen und festgestemmt.

5. Wegen Säurefestigkeit in Folienform als Verpackungsmaterial für chemische Artikel und als Auskleidung für Säurewannen.

217. **Aus welchen Erzen wird das Zink gewonnen?**

Zinkblende, Erzgebirge, Schlesien.
Zinkkarbonat oder Galmei, Erzgebirge, Schlesien.
Kieselzinkerz, Rotzinkerz, Amerika.

218. **Wie geschieht die Verhüttung der Zinkerze?**

Durch Rösten und reduzierendes Schmelzen.

Bei Reduzieren interessant, daß Verdampfungspunkt Zink bei 918⁰, Reduktionstemperatur über 1000⁰ liegt. Daher verflüchtigt sich Zink beim Reduzieren und muß in geschlossenen Muffelöfen reduziert und in Vorlagen niedergeschlagen werden. Reduziertes Zink ergibt Rohzink, muß noch durch Umschmelzen raffiniert werden.

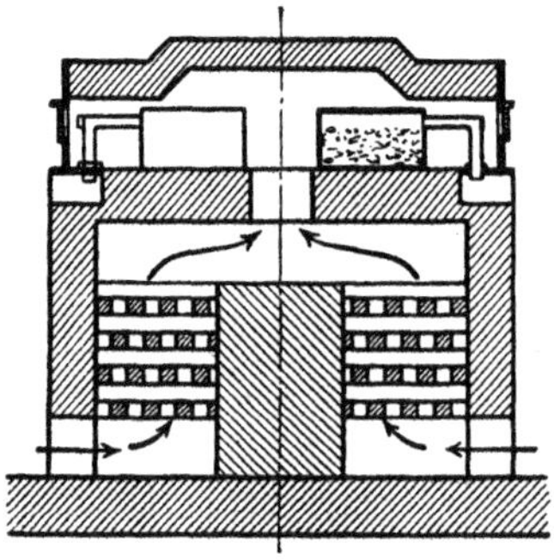

Abb. zu 219.

219. **Es ist ein Zinkmuffelofen zu beschreiben und zu skizzieren.**

Beim schlesischen Ofen:

Retorten:

Höhe etwa	650 mm
Breite	150÷200 mm
Länge	700—2000 mm

Die Muffeln sind in einer Reihe zu 36 Stück angeordnet, im ganzen also 72 Stück im Ofen.

Beim rheinischen Ofen, der neuerdings bevorzugt wird:

Retorten:	Höhe	etwa	300 mm
	Breite		160 mm
	Länge		1400 mm.

220. **Wie groß ist der Einsatz und der Kohlenverbrauch eines Zinkofens?**
Beim schlesischen Ofen:
Füllung (Erz + Kohle) bis 140 kg (pro Muffel)
Kohleverbrauch: für 1 t ausgebrachtes Zink
3,7÷4,0 t Heizkohle,
1,5÷2,4 t Reduktionskohle.
Beim rheinischen Ofen:
Füllung bis 70 kg.
Kohleverbrauch: 2,5 ÷4,0 t Heizkohle,
0,67÷1,25 t Reduktionskohle
pro 1 t ausgebrachtes Zink.

221. **Welche Eigenschaften besitzt das Zink?**
Wetterbeständig, biegsam, bei Erwärmung stark ausdehnbar. Bei 130 bis 135° gut hämmerbar und walzbar, bei Temperatur oberhalb 100° Festigkeitsverlust, unter 0° kerbspröde.

222. **Wozu wird Zink verwendet?**
1. Wegen Wetterbeständigkeit für Dacheindeckung, Wasserrinnen, Verzinkung von Eisenteilen, namentlich auf Schiffen.
2. Wegen Säurebeständigkeit für Haushaltungsgegenstände.
3. Wegen Gießbarkeit als Zinkguß.

223. **Aus welchen Erzen wird Zinn gewonnen?**
Zinnstein, im Erzgebirge und England.
Seifenzinn, in Australien, Bolivia, Banka.
Zinnkies.

224. **Es ist die Gewinnung des Zinns anzugeben.**
Nasse Aufbereitung zu Anreicherung, Rösten, reduzierendes Schmelzen mit Kohle.

Interessant ist die letzte Reinigung, sog. Raffination des Rohzinns geschieht durch Seigerung in kleinen Flammöfen. Rohzinn wird hier in kleinen Flammöfen fast genau auf den Schmelzpunkt erwärmt. Reinzinn fließt hierbei ab, Zinneisen- und Zinnkupferlegierung, die etwas schwerer schmelzbar sind, bleiben hart und werden als Seigerdörner entfernt.

225. **Wie gewinnt man Zinn aus Weißblech?**
Möglich auf elektrolytischem Wege in Natronlauge. Kathode: Weißblechabfälle, Anode: Zinnblech; Prozeß teuer. Neuere Gewinnung durch Zuführung von Chlorgas unter Druck. Starke Wärmeentwicklung, Bildung von Zinnchlorid.

226. Die Eigenschaften des Zinns sind anzugeben.

Ein verhältnismäßig leichtes, weiches, schmiegsames, leicht schmelzbares Metall. Gut walzbar.

227. Verwendung des Zinns?

Wegen Säurebeständigkeit zu Haushaltungsgegenständen und zum Verzinnen anderer Metalle.

Außerdem für Legierungen, namentlich für Lagermetalle, und zur Herstellung von Lot verwendet.

228. Woraus wird Aluminium gewonnen?

Aus 1. Bauxit (Tonart), Nordamerika, Italien, Ungarn, Irland, Frankreich.

2. Deutsche Tone, Lausitz.

229. Es ist die Gewinnung des Aluminiums nach dem Verfahren von Héroult zu beschreiben.

Bauxit geröstet und darauf mit Natriumlauge gekocht. Ergebnis: reine Tonerde. Hierauf Tonerde mit Kryolith durch Widerstandserwärmung eingeschmolzen. Dann Tonerde durch Elektrolyse mit Kohleelektroden im selben Bade zerlegt. Ergebnis: flüssiges Aluminium. Schlacke schwimmt infolge geringerem spezifischen Gewicht oben. Nach 2 bis 3 Tagen Abguß in eiserne Formen.

230. Welche Eigenschaften hat das Aluminium?

Geringes spezifisches Gewicht: 2,7, weiße Farbe, hämmerbar, schmiedbar, streckbar. Gut ziehbar und walzbar. Bei starker Erhitzung gut gießbar. Gutes elektrisches Leitungsvermögen, widerstandsfähig gegen Einflüsse von Luft und organischen Säuren. Empfindlich gegen Laugen. Verbindet sich bei höheren Temperaturen sehr stark mit Sauerstoff.

231. Verwendung des Aluminiums?

Zu Blechen, Drähten, Rohren, Kochgeschirr, im Automobilbau, Flugzeugbau. Ferner zu Legierungen und mit Spritzguß hergestellten kleinen Werkstücken von Feinapparaten, z. B. Zählerbau.

232. Was ist Thermit?

Eine Mischung von feingespantem Aluminium mit einem Metalloxyd. Es wird verwandt zur Erzeugung großer Hitzen, die dadurch entstehen, daß sich das Aluminium sehr kräftig mit dem Sauerstoff des Oxyds unter starker Hitzeentwicklung verbindet. Das Material zündet nicht von selbst, sondern muß durch eine Einsatzpatrone, welche die erste Verbrennungswärme erzeugt, angezündet werden, worauf der Verbrennungsvorgang im Innern selbsttätig fortschreitet.

Verwendung: 1. Zur Erzeugung reiner flüssiger Metalle, namentlich Eisen, von hoher Temperatur.

2. Zum Anschmelzen und dabei Zusammenschweißen gebrochener Eisenteile wie Schiffssteven u. dgl.

233. Welches sind die hauptsächlichsten Nickelerze?

Nickelkies.
Rotnickelkies, Weißnickelkies.
Nickelglanz.
Eisennickelkies.
Antimonnickel.
Garniërit (Neukaledonien).

234. Welche Eigenschaften besitzt Nickel?

Spezifisches Gewicht 8,8. Schmelzpunkt 1450° C. Weiße Farbe, starken Glanz, kräftig färbend bei Legierungen. Gut dehnbar, hämmerbar, walzbar, schmiedbar, zum Ziehen geeignet. Große Widerstandsfähigkeit gegen Einflüsse der Luft.

235. Verwendung des Nickels?

Verwendet zu Metallüberzügen, „Vernickeln", zu Legierungen, zu Münzen. Zur Vergütung des Stahls, z. B. Panzerplatten, rostfreien Stahl usw.

236. Gewinnung, Eigenschaften des Antimon?

Gewonnen aus Antimonglanz durch Rösten, reduzierendes Schmelzen und Raffination.

Spezifisches Gewicht 6,2. Schmelzpunkt 630° C. Silberweiße, glänzende Farbe; sehr spröde. Macht Legierungen hart.

237. Gewinnung, Eigenschaften des Wismut?

Gediegenes Vorkommen. Ferner aus Wismutocker und Wismutglanz durch Rösten, reduzierendes Schmelzen und Raffination hergestellt.

Spezifisches Gewicht 9,8. Schmelzpunkt 268° C. Rötlichweiße Farbe. Verwendet für besonders leicht schmelzbare Legierungen.

238. Gewinnung, Eigenschaften des Mangan?

Hergestellt nach dem Verfahren von Goldschmidt aus Braunstein.

Spezifisches Gewicht 7,4. Schmelzpunkt 1260° C. Rötlichen Glanz. Große Härte und Sprödigkeit. Als Ferromangan zur Rückkohlung von Eisen verwendet.

239. Was versteht man unter Legierungen?

Mischung verschiedener Metalle im flüssigen Zustand, die teils Mischungen bleiben, teils Mischkristalle bilden und Verbindungen miteinander eingehen.

240. Zu welchem Zweck stellt man die Legierungen her?

Um die Eigenschaften der Grundmetalle in irgendeiner Richtung abzuändern. Man ändert ab je nach Mischungsverhältnis unter Beibehaltung der hauptsächlichsten Eigenschaften des jeweils wichtigsten Zusatzmetalls:

1. Die Härte.
2. Die Farbe.
3. Die Zerreißfestigkeit und Dehnung.
4. Die Schmelztemperatur.
5. Das Leitungsvermögen für Wärme und Elektrizität.
6. Die Empfindlichkeit gegen Säuren oder Laugen.
7. Das spezifische Gewicht.

241. **Wie erhöht man die Zerreißfestigkeit von Kupfer durch Legieren?**
Durch Legieren mit Zinn oder Phosphor.

242. **Wie erhöht man die Härte von Kupfer?**
Durch Zusatz von Antimon oder Zink.

243. **Wie erhöht man die Gießbarkeit von Kupfer?**
Durch Legieren mit Zink, Phosphor oder Aluminium.

244. **Ist die elektrische Leitfähigkeit von Legierungen in allen Fällen günstiger oder ungünstiger als die Leitfähigkeit ihrer Bestandteile?**
Sie ist in allen Fällen ungünstiger, und zwar können schon ganz geringfügige Beimischungen die Leitfähigkeit erheblich herabsetzen. Am ungünstigsten wird die Leitfähigkeit beeinflußt, wenn sich Mischkristalle bilden. Die Frage, woher die Leitfähigkeit durch Bildung von Legierungen ungünstig beeinflußt wird, ist noch nicht geklärt.

245. **Ist die Widerstandsfähigkeit der Legierungen gegen chemische Einflüsse größer als die der einzelnen Metalle?**
Verschieden, teils größer, teils kleiner.

246. **Ist das spezifische Gewicht der Legierungen gleich dem theoretischen spezifischen Gewicht, das sich aus den spezifischen Gewichten der einzelnen Legierungsbestandteile ergeben würde?**
Nein; es kann teils kleiner, teils größer sein, je nachdem das Volumen der Legierung bei ihrer Bildung gegenüber dem der einzelnen Bestandteile zu- oder abnimmt.

247. **Ist die Farbe von Legierungen eine Mittelfarbe aus den Farben ihrer Einzelbestandteile, bezogen auf das Mengenverhältnis?**
Nein; einzelne Metalle färben sehr stark, andere sehr schwach.

248. **Wie geschieht das Legieren?**
Man schmilzt die Metalle in eisernen oder tönernen Tiegeln ein, und zwar so, daß die schwer schmelzbaren Bestandteile zuerst eingeschmolzen werden, während die leichter schmelzbaren nachher zugesetzt werden. Luftzufuhr ist während des Niederschmelzens, um ungleichen Abbrand zu vermeiden, möglichst zu verhüten.

249. **Zusammensetzung einer Zinnbronze.**

79 % Cu.
20 % Sn.
1 % Phosphorkupfer.
Für höchstbeanspruchte Teile.

250. **Zusammensetzung zweier Rotgußbronzen.**

82 % Cu.
10 % Sn.
8 % Zn + Pb.
Hart, für Maschinengußteile.

85 % Cu.
5 % Sn.
10 % Zn + Pb.
Weich, für Maschinengußteile.

251. **Zusammensetzung einer Phosphorbronze.**

83 % Cu.
16 % Sn.
1 % P.
Für Lokomotivbau nach Staatsbahnvorschrift.

252. **Zusammensetzung von Schraubenmessing ist anzugeben.**

58 % Cu.
2 % Pb.
Rest Zink.

253. **Durch welche Arbeitsverfahren kann Messing verarbeitet werden?**

Durch Warmstanzen, Schmieden, Prägen, Ziehen, Drücken, Löten, Gießen. Es eignet sich überhaupt zu jeder Kaltbearbeitung bei höchsten Anforderungen.

254. **Was ist Rübelbronze?**

Als Rübelbronzen werden heute veredelte Kupfer-Zinklegierungen in den Verkehr gebracht, die nach patentiertem Verfahren hergestellt werden und besonders gute Festigkeits- und Dehnungseigenschaften aufweisen. Auch sollen sie unempfindlich gegen Erschütterung sein. Im übrigen bedeutet der Name „Rübelbronze" heute nur noch einen Schutznamen für diese Art von Bronzen. Bei der Entstehung dieser Bronzen versuchte Rübel die einzelnen Bestandteile der Bronze gemäß den Atomgewichten so abzustimmen, daß vollständige Mischkristalle entstanden. Eine Art der heute auf dem Markt befindlichen Rübelbronze hat z. B. folgende Eigenschaften:

Spezifisches Gewicht: 8,3.
Schwindmaß: 1,34.
Festigkeit in kg/mm^2: 50 bis 55.
Dehnung in %: 30 bis 35.
Kugeldruckhärte: 95 bis 100,5 nach Brinell.

255. **Was ist Weißmetall?**

Eine Legierung, die zumeist zum Ausgießen von Lagern benutzt wird, muß daher leicht schmelzbar sein und so hart, daß es nicht weggedrückt werden kann. Sie wird z. B. folgendermaßen zusammengesetzt:

11% Cu.
74% Sn.
15% Sb.

256. **Was bezeichnet man als Duraluminium?**

Eine besonders im Flugzeugbau viel benutzte Aluminiumlegierung, bestehend in der Hauptsache aus Aluminium mit 5% Cu und 0,7% Magnesium. Sehr schwierige Herstellung. Wichtig ist Art der Härtung durch Erhitzung und Wiederabkühlung. Festigkeit zwischen 36 bis 48 kg/mm^2 bei 17 bis 25% Dehnung.

257. **Was ist Silumin?**

Eine Aluminium-Siliziumlegierung mit etwa 11 bis 16% Si. Sehr wetterfest. Spezifisches Gewicht 2,5. Festigkeit 23 kg/mm^2 und 5 bis 10% Dehnung.

258. **Welche weiteren Aluminiumlegierungen sind außer den bereits genannten gebräuchlich?**

1. Kupfer—Zink—Aluminium.
2. Zink—Aluminium.
3. Kupfer—Zinn—Aluminium.
4. Zinn—Aluminium.
5. Nickel—Aluminium.

259. **Welche Eigenschaften haben die Kupfer—Zink—Aluminiumlegierungen und wozu dienen sie?**

Festigkeit etwa 14 kg/mm^2.
Dehnung bis 5%.
Zusammensetzung 93% Aluminium (Al.)
4% Kupfer (Cu)
2% Zink (Zn).
1% Eisen (Fe).
Oft wird noch etwas Magnesium zugesetzt.

Meist verwandt für Automobile, Flugzeuge, Motorboote und deren Teile. Wetterbeständiger als Aluminium. Höhere Festigkeit, dabei leicht.

260. **Welche Eigenschaften haben die Kupfer—Zinn—Aluminiumlegierungen, wozu dienen sie?**

Festigkeit wesentlich höher als Legierung Frage 259, etwa bei 28 kg/mm^2. Dehnung 8%.

Zusammensetzung: 8% Kupfer (Cu).
5% Zinn (Sn).
87% Aluminium (Al).

Verwendung, meist zu Stangen gewalzt, für solche Teile, die leicht sein müssen und dabei doch hohe Festigkeiten haben sollen.

261. **Welche Eigenschaften haben die Zinn—Aluminiumlegierungen, und wozu dienen sie?**

Da Zinn teuer ist und ein reiner Zinnzusatz die Eigenschaften des Aluminium nicht wesentlich verbessert, werden sie bis heute fast gar nicht verwandt.

262. **Welche Eigenschaften haben die Nickel—Aluminiumlegierungen, und wozu dienen sie?**

Nickelzusatz erhöht Festigkeit, vermindert Dehnung, erhöht Härte.

Zusammensetzung: Etwa 9—12 % Nickel (Ni)
Rest Aluminium (Al).

Verwandt für Motorengehäuse und gewisse Ziehformen, die nicht oxydieren sollen.

263. **Weshalb ist für den Ingenieur die Beobachtung der Leichtmetalllegierungen besonders wertvoll?**

Weil diese sowohl die Bronzen als auch Eisen und Stahl bei den verschiedensten Konstruktionen immer mehr abzulösen beginnen, namentlich im Automobil- und Flugzeugbau, dem Bau von Spinnmaschinen, Zigarettenmaschinen; dann auch bereits beim Bau besserer Werkzeugmaschinen haben Leichtmetallegierungen starken Eingang gefunden.

264. **Was ist Elektron?**

Die leichteste zurzeit verarbeitete Magnesiumlegierung. Spezifisches Gewicht 1,75 bis 2. Grauweiß. Beim Gießen muß auf Temperatur sehr geachtet werden, da es bei niedriger Temperatur schlecht fließt, bei zu hoher aufflammt. Beim Drehen entzünden sich Späne leicht, wenn durch Sandkörner der Gußhaut Funken erzeugt werden. Nicht ganz wasserbeständig, sonst für allerleichteste Triebwerke und schnell rotierende Teile, wie z. B. Spinnteller, gut zu gebrauchen.

265. **Worauf muß bei Elektron besonders geachtet werden?**

Das Material ist stärker luft- und wasserempfindlich als die Aluminiumlegierungen. Es kann daher für Teile, die der Witterung ausgesetzt sind, und solche, die mit Spritzwasser in Berührung kommen, nicht gut gebraucht werden.

266. **Es sind einige Metallegierungen zu nennen, deren Schmelzpunkt weit unter dem ihrer Urmetalle liegt.**

Rosesches Metall, Schmelzpunkt 110°.
Woodmetall, „ 70°.
Libowitzmetall, „ 60°.

In allen drei Metallen ist Wismut in erheblicher Menge, in den beiden letzten auch Kadmium zur Herabsetzung des Schmelzpunktes enthalten.

Schleifmittel.

267. Welche Schleifmittel kommen für die Holzindustrie in Betracht?

Flint- und Glaspapier, das ist Papier, auf das Flintsplitter oder Glassplitter verschiedenster Körnung aufgeleimt sind.

268. Welche Schleifmittel werden in der Metallindustrie verwandt?

Sandstein, Ölstein, Bimsstein für Schleifen von Werkzeugen von Hand.

Rundsteine aus Kalksandstein für rohe Arbeiten.

Rundsteine aus Korund, Schmirgel, Elektrorubin usw. für Feinschleifen mittels Maschine.

Filzscheiben mit aufgeleimtem Schmirgel verschiedener Körnung für Vorpolieren.

Rotierende Bürsten mit Öl und Kalkschlamm für Säubern.

Schwabbelscheiben aus Flanell mit Wiener Kalk oder Pariser Rot für Hochglanzpolitur.

269. Es ist die Herstellung des künstlichen Korunds zu beschreiben.

Grundstoff: Bauxit. 1. Glühen zur Austreibung aller flüchtigen Bestandteile. Ergebnis: als Dynamidon bekannt. Bereits für schlechte Schleifscheiben verwandt. Zweite Glühung. Hierbei Magneteisen entfernt. Ergebnis: Elektrorubin, schwarz. Dritte Glühung. Hierbei Siliziumeisen entfernt. Ergebnis: Elektrorubin extra, mit 90% Korund. Dieser für beste Schleifscheiben geeignet.

270. Gibt es auch natürlichen Schmirgel?

Ja; auf Naxos und in Kleinasien gefunden, nicht so gut als künstlicher.

271. Wie wird das Material zu Schleifscheiben verarbeitet?

Schleifmaterial wird zertrümmert und gemahlen. Mit einer Bindung geknetet und unter Druck geformt. Dann in Öfen bei Sinterungstemperatur in Schutzkapseln 3 bis 4 Wochen gebrannt, wobei sehr langsam angefeuert und abgekühlt werden muß, damit die Scheiben nicht springen.

272. Welche verschiedenen Bindungen der Schleifscheiben unterscheidet man?

Mineralische, vegetabilische und keramische.

273. Wie erfolgt mineralische Bindung?

Mischung der Körnung mit einer Magnesitsubstanz. Brenntemperatur niedrig. Scheibe nur für einfache Zwecke brauchbar, nicht gut und nicht haltbar.

274. Wie erfolgt vegetabilische Bindung?

Durch Benutzung einer Gummimasse. Bindung ist sehr gut, besonders für schmale, kleine Scheiben für Werkzeugschliff brauchbar, aber teuer.

275. **Wie erfolgt keramische Bindung?**
Durch Mischung des Schleifmaterials mit feuerfestem Ton und Feldspat. Langdauerndes Brennen in hoher Temperatur bis 2000°. Bindung ergibt beste Scheiben in normaler Preislage.

276. **Was für Scheiben verwendet man für hartes und für weiches Material?**
Für hartes Material weiche Scheiben, für weiches Material harte Scheiben.
Die Scheiben unterscheiden sich nur in Härte und Weiche der Bindung, nicht in der des Schleifstoffes.

277. **Aus welchem Grunde verwendet man für hartes Material weiche Scheiben?**
Weil der Schleifstoff schneller stumpf wird und dann von der weichen Bindung leichter losgelassen wird als von einer harten, so daß sich die Scheibe nicht verschmiert. Aus dem gleichen Grunde verwendet man auch bei höheren Geschwindigkeiten weichere Scheiben.

278. **Was versteht man unter Körnung der Schleifscheibe?**
Die Größe der einzelnen Schleifkörperchen, die durch die Bindung der Scheibe zusammengehalten werden.

279. **Wie wird die Körnung hergestellt?**
Durch Malen des Schleifmaterials und Aussieben bei verschiedener Stärke.

280. **Wie groß muß die Körnung für die einzelnen zu bearbeitenden Materialien gewählt werden?**
Weiche Materialien schleift man mit Schleifscheiben grober Körnung harte Materialien mit solchen feinerer Körnung, weil die weichen Materialien grobe Späne loslassen, welche die Poren des Steines leicht verstopfen.

281. **Hat die Körnung einen Einfluß auf die Sauberkeit der Oberfläche des zu schleifenden Materials?**
Ja, da bei gleicher Umfangsgeschwindigkeit der Scheiben bei grober Körnung weniger Körner an jeder Stelle der Oberfläche vorbeigleiten, diese dadurch rauher werden muß.

282. **Wie hilft man sich bei grober Körnung, um dieselbe Sauberkeit der Oberfläche des zu schleifenden Materials zu erhalten wie bei feiner Körnung?**
Man läßt die Scheibe schneller laufen, so daß in gleicher Zeiteinheit die gleiche Körnerzahl an der Oberflächeneinheit vorbeiläuft.

283. **Bestehen heute bereits genormte Bezeichnungen für Härtegrad und Körnung der Schleifscheiben?**
Nein, die meisten Fabriken haben ihre Sonderbezeichnungen, so daß

der Betrieb die für seine Arbeiten passenden Härtegrade und Körnungen nach seinen Erfahrungen auswählen muß.

284. Wie wird eine Schleifscheibe, wenn sie durch das Schleifen unrund geworden ist, wieder in Stand gesetzt?

Durch Überdrehen mit einem gut gefaßten Diamantsplitter, der an ihr entlang geführt wird und die stumpf gewordenen Körner herausreißt.

285. Mit welchen Geschwindigkeiten und mit welchen Vorsichtsmaßregeln muß das Überdrehen der Schleifscheibe stattfinden?

Überdreht wird bei normaler Schleifgeschwindigkeit unter sehr langsamer Zustellung des Schleifdiamanten und reichlicher Wasserkühlung.

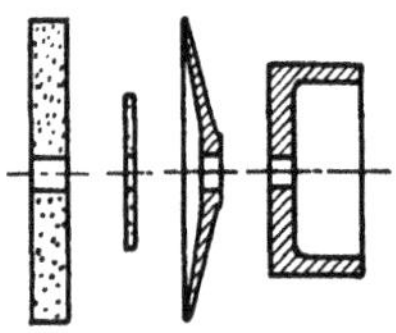

Abb. zu 286.

286. Welche Formen von Scheiben sind die gebräuchlichsten?

Tellerscheiben, Topfscheiben usw.

287. Wie befestigt man eine Scheibe auf der Welle?

Die Schleifscheibe erhält in der Mitte ein Loch, das mit einem Bleiring ausgegossen wird, damit die sich erwärmende Welle die Scheibe nicht sprengt. Zwei seitliche Flansche nehmen die Scheibe mit. Zwischen diesen und Scheibe liegt ein Pappring oder Gummiring gegen seitliches Pressen (s. Abb.).

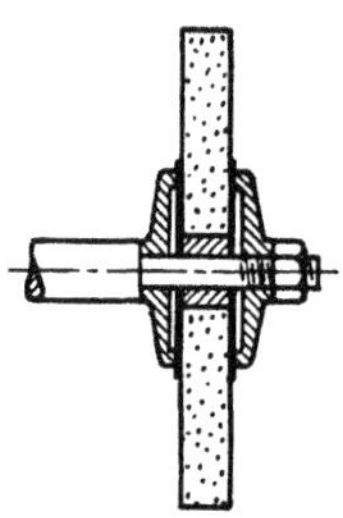

Abb. zu 287.

288. Genügt die in Frage 287 genannte Befestigung auch für größere Schleifscheiben?

Nein, es ist hier notwendig, die Scheiben dynamisch oder sehr sauber, evtl. mit der Kruppschen Auswuchtmaschine statisch auszuwuchten.

289. Wird durch einmaliges Auswuchten einer Schleifscheibe während ihrer ganzen Verwendungszeit eine Vibration vermieden?

Nein, die Scheibe muß von Zeit zu Zeit nachgewuchtet werden, da sie in ihrem Innern nicht ganz homogen ist, und dadurch wieder, wenn sie teilweise abgelaufen ist, die Schleifspindel zum Zittern bringt.

290. Wie schützt man sich gegen das Zerspringen der Schleifscheiben und seine Folgen?

1. Indem man die Umfangsgeschwindigkeit der Scheiben nicht über 30 m/sek. erhöht.

2. Indem man dafür sorgt, daß von der Welle aus keinerlei Druck auf den Kern der Scheibe ausgeübt werden kann, und zwar durch geeignete Einspannung, siehe Frage 287.

3. Indem man jede exzentrische Lagerung der Scheibe und der Welle die Vibration hervorrufen könnte, vermeidet.

4. Durch sehr starke Schutzhauben, die nur einen kleinen Teil der rotierenden Scheibe freilassen und etwaige Sprengstücke abfangen.

291. **Was bezeichnet man als Schleifleinen und Schleifpapier, und wie werden sie hergestellt?**

Leinen oder Papier, auf das, ähnlich wie beim Glaspapier, Schmirgel verschiedenster Körnung mittels Lederleim aufgeleimt ist.

Schmiermittel.

292. **Was ist ein Schmiermittel?**

Jede Art von Öl oder Fetten, welches es ermöglicht, Gleitschichten zwischen aufeinander reibenden Teilen zu bilden.

293. **Welche Hauptgruppen von Schmiermitteln unterscheidet man?**

1. Pflanzliche.
2. Tierische.
3. Mineralische.

294. **Welche Öle gehören zu den pflanzlichen?**

Rüböle, Nußöl, Rizinusöl usw. Letzteres ist in allerschwierigsten Fällen bei warmlaufenden Lagern von sehr guter Wirkung.

295. **Man nenne einige Schmiermittel, die zu den tierischen gehören.**

Knochenöl, Tran, Talg.

Hiervon Tran für schwierige saubere Arbeiten, hauptsächlich Räumarbeiten sehr vorteilhaft.

296. **Welche Mineralöle verwendet man als Schmiermittel?**

Destillate des Erdöles, aus Braunkohlen- und Steinkohlenteer. Werden normalerweise als Schmiermittel verwendet, da sie säurefrei sind und nur geringe kristallinische Ausscheidungen aufweisen und preiswert sind.

297. **Wie kann man die tierischen und pflanzlichen Öle und Fette verseifen?**

Durch Kochen in Natron- oder Kalilauge.

298. **Woraus bestehen die konsistenten Fette?**

Aus Mischungen von Mineralöl und Kalkseife, z. B. Stauferfett.

299. **Wo verwendet man Stauferfett?**

1. Bei Lagern, die nicht allzu hoch beansprucht werden.
2. Bei solchen, an die man schlecht heran kann. Hier kann die Schmierbuchse weit ab vom Lager gelegt werden, auch tiefer als das Lager und das Fett durch ein Rohr zugepreßt werden.
3. Bei Lagern, die flüssige Öle schlecht halten.
4. Solche Lager, die man gegen Eindringen von Staub schützen muß, da Fett stets vom Lagerinnern nach außen drückt und alle Zwischenräume zusetzt.

300. **Was ist über Graphitschmierung zu sagen?**

Graphit wird am besten nur als Zusatz zum Öl verwandt. Er muß sehr rein und fein geschlemmt sein. Er verringert Ölverbrauch, zum Teil wohl dadurch, daß er als Ölspeicher dient. Außerdem wirkt er polierend auf Flächen, wodurch Reibung zurückgeht.

301. Welche Eigenschaften muß man von einem guten Schmiermittel verlangen?

1. Eine günstige Zähflüssigkeit auch in kalten Lagern.
2. Hoher Entflammungspunkt.
3. Freiheit von Säuren und mechanischen Beimengungen.

302. Es ist Dampfentöler zu skizzieren und zu erklären.

Der Dampfentöler dient zur Entziehung des Schmieröls aus dem Dampf. Sehr wichtig überall da, wo Abdampf kondensiert und zur Kesselspeisung wieder verwandt wird. Nicht notwendig bei Turbinenanlagen, da hier der Dampf nicht geschmiert wird.

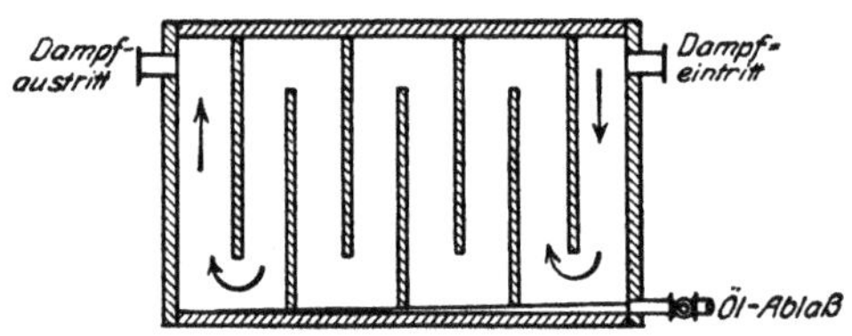

Abb. zu 302.

Der Dampfentöler besteht in der Hauptsache aus einem Kasten, in dem der durchströmende Dampf mehrfach von seiner Richtung abgelenkt wird und gegen Prellplatten stößt. Das Öl bleibt an diesen hängen und fällt an den Boden des Kastens, von wo aus es abgelassen wird.

Walzen.

303. Was versteht man unter Walzen?

Walzen ist die Formgebung glühenden Materials (meist Stahl) durch zwei sich drehende Walzen. Der Zwischenraum zwischen beiden Walzen ist enger als die Höhe des zu walzenden Blocks, wodurch ein Herunterpressen und eine Streckung des Materials stattfindet.

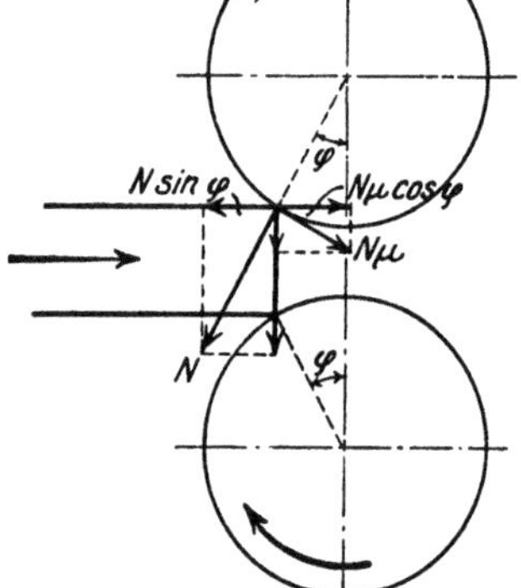

Abb. zu 304.

304. Wie wird der dicke Block in den engen Spalt zwischen den Walzen hineingezogen?

Das Fassen und Durchziehen des Werkstückes ist abhängig von dem Durchmesser der Walzen, der Höhe des Arbeitsstückes und dem Reibungskoeffizienten μ, siehe Abb. Es ergibt sich hiernach folgendes Verhältnis:

Der Reibungswinkel darf höchstens gleich dem Winkel φ sein, oder als Formel geschrieben

$$\text{Reibungskoeffizient } \mu \geqq \operatorname{tg} \varphi.$$

305. Wie erreicht man bei warmen auszuwalzenden Gußblöcken einen Wärmeausgleich?

Die gegossenen Stahlblöcke sind innen flüssig, außen bereits überkühlt, so daß sie beim Walzen außen reißen würden und das flüssige Material des Innern herausspritzte. Zum Ausgleich dieser Wärmedifferenzen bringt man sie vor dem Walzen in Tiefenöfen ein.

306. Was sind Tiefenöfen?

Feuerfest ausgemauerte Gruben unter dem Flur der Walzwerke, in welche die in Frage 305 erwähnten glühenden Blöcke eingesetzt werden. Die hohe Innentemperatur dieser Blöcke geht hier auf ihre Außenseiten und die Ofenwandungen über, so daß sich im ganzen Einsatz gleichmäßige Temperatur bildet. Teilweis werden solche Tiefenöfen noch besonders geheizt.

307. Wie lange dauert die Ausgleichzeit eines warmen und kalten Blockes im Tiefenofen? Mit welchem Abbrand und Kohleverbrauch rechnet man?

Warmer Block $\frac{1}{2}$ bis 1 Std.
Kalter Block 2 bis 4 Std.
Abbrandverlust $1{,}5\,^0/_0$ }
Kohleverbrauch $3\,^0/_0$ } bezogen auf Einsatz.

308. Werden auch Gußblöcke zum Walzwerk gebracht, die bereits erkaltet sind?

Ja; Walzwerke, die kein eigenes Stahlwerk haben, beziehen die Gußblöcke kalt und müssen sie wieder erwärmen. Ebenso müssen solche Walzwerke, deren Stahlwerk der Leistungsfähigkeit der Walzenstraßen nicht angepaßt ist, Gußblöcke wieder erkalten lassen und anwärmen. Dies ist an sich unwirtschaftlich und nur in solchen Stahlwerken nicht zu vermeiden, die sehr viel verschiedene Profile herstellen.

309. Wie erwärmt man erkaltete Gußblöcke?

Kleinere im Rollofen, größere im Stoßofen. Beide sind lange Öfen mit einer Temperaturverteilung, deren Höchstpunkt in der Nähe der Entnahmetür liegt. Blöcke werden von hinten eingesetzt, und jedesmal bei Entnahme eines Blockes um eine Blockbreite nach der Entnahmetür zu vorgeschoben. Dadurch werden sie langsam angewärmt. Bei Rollöfen, die für leichtere Blöcke verwendet werden, schiebt man die Blöcke nicht mittels Maschine von hinten durch, sondern rollt sie mittels Stangen durch seitliche

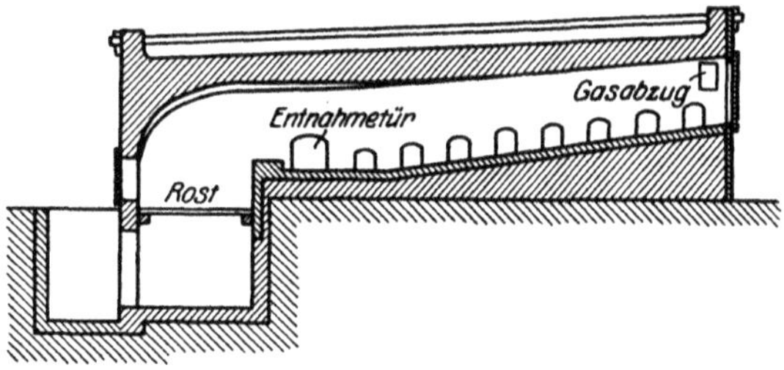

Abb. zu 309.

Türen nach vorn. Die Öfen werden meistens mit Generatorgas oder Gichtgasen geheizt. (Abb.)

310. **Wie lange dauert die Erwärmungszeit im Stoß- und Rollofen, mit welchem Abbrand und Kohleverbrauch rechnet man?**

Blockaufenthalt 1 bis 2 Stunden.

Kohlenverbrauch 8 bis 10% } bez. auf Einsatz.
Abbrand 3 bis 4% }

311. **Es ist die beim Walzen erfolgende Verlagerung der Metallteile anzugeben.**

Zugwirkung der Walzen wirkt zunächst an der Außenseite des Materials, wodurch Mitte zurückbleibt. Schematisch ergibt sich folgendes Bild.

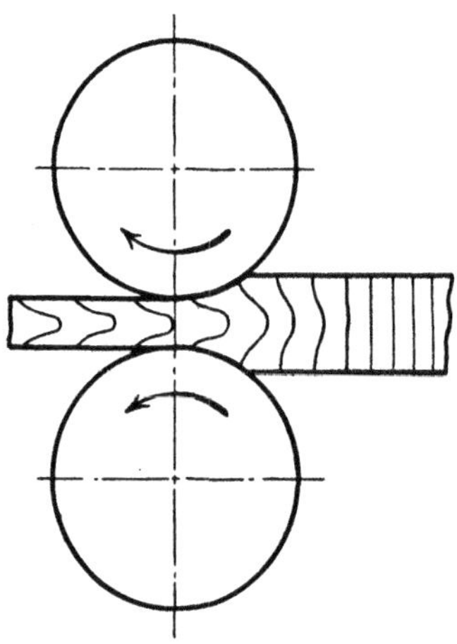

Abb. zu 311.

312. **Wie arbeitet man beim Blechwalzen am günstigsten und richtigsten?**

Das Blech kann nicht mit einem Durchgang durch die Walzen zur gewünschten Dicke niedergequetscht werden, weil das Material reißen würde. Es muß mehrfach unter fortwährender Engerstellung der Walzen durchgeführt werden. Hierbei wird es jedesmal bis auf die zwei oder drei letzten Arbeitsgänge um 90° gedreht, so daß einmal in der Längsrichtung, einmal in der Querrichtung gewalzt wird. Material wird dadurch gleichmäßiger und fester.

313. **Was bezeichnet man beim Walzwerk als offenes und geschlossenes Kaliber?**

Von offenen und geschlossenen Kalibern spricht man nicht beim Blechwalzen, sondern nur beim Walzen von Stabeisen und Profilen, d. h. solchen Formen, die nicht nur von zwei Seiten zusammengedrückt werden und seitlich frei auslaufen können, sondern deren Form in allen vier Richtungen scharf begrenzt wird. Beim offenen Kaliber liegt die Teilfuge etwa in der Mitte der Höhe des Profils, so daß von jeder Walze die Hälfte der Form hergestellt wird. (Abb.)

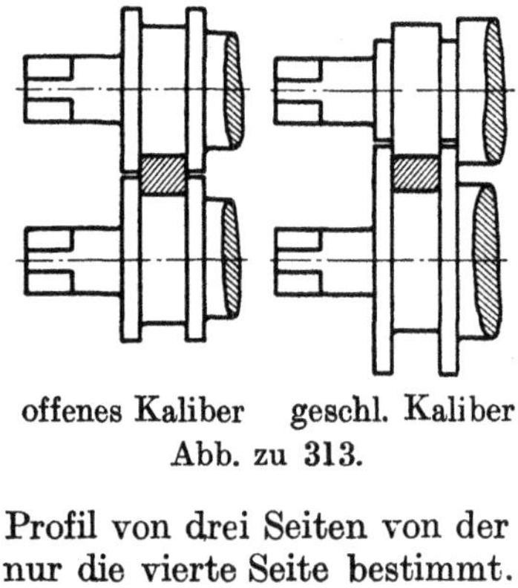

offenes Kaliber geschl. Kaliber
Abb. zu 313.

Bei geschlossenem Kaliber wird das Profil von drei Seiten von der einen Walze geformt, während die andere nur die vierte Seite bestimmt. Die Naht liegt annähernd am Fuße des Profils. (Abb.)

314. Was bezeichnet man beim Walzwerk als Abnahmekoeffizient?

Das Größenverhältnis zwischen zwei aufeinanderfolgenden Querschnitten beim Walzvorgang.

315. Es sind die für ein beliebiges Profil erforderlichen Kaliber mit ihrer Bezeichnung zu nennen.

1. Schweißkaliber. 2. und 3. mehrere Entwicklungskaliber. 4. Stauchkaliber. 5. Vollendkaliber. 6. Adjustierkaliber.

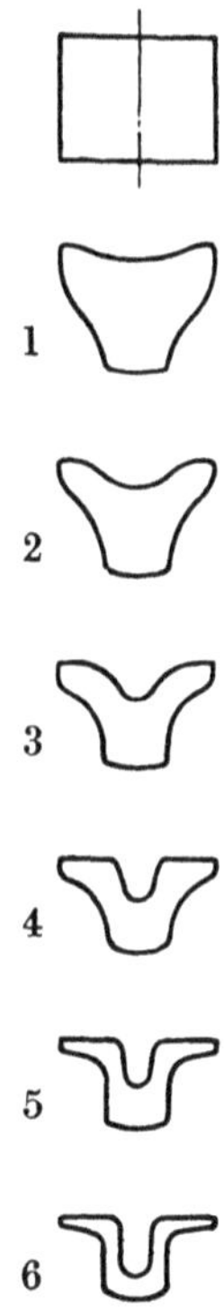

Abb. zu 315.

316. Es sind die zur Herstellung eines U-Eisens erforderlichen Kaliber zu zeichnen.

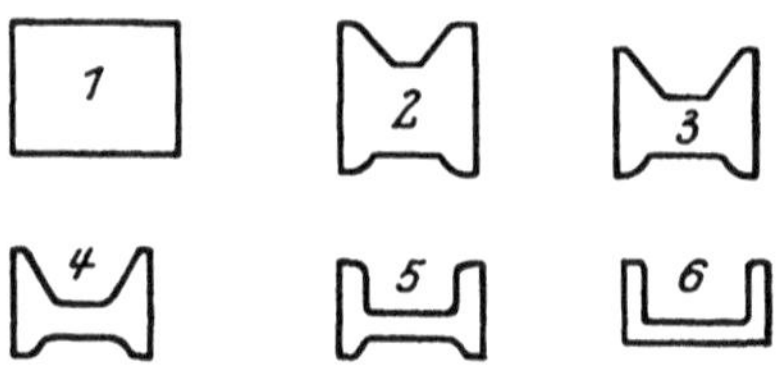

Abb. zu 316.

317. Was bezeichnet man als Stufenwalze?

Stufenwalzen sind ein Walzenpaar, das stufenförmig in 5 bis 6 oder mehr Abschnitte abgedreht ist und bei dem sich die gleichen Durchmesser gegenüberliegen. Walze ergibt daher Möglichkeit z. B. bei Flacheisen mehrere Arbeitsgänge hintereinander auf der gleichen Walze vorzunehmen, ohne daß besonderes Kaliber eingedreht ist. Ist also Zwischenform zwischen der glatten Blechwalze und Kaliberwalze. (Abb.)

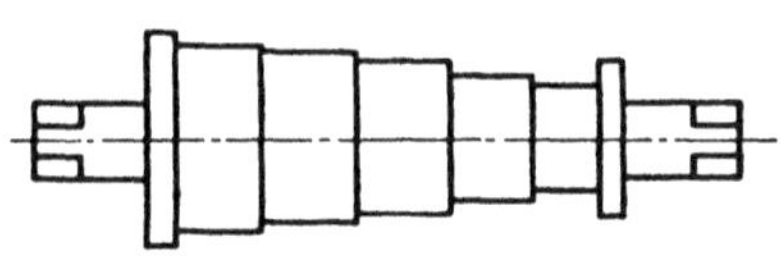
Abb. zu 317.

318. Was versteht man beim Walzen unter Stich?

Sowohl Bleche wie auch Profile kann man nicht in einem Arbeitsgang herstellen. Werkstücke müssen mehrmals, jedesmal im nächst engeren Profil durch die Walzen durchgesteckt werden. Jedes solches Einstecken, also jeder neue Arbeitsgang heißt „Stich“.

319. Wie werden Kreuzeisen hergestellt?

Dadurch, daß man vier räderartige Walzen, die an den Kanten in einem Winkel von 90° zugeschärft sind, in einer Ebene arbeiten läßt.

Die Spitzen der Winkel dürfen sich nicht berühren, sondern müssen so weit auseinanderstehen, daß Platz für den Kern des Kreuzeisens bleibt.

320. Was bezeichnet man als Façonkaliber?

Façonkaliber werden hauptsächlich bei Herstellung von U- und I-Eisen benutzt. Die Kanten der Profileisen liegen an Stoßstelle zwischen oberer und unterer Walze. Hierdurch Walzgrat leicht entfernbar.

321. Wie walzt man Profile mit einspringenden Winkeln?

Die Walzen würden das Stück mit dem einspringenden Winkel nicht loslassen. Man walzt daher Profil mit rechtem Winkel und drückt nachträglich mit Schmiegemaschine oder Hammer herum.

322. Welche Hauptarten von Walzwerken gibt es?

Duo-Walzwerk, Duo-Reversierwalzwerk, Trio-Walzwerk, Universal-Walzwerk, kontinuierliches Walzwerk.

323. Arbeitsweise und Bau eines Duo-Walzwerkes zu beschreiben.

Beim Duo-Walzwerk hat man zwei übereinanderliegende Walzen, durch die der Block durchgewalzt wird. Der Abstand der Walzen ist verstellbar. Die Bewegung der Walzen ist nicht umkehrbar. Man walzt den Block einmal hindurch und gibt das Stück für den zweiten Stich, später für den dritten und vierten usw., über die obere Walze zurück. Walzen sind inzwischen enger gestellt.

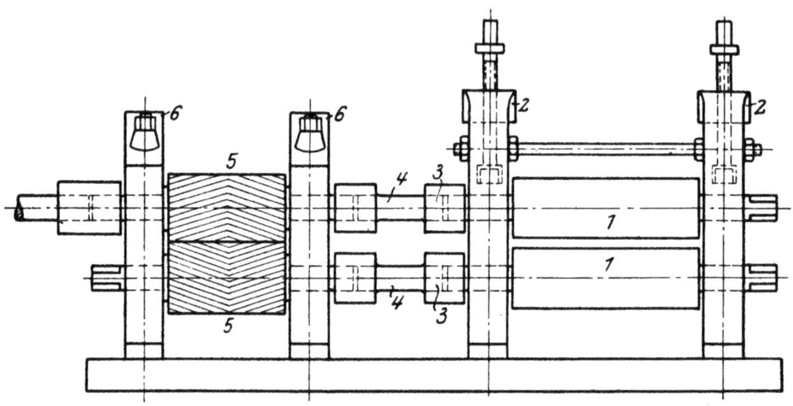

Abb. zu 323.

Das Walzwerk besteht aus den Walzen (1), die im Walzgerüst (2) die untere fest, die obere heb- und senkbar gelagert sind. Durch Verlängerung der sogenannten Kuppelzapfen (3) werden die Walzen von den Kammwalzen (5) über die Spindeln (4) bewegt. Kammwalzen (5) sind schwere Zahnräder, die im Kammwalzgerüst (6) liegen. Kammwalzen werden durch Motor oder Dampfmaschine angetrieben. (Abb.)

324. Was versteht man unter einem Duo-Umkehrwalzwerk?

Gebaut wie Duo-Walzwerk, nur Walzen in beiden Drehrichtungen umsteuerbar. Man arbeitet einen Stich von der einen Seite, kehrt Walzenbewegung um, dann von anderer Seite.

325. Was ist ein Trio-Walzwerk?

Gebaut ähnlich wie Duo-Walzwerk, jedoch mit drei übereinanderliegenden Walzen. Mittlere Walze fest, obere und untere verstellbar. Obere und untere Walze gegenläufig. Erster Stich zwischen unterer und mittlerer Walze. Anheben des Walzblocks; nächster Stich zwischen oberer und mittlerer Walze u. s. f.

326. Es ist Zweck, Arbeitsweise und Bauart eines Universal-Walzwerks zu beschreiben.

Um Kaliber zu sparen wendet man zur Herstellung von Universaleisen zwei vor den glatten liegenden Walzen stehende Walzen an. Beide Walzenpaare in der Weite verstellbar, so daß verschiedenste Kaliber von Flach- und Vierkant-Eisen gewalzt werden können. Nach diesem Verfahren gewalzte Stücke erhalten nicht so genaues Profil wie mit Kalibern gewalzte, da vier Walzen nicht gleichzeitig, sondern nacheinander wirken. (Abb.)

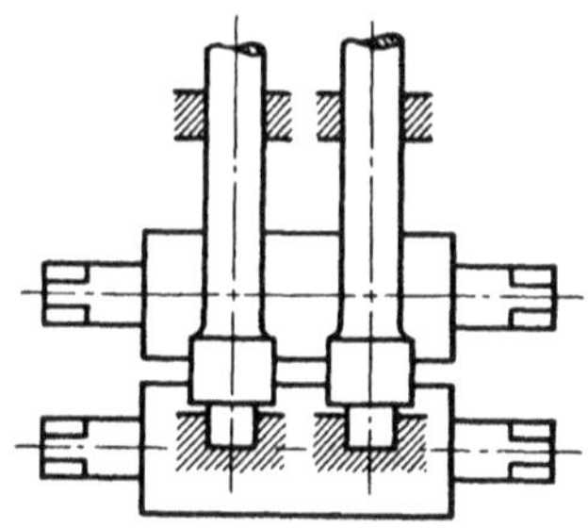

Abb. zu 326.

327. Zweck und Bauart eines kontinuierlichen Walzwerkes.

Bei großen Walzmengen gibt Umsteuern, Verstellung der Walzenabstände, Anheben des Blocks Verzögerungen. Man legt daher mehrere Walzenstraßen hintereinander und läßt den Block diese laufend passieren. Jede weitere Walzenstraße hat engeres Profil und entsprechend höhere Umlaufgeschwindigkeit als vorhergehende.

328. Wie werden breitflanschige Träger gewalzt?

Um den breiten Flansch gut und glatt herauszubekommen, werden sehr kurze Walzen verwandt, so daß seitlich in Achsenmitte der horizontalen Walzen noch zwei vertikale Walzen gegen den Flansch drücken können. Unterschied zwischen Universal-Walzwerk und Breitflanschträger-Walzwerk: Bei ersterem Vertikalwalzen vor Horizontalwalzen, bei letzterem in gleicher Vertikalebene. (Abb.)

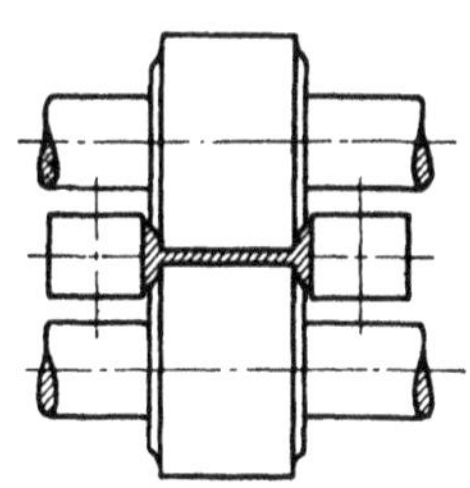

Abb. zu 328.

329. Wie werden Feinbleche hergestellt?

Blech wird zunächst soweit als möglich heruntergewalzt. Dann mehrere Bleche auf Rotglut erwärmen, aufeinanderlegen und gemeinsam weiter niederwalzen. Bei höherer Temperatur als Rotglut würden Bleche miteinander verschweißen.

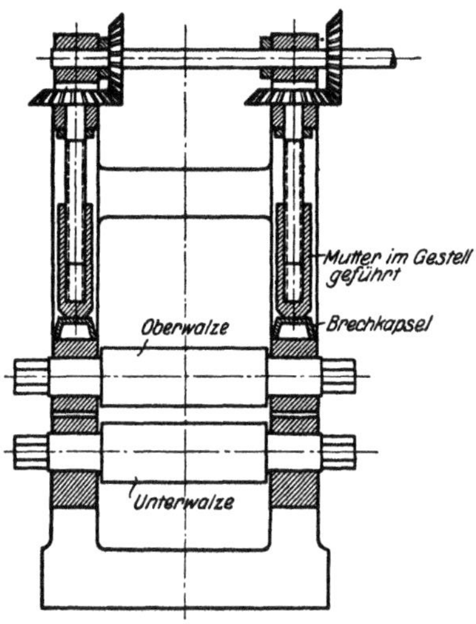

Abb. zu 330.

330. Wie geschieht die Engerstellung der Walzen?

Walzenlager werden mittels Spindeln verstellt. Diese sind im Walzgerüst gelagert. Auf ihnen sitzen Kegelräder, die in solche auf einer gemeinsamen anderen Welle eingreifen. (Abb.)

331. Welche Antriebsmaschinen verwendet man?

Hauptsächlich Dampfmaschinen, gut umsteuerbar. Dann Elektromotoren. Umsteuermechanismus teuer und kompliziert. Verbrennungsmotoren selten, da empfindlich und nicht umsteuerbar.

332. Was gibt es für Walzen in bezug auf Material und Härte?

1. Gußwalzen,
   a) weich für grobe Profile,
   b) halbhart für feinere Profile,
   c) hart für Draht und Blech.
2. Stahlgußwalzen als Vorwalzen.
3. Schmiedestahlwalzen für tiefe Profile.

333. Was ist eine Brechspindel, zu welchem Zweck dient sie?

Brechspindel ist eine Welle, die zwischen Kammwalzen und Welle eingeschaltet ist. So schwach bemessen, daß sie bei Hindernissen in der Walzenstraße zuerst bricht, um Kammwalzen und Lagerzapfen vor Bruch zu schützen.

334. Wie groß ist der ungefähre Kraftbedarf bei Walzenstraßen?

Bei kleinen und mittleren Walzenstraßen 400 bis 5000 PSe, bei großen Umkehrstraßen bis zu 12500 PSe.

335. Wie hoch ist die Walzgeschwindigkeit?

Hängt ab von der Schwere des Profils. Gering bei schwerem Profil, hoch bei dünnem Profil (Draht). Liegt zwischen 2 und 9 m.

336. Wie hoch ist die Leistung eines modernen Walzwerkes?

Die Leistungen liegen zwischen 100 und 220 t/24 Stdn.

337. Mit welchem Abbrand rechnet man beim Erhitzen des Walzgutes und mit welchem Abfallverlust beim Walzen selbst?

In Rollöfen 3 bis 4%.
In Tiefenöfen 1,5 - 3 - 4%.
Der Abfallverlust beträgt ca. 6%.

338. Was versteht man unter dem Rollengang?

Zum Auf- und Abbringen des Walzgutes sind Tische mit eingelagerten Rollen auf beiden Seiten des Walzwerkes in einer Höhe Oberkante—Unterwalze angebracht. Über diese Rollen, die maschinell in der Weg-

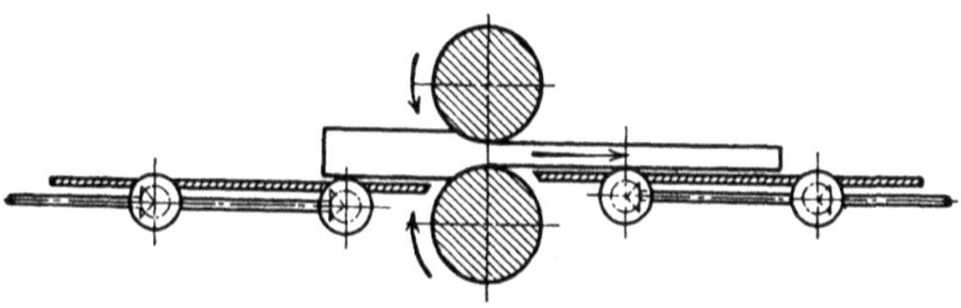

Abb. zu 338.

richtung des Walzgutes gedreht werden, läuft dieses den Walzen zu und wird auf der andern Seite abgezogen.

339. Wie verhütet man das Aufwickeln des Walzgutes?

Man gibt der oberen Walze einen etwas größeren Durchmesser, wodurch das Walzgut nach unten gedrückt wird. Aufgestützt auf die untere Walze wird Abstreifmeisel vorgelegt, um das Umbiegen nach unten zu verhüten. (Abb.)

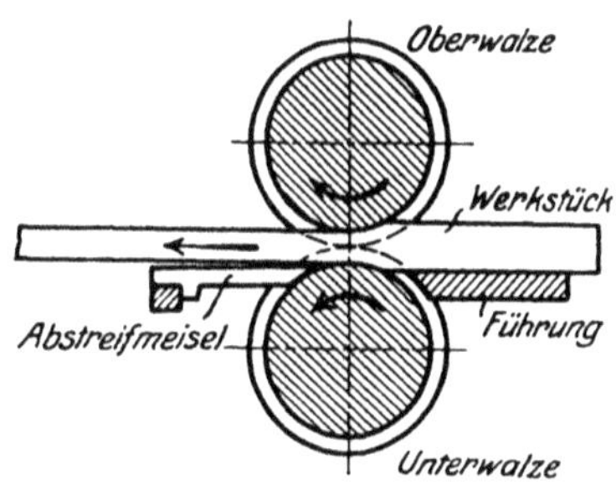

Abb. zu 339.

340. Wie ist Brechkapsel konstruiert und welchen Zweck hat sie?

Brechkapsel ist ein topfartiges Zwischenglied zwischen Walzenzapfenlager und Niederschraubspindel. Sie bricht entzwei, wenn Walze zuviel Druck erhält und gibt diese dann frei. Hierdurch Brüche der Walzenzapfen vermieden. (Siehe Abb. zu 330.)

341. Welche Hilfsapparate hat man beim Walzwerk?

1. Rollengang, 2. Kantapparate, 3. Warmbetten, 4. Schlepper, 5. Hebetische, 6. Wippen, 7. Führungen, 8. Dachrutschen.

2. Sind im Rollengang liegende Hebel, die hydraulisch oder mechanisch bewegt, das Walzgut umkippen.

3. Mit Platten oder Schienen belegter Platz, auf dem sich Walzgut ohne Verziehen abkühlen kann. Nicht beheizt.

4. Ketten mit Haken oder Hebel mit Klauen, die Walzgut vom Rollengang herunterziehen.

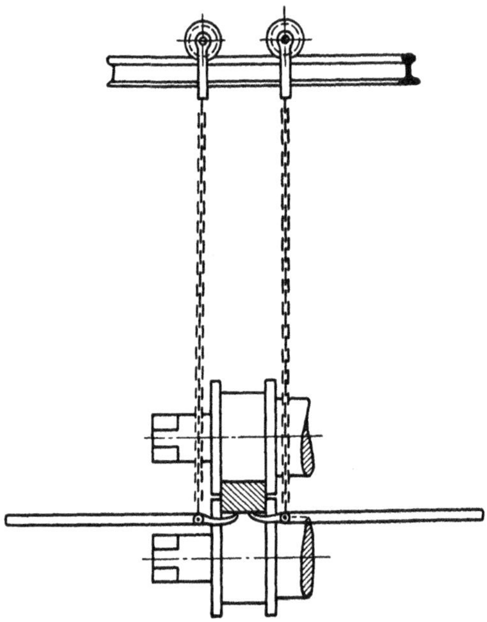

Abb. zu 341[6].

5. Angewandt beim Trio-Walzwerk. Rolltische, die von Lage Oberkante—Unterwalze auf Lage Oberkante—Mittelwalze gehoben werden, um Walzgut abwechselnd in beiden Lagen einzuführen.

6. Für leichte Arbeitsstücke; Hebel, die an Ketten befestigt sind, die an Laufrädern in der Dachkonstruktion bewegt werden können. Dienen zum Umkanten des Walzgutes. (Abb.)

7. Weichen auf Rollengang zur Einführung des Walzgutes in die Kaliber.

8. Verlängerungen des Rollenganges, stark gegen das Dach aufsteigend. Meist aus einem großen U-Eisen bestehend, die sehr langes Walzgut beim Hin- und Hergleiten zwischen den Walzen gegen das Dach abführen, um Platz zu sparen.

342. In welche Gruppen teilt man die Walzprodukte ein?

In Halbzeuge und Fertigfabrikate.

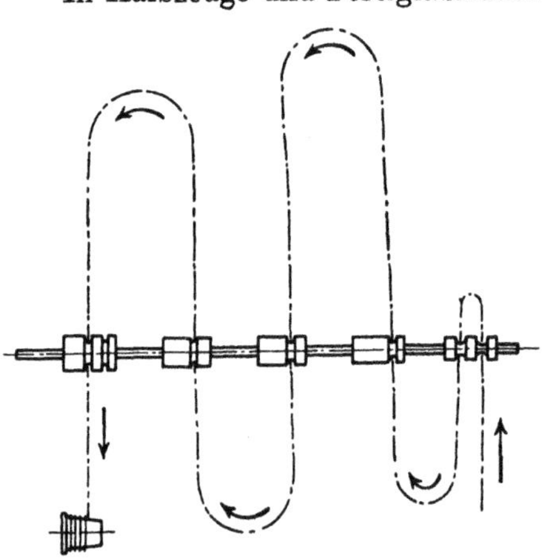

Abb. zu 343.

Zu ersteren gehören:
- Vorgeblockte Blöcke,
- Brammen,
- Platinen,
- Knüppel.

Zu letzteren:
- Eisenbahnoberbau-Material (Schwellen, Schienen usw.),
- Formeisen,
- Stabeisen,
- Bandeisen,
- Draht,
- Universaleisen,
- Bleche.

343. Skizze einer Drahtwalzenstraße.

Reihe nebeneinanderliegender Walzen mit einzelnen aufeinanderfolgenden Profilen. 8 bis 9 Gerüste. Draht wird vom Walzer mit Zange gefaßt, gedreht, in nächstes Profil eingeführt. Nach dem Fertigkaliber noch warm auf Haspel aufgewickelt. In neuerer Zeit Fassen des Drahtes, Drehen und Einführen in nächstes Kaliber mittels automatischer Führung.

Röhrenfabrikation.

344. **Welche Arbeitsmethoden sind bei der Röhrenfabrikation gebräuchlich?**

1. Gießen.
2. Schweißen.
3. Ziehen.
4. Walzen.
5. Kombiniertes Pressen und Ziehen.

345. **Welche Hauptarten von Röhren unterscheidet man?**

Röhren mit Naht.
Röhren ohne Naht.

346. **Welche Möglichkeiten der Herstellung geschweißter Rohre gibt es?**

1. Stumpf-
2. Überlappt- } geschweißte Rohre.
3. Spiral-

347. **Wie werden stumpfgeschweißte Rohre hergestellt?**

Streifen von der gewünschten Länge und Dicke der Rohrwand werden im Glühofen erwärmt. Ihre Breite etwa gleich Umfang des Rohres. Auf Schleppziehbank durch Trichter durchgezogen, so daß Rohr in endgültiger Form vorgebogen ist. Naht liegt stumpf aneinander. In anderem Ofen auf Schweißhitze erhitzt, durch zweite Schleppziehbank gezogen, wobei Enden zusammengepreßt werden und schweißen. Dann reinigen, gerade walzen, Enden, an denen Ziehbank angegriffen hat, abschneiden.

348. **Wie sieht ein Schleppzangenziehwerk aus?**

Auf zwei Kettenrädern läuft endlose Gliederkette. Neben Kette Schienen, auf denen Wagen mit Zange ähnlich Frage 727 läuft. Wagen

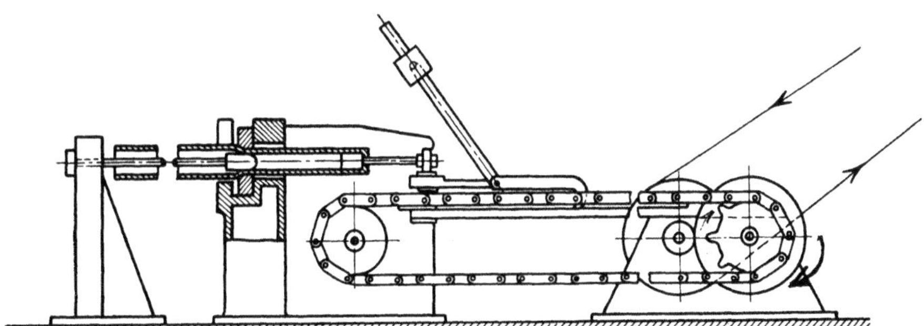

Abb. zu 348.

kann mit Haken in Kette eingehakt werden. Zange faßt Material, zieht dieses dadurch durch Öffnung, daß Wagen in laufende Kette eingehängt wird. Ist Material durch Ziehöffnung durch, erfolgt Entlastung. Haken wird durch Gegengewicht aus Kette ausgehoben. Wagen mit Zange frei.

349. Wie stellt man überlapptgeschweißte Rohre her?

Rohrstreifen wird breiter genommen als Umfang des Rohres, Kanten abgeschrägt. Auf Ziehbank wie stumpfgeschweißte Rohre vorgerundet. Hierbei liegen Kanten übereinander. Im Schweißofen weißwarm gemacht. Kanten werden auf Duo-Walzwerk über einem Dorn zusammengedrückt, wobei sie schweißen.

350. Wie schweißt man Rohre von größerem Durchmesser?

Meist nach Wassergasverfahren. Rohre werden vorgebogen, übereinanderliegende Kanten mittelst zangenartig gebautem Wassergasbrenner gleichzeitig von innen und außen an der Naht auf Schweißhitze gebracht und über einem Dorn niedergehämmert. Rohr liegt hierbei meist auf Wagen und wird allmählich vorgeschoben.

351. Wie stellt man spiralgeschweißte Rohre her?

Blechstreifen wird spiralig zum Rohr aufgewunden. Spirale wie Frage 350 erhitzt und niedergeschlagen. Deshalb Verfahren nur bei großem Durchmesser üblich.

352. Welchen Vorzug haben spiralgeschweißte Rohre gegenüber längsgeschweißten?

Größere Festigkeit, beliebige Länge.

353. Es ist das Mannesmann-Verfahren zu erklären.

Benutzt zur Herstellung von Rohren ohne Naht. Zwei oder drei zueinander schräggestellte konische Walzen strecken durch sie geführtes erhitztes Rundeisen. Hierdurch äußerer Umfang dieses am stärksten gestreckt. Innenliegende Teile werden von äußeren mitgenommen, wodurch Rundeisen in der Seele aufreißt und Rohr bildet. Um Rohrinneres zu glätten, nicht zur Auftrennung, wird meist gegen kurzen Dorn, der zwischen Walze steht, gewalzt. Bisher werden nur zylindrische, keine konischen Rohre hergestellt. (Abb.)

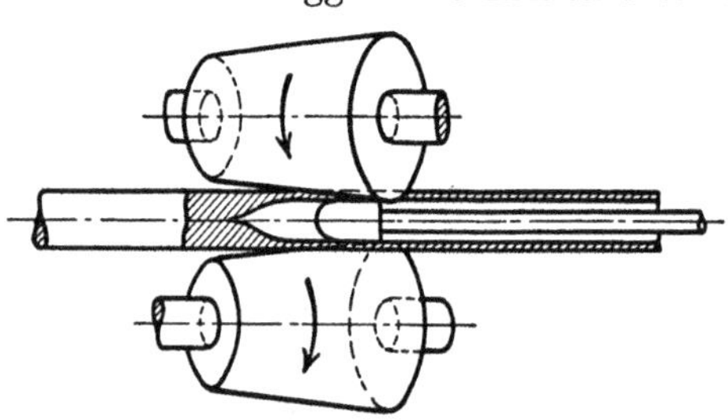

Abb. zu 353.

354. Welche Materialien eignen sich besonders für dieses Verfahren?

Fluß-Eisen, Fluß-Stahl.

355. **Wie stellt man Rohre mit geschlossenen Enden her?**

Normales Mannesmann-Verfahren, nur werden an durchgeführtes Rundeisen Enden so weit abgedreht, daß sie durch Walzenzwischenraum frei durchgehen ohne aufzuspalten. In der stärkeren Mitte spaltet es dann innen auf. Dorn kann selbstverständlich hier nicht benutzt werden.

356. **Wie werden Mannesmannrohre weiter bearbeitet?**

Schrägwalzverfahren ergibt bei dünnwandigen Rohren kein gleichwandiges Material. Daher walzt Mannesmann nach diesem Verfahren nur dickwandige Rohre, die er nach dem sogenannten Pilgerschritt-Verfahren weiter bearbeitet. Bei diesem Verfahren wird das vorgewalzte

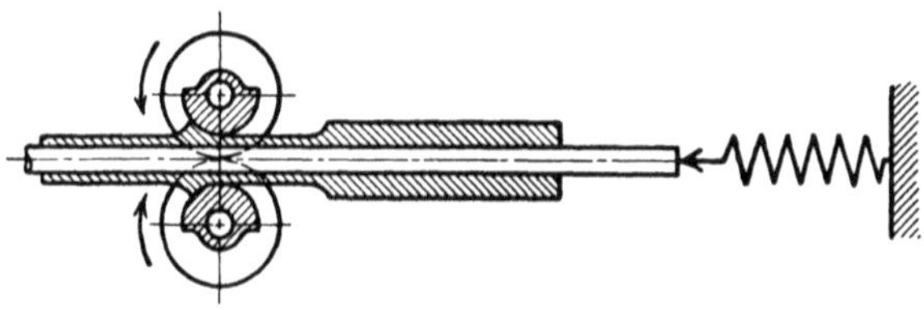

Abb. zu 356.

Rohr über langem Dorn zwischen zwei Walzen weiter gestreckt. Walzen sind so kalibriert, daß sie Rohr zeitweise freigeben, zeitweise ein kurzes Ende fassen und ausstrecken. In der Zeit, wo Rohr freigegeben ist, wird es in der der Walzrichtung entgegengesetzten Richtung ein Stück zurückgeschnellt. Bei Zurückschnellen wird Rohr gedreht, damit es von allen Seiten gleichmäßig bearbeitet wird. (Abb.)

357. **Herstellung nahtloser Rohre nach dem Erhardt-Verfahren.**

Quadratischer heißer Block in Zylinder mit runder Öffnung einführen. Blockkanten liegen an Zylinderwandung an. Stempel in Block eindrücken, der diesen fast bis auf den Boden aufspaltet und Blockwände

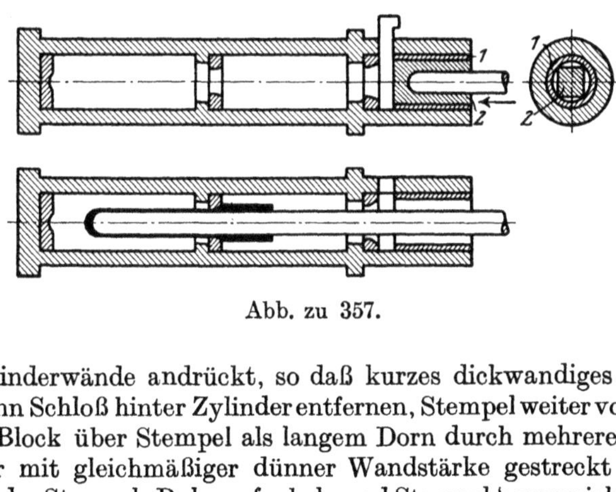

Abb. zu 357.

gegen Zylinderwände andrückt, so daß kurzes dickwandiges Rohr entsteht. Dann Schloß hinter Zylinder entfernen, Stempel weiter vorschieben, während Block über Stempel als langem Dorn durch mehrere Preßringe zum Rohr mit gleichmäßiger dünner Wandstärke gestreckt wird. Am Hubende des Stempels Rohr aufgabeln und Stempel herausziehen. (Abb.)

358. Herstellung nahtloser Rohre nach dem Wittener Verfahren.

Ähnlich wie Erhardt, durch erstes Aufspalten mittels Stempels. Dann Abschneiden des noch geschlossenen Kopfes. Darauf nicht Ziehen wie Erhardt, sondern mittels Walzwerk über Dorn auswalzen.

359. Wie werden lange dünne Rohre hergestellt?

Durch Ziehen über langen Dorn. Ein hartgelötetes oder nahtloses kurzes Rohr wird über polierten Stahldorn gesteckt, vorn durch Umbördeln festgehalten und in mehreren Zügen durch immer engere Zieheisen gezogen. Umfang wird dann durch Walzen ganz gering gestreckt, so daß sich Dorn entfernen läßt. Rohre werden sehr genau.

360. Was versteht man unter Ziehen über kurzen Dorn?

Dorn steht, an langer dünner Stange gehalten, nur innerhalb des Ziehloches. Rohr wird dadurch nach Beendigung des Ziehvorganges sofort vom Dorn frei. Verfahren ergibt nicht so genaue Rohre als in Frage 359.

361. Herstellung eines kurzen dicken Rohres durch Schmieden.

Erhitztes zylindrisches Stück wird auf Amboß aufgesetzt und zunächst von oben mit Setzmeisel aufgetrieben, dann gedreht, von unten aufgetrieben, schließlich mit Durchschlag in der Mitte geöffnet und mit zylindrischem Dorn weiter aufgetrieben oder auf solchem ausgeschmiedet.

362. Herstellung von Rohren aus Kupfer und Messing.

Unterschied gegen Herstellung der Eisenrohre darin, daß Naht nicht geschweißt, sondern gelötet wird. Nahtlose Verfahren ähnlich wie früher.

363. Wie stellt man Blei- und Zinnrohre her?

Man preßt das flüssige oder kalte Material durch kalibrierte Öffnungen über Dorn heraus, kühlt es ab, und wickelt die Rohre sofort auf.

364. Wie verfährt man beim Biegen von Rohren?

Man füllt dieselben mit Sand, Pech, Kolophonium, damit sie sich nicht flach drücken, und gießt oder schmilzt die Füllung nachher aus.

Bei Sandfüllung Rohre durch Klopfen stark erschüttern, damit sich Füllung fest einlegt.

Schmieden.

365. Was versteht man unter Schmieden?

Alle Arbeiten, die in normaler Weise zur Formveränderung glühenden Eisens unter Ausnutzung von dessen Dehnung sowie unter Benutzung der Schweißeigenschaft in einer Schmiede vorgenommen werden.

366. Wie kann die Formveränderung beim Schmieden erfolgen?

Durch Schlag, Druck, Warmtrennung, durch Quetschen und Schweißen.

367. Ist die Formveränderung an eine gewisse Richtung gebunden oder kann sie in jeder Richtung durchgeführt werden?

Formveränderung in jeder Richtung möglich, in der Länge wie in der Breite durch eine Anzahl einzelner Hammerschläge oder durch wenige schwere Schläge, sog. Satzschläge. Ferner ist Verdickung möglich, das sog. Stauchen.

368. Muß das Material beim Schmieden vollkommen umgearbeitet werden oder sind Formveränderungen einzelner Teile möglich?

Letzteres möglich z. B. beim Absetzen, dadurch daß der erste Querschnitt bestehen bleibt und erst die weiteren Querschnitte niedergeschlagen werden. Dann beim Zuschärfen von Kanten, einmal durch Weghauen von Material, oder Niederhämmern der Kanten selbst.

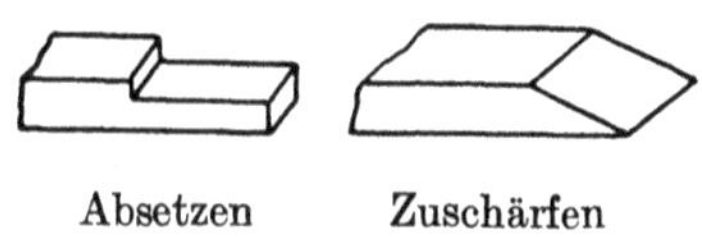

Abb. zu 368.

369. Welche Art von Material muß man sich zum Schmieden aussuchen?

Am geeignetsten ist Schweißeisen und Flußeisen, weil es kohlenstoffarm, daher sehr dehnbar und nicht spröde ist. Es fließt hierdurch unter dem Schlag am leichtesten.

370. Was versteht man unter Gesenkschmieden?

Eine Art des Schmiedens, bei dem die Formgebung nicht durch den Schlag selbst und die Zug- resp. Druckwirkung des Schlages gegeben wird, sondern dadurch, daß man das glühende Eisen in eine Doppelhohlform legt, in die es sich unter Schlag- oder Druckwirkung einquetscht.

371. Was versteht man unter Warmpressen?

Den gleichen Vorgang wie beim Gesenkschmieden, nur wird hier auf die Doppelhohlform nicht ein Schlag, sondern ein stetiger starker Druck ausgeübt, der bei stärkerem Material tiefer in das Innere des zu schmiedenden Blockes eindringt. Der Ausdruck ,,Warmpressen" wird meist beim Verarbeiten von Metallegierungen, weniger beim Eisen, gebraucht.

372. Unterschied zwischen Schmieden und Pressen?

Beim Schmieden wird die jeweilige Oberfläche des Materials bei jedem einzelnen Schlag um ein Stückchen verschoben und dadurch die Formveränderung hervorgerufen. Beim Pressen wird das gesamte Material bis ins Innere auf einmal in Bewegung gesetzt. Daher ist hierbei der Materialwiderstand ein wesentlich größerer, der Kraftbedarf höher.

373. Auf welche Weise kann man Eisen zum Zwecke des Schmiedens erwärmen?

1. Durch Erhitzen in einem offenen Kohlenfeuer, sog. Schmiedefeuer.
2. Durch Erhitzen in den verschiedensten Arten von Öfen.

Letzteres wirtschaftlicher, sobald es sich um größere Mengen handelt.

374. Welche Arten von Schmiedefeuern sind bekannt?

1. Gemauerter Schmiedeherd.
2. Eiserner Schmiedeherd.
3. Rundfeuer.
4. Feldschmieden.

375. Wo wendet man gemauerten oder eisernen Schmiedeherd an? Wie sehen diese aus?

Angewandt in Schmieden, die viele stark verschieden geformte Eisenteile verarbeiten.

1. Gemauerte Schmiedeherde meist an Umfassungsmauer, wo Essen vorhanden sind, angebaut.

2. Eiserne Schmiedeherde meist ohne Wandanlehnung aufgestellt, unter freihängenden eisernen Essen oder Rauchabsaugrohren.

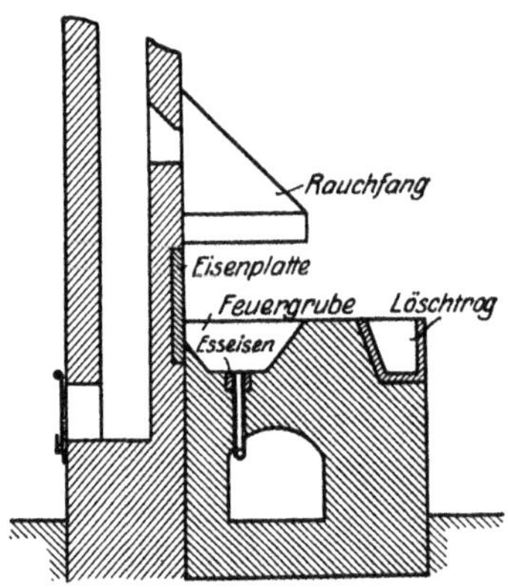

Abb. zu 375[1].

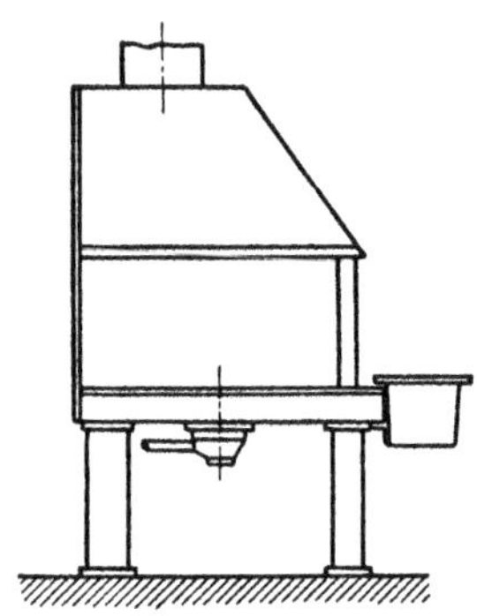

Abb. zu 375[2].

Ihre Hauptteile sind: Die Feuergrube, in der die Kohlen verbrannt werden, mittels durch ein Eßeisen eingeblasener Luft. Löschtrog zum Aufnehmen des Wassers. Dieses dient zum Bespritzen der Kohlenoberfläche, um freistrahlende Glut zu verhüten, und zum Ablöschen zu weit erwärmter Eisenteile. Der Rauchfang, zum Abführen des Rauches nach der Esse.

Der eiserne Schmiedeherd ist leichter verstellbar als der gemauerte; meist auch billiger.

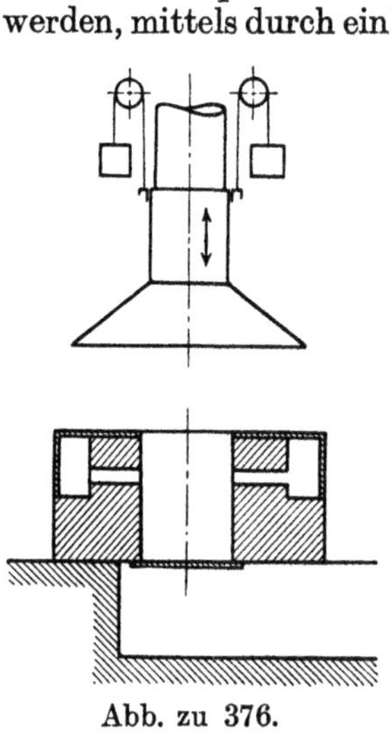

Abb. zu 376.

376. Wozu braucht man Rundfeuer, und wie sehen diese aus?

Rundfeuer sind freistehende sehr große Feuer, bei denen man von allen Seiten ankommen kann. Sie werden benutzt für schwere Stücke.

Die Feuergrube besteht aus einem tiefen Zylinder, bei dem das Feuer auf

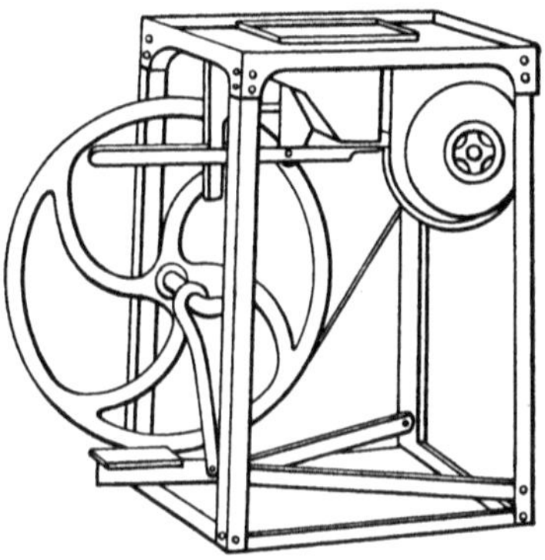

Abb. zu 377.

einem Kokslager ruht. Wind kann bei der großen Form von allen Seiten gegeben werden, wodurch man große Hitzegrade erreicht. Der schwere Rauchfang wird meist durch Gegengewichte ausbalanciert.

377. **Wozu dient eine Feldschmiede, und wie sieht sie aus?**

Feldschmiede ist ein eiserner, sehr leichter Schmiedeherd, der sich zum Anwärmen von Eisen auf Montageplätzen eignet. Blaslufterzeuger ist daher auch gleich eingebaut und wird durch Trethebel betätigt. Man arbeitet mit Blasebalg oder Ventilator.

378. **Wie sieht das Ventil für Zuführung der Verbrennungsluft bei Schmiedefeuern aus?**

Das Ventil besteht aus zwei Teilen, aus einer Düse als Winddurchlaß, die durch Luftventil geschlossen werden kann. Das darunter

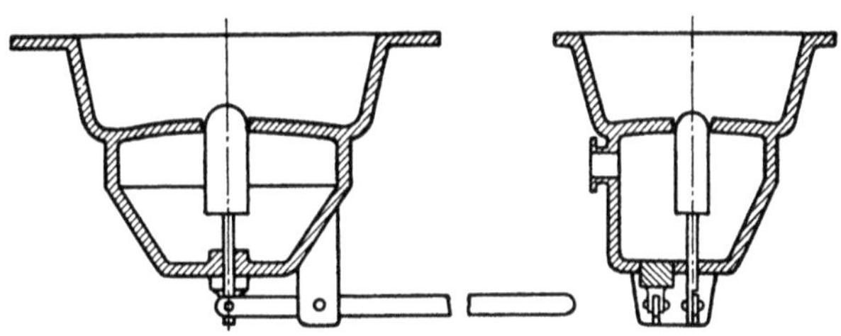

Abb. zu 378.

liegende Schlackenventil zerdrückt etwa durchfallende Schlackenstücke, die nach unten herausgeblasen werden können.

379. **Wie kann man die Wärmeausnutzung beim Schmiedefeuer steigern?**

Dadurch, daß man die Abgase zur Vorwärmung der nachher zu erhitzenden Stücke durch einen neben dem Feuer liegenden Herd abziehen läßt.

380. **Man nenne verschiedene in der Schmiede gebrauchte Ofenarten und ihre Verwendungsart.**

Glühofen: Gewöhnlicher Flammofen für geringere Temperaturen. Wagerechter Herd, da keine Schlackenbildung. Benutzt für Ausglühen und mittelstarkes Anwärmen von Schmiedestücken.

Schweißofen: Meist als Flammofen gebaut mit abfallendem Herd, weil starke Schlackenbildung, die abfließen muß; meist mit Sandaufschüttung. Gut feuerfest aufgemauert, oft mit Siemensschen

Wärmespeichern und besonderer Feuerbrückenkühlung gebaut. Temperatur bis 1200°. Für große zu schmiedende und zu schweißende Arbeitsstücke.

Rollofen: Für große Mengen gleichartiger Stücke, die sich durch den Ofen durchkanten oder durchrollen lassen.

Muffelofen: Benutzt zum Glühen von feineren Stücken mit großer Fläche und kleinem Inhalt, deren Oxydationsverluste zu groß würden. Stücke, wie Draht, feine Profile, werden in geschlossener Muffel, um die das Feuer herumstreicht, angewärmt.

Ferner noch eine Menge kleinerer transportabler spezieller Anwärmeöfen und Glühöfen.

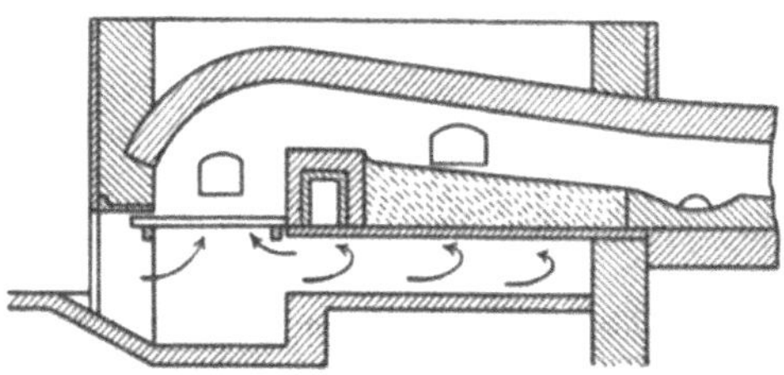

Abb. zu 381.

381. Es ist ein Glühofen und ein Schweißofen zu beschreiben und zu skizzieren.

Glühofen ähnlich wie Rollofen (Abb. zu 309), jedoch kürzer und nur mit einer Seitentür.

Bei Schweißofen ist andere Herdausbildung zu beachten. s. Abb.

382. Es ist ein Muffelofen zu beschreiben und zu skizzieren.

Der Muffelofen besteht aus einer meist von beiden Seiten zugängigen Muffel, um welche die Gase herumstreichen. Zwecks gleichmäßiger

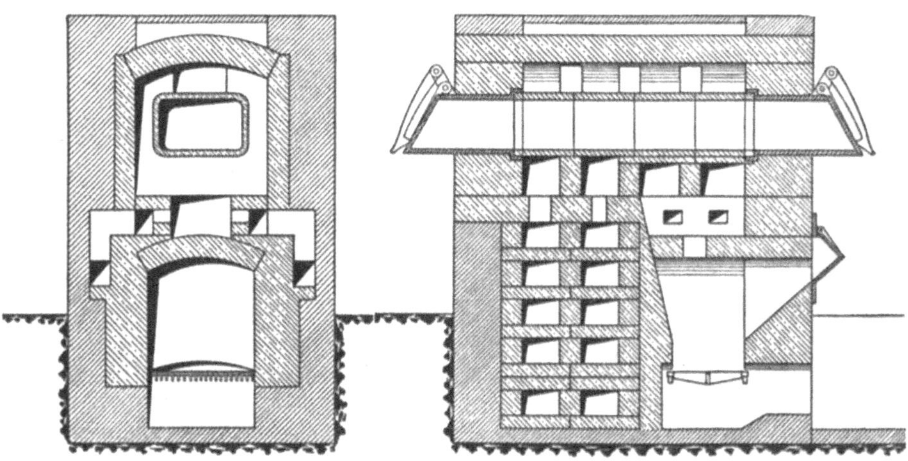

Abb. zu 382 (aus Oetling, Schmiede und Schmiedetechnik, 1920).

Beheizung und zwecks Wärmeausnützung sind noch Wärmespeicher für Vorwärmung der Verbrennungsluft eingebaut.

383. Es ist ein Rollofen zu beschreiben und zu skizzieren.
Siehe Frage Walzwerk 309.

384. Wie erfolgt die Heizung aller dieser Öfen?
Drei Hauptmöglichkeiten:
1. Mittels Kohle direkt.
2. Halbgas, Rekuperativ- oder Regenerativverfahren.
3. Gasfeuerung.

Bei 1. verbrennt man die Kohle auf dem Rost unter Luftzuführung unter dem Rost und führt die verhältnismäßig unreinen Feuerungsgase direkt über das zu erwärmende Eisen. (Schlechter Wirkungsgrad.)

Bei 2. Die Kohlenschicht wird sehr hoch auf dem Rost aufgeworfen (0,75 bis 2 m). Die Luft wird zum kleinen Teil unter dem Rost, zum größten Teil über der Kohlenschicht zugeführt und mit dem entstehenden Gas gemischt. Durch die in unterster Schicht brennende Kohle findet langsame Entgasung statt. Gasluftgemisch brennt dann im Flammofen und wird durch Richtung des Luftstromes als reine Flamme auf das zu erhitzende Material geblasen. Die zugeführte Luft wird in Rekuperatoren, das sind Kanäle, die im Abgasstrom eingebaut sind, und dauernd von der Luft durchströmt und vom Abgas umströmt werden, vorgewärmt. Wenn hohe Vorwärmung notwendig ist, bei schlechter Kohle usw., treten an Stelle der Rekuperatoren die Siemensschen Regeneratoren, die abwechselnd von Luft und Abgas durchströmt werden.

Bei 3. Reine Gasfeuerung. Das Gas wird entweder als Koksgas, Generatorgas oder Gichtgas an irgendeiner Stelle erzeugt und mit vorgewärmter Luft in der Düse gemischt und angezündet.

385. Welche Temperaturen benutzt man beim Schmieden?
Normal 1100 bis 1200°, das ist schwache Weißglut. Für edle Stähle, zumal Schnelldrehstähle 900 bis 950°, das ist Kirschrotglut. Zum Schweißen 1200 bis 1300°, das ist helle Weißglut.

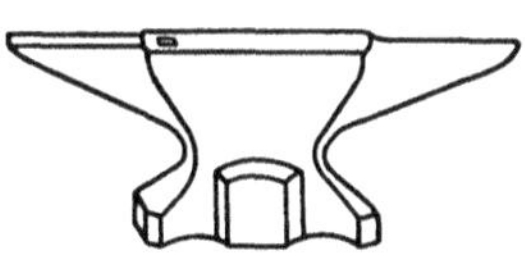
Abb. zu 386[1].

386. Man nenne eine größere Zahl von Werkzeugen, mit denen der Schmied arbeitet.
1. Amboß.
2. Sperrhorn.
3. Gesenkplatte.

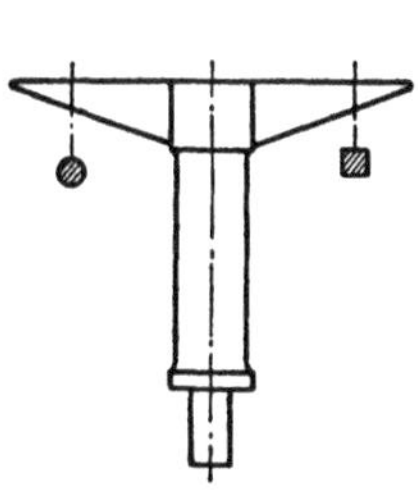
Abb. zu 386[2].

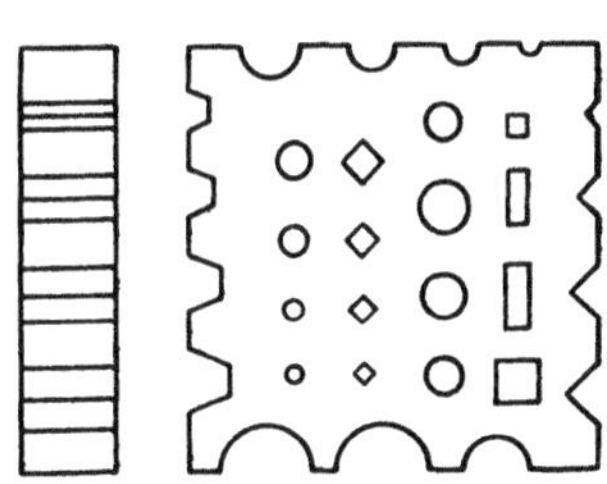
Abb. zu 386[3].

4. Schlaghämmer verschiedenster Art, wie Vorschlaghämmer, Schmiedehammer, Kreuzschläger, Schlichthammer, Setzhammer,

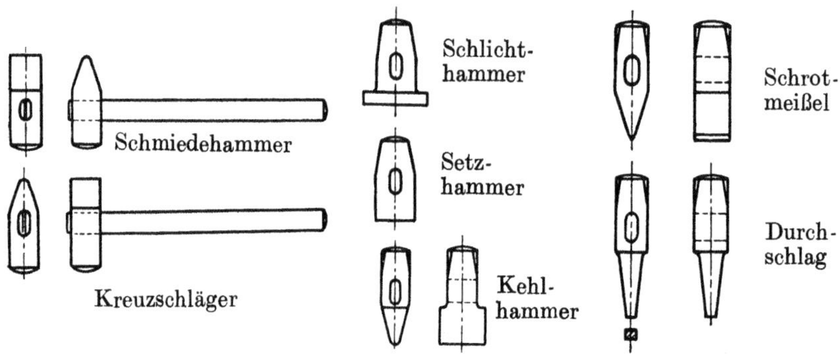

Abb. zu 386 [4].

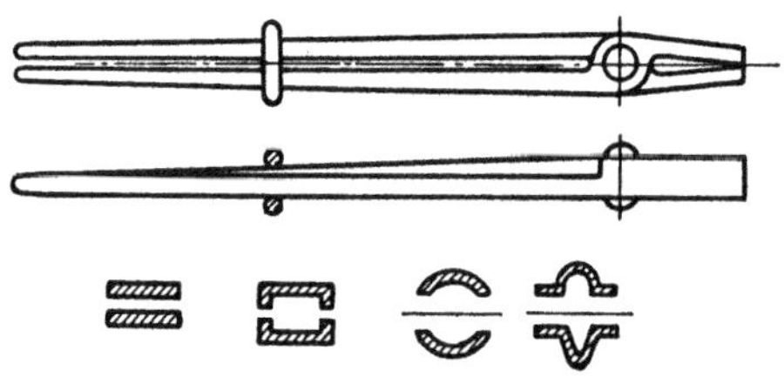

Abb. zu 386 [5].

Kehlhammer, verschiedene Meißel, wie Schrotmeißel, Durchschläge.
5. Zangen.

387. Was ist ein Amboß, und wozu dient er?

Siehe Abb. 386 [1].

Der Amboß ist ein schwerer, schmiedeeiserner Block von besonderer Form, der mittels seines Gewichts einen Gegenhalt gegen den Schlag des Hammers gibt, so daß das zu schmiedende Stück nicht ausweichen kann. Seine Hauptteile sind die Bahn, die meist verstählt ist, und die beiden Hörner und, davon eins vierkantig und eins rund. Sie dienen zum Umbiegen des glühenden Materials, entweder im rechten Winkel oder in einem Kreissektor. Es gibt auch Ambosse ohne Hörner oder mit nur einem Horn verschiedenster Form.

388. Was ist ein Sperrhorn und wozu dient es?

Siehe Abb. 386 [2].

Sperrhorn ist ein Instrument, das die beiden Hörner des Ambosses in stark verkleinertem Maßstabe in sich vereinigt. Es wird in ein Vierkantloch des Ambosses mit seinem Fuße eingesetzt und dient als Unterlage zum kantigen oder runden Umbiegen des Materials. Zum Teil setzt man es auch direkt mit angespitztem Fuß in einen Holzblock ein.

389. **Was ist eine Gesenkplatte, und wozu dient sie?**
Siehe Abb. 386[3].

Es ist eine etwa 10 bis 15 cm dicke Platte, in deren Rand Vertiefungen verschiedener Form, halbrunde, dreikantige, vierkantige usw. eingegraben sind. Ferner ist sie vierkantig und rund in verschiedenen Abmessungen durchlocht. Sie dient als Gesenk für Herstellung verschiedener äußerer Formen von Stäben und als Unterlage zum Durchlochen.

390. **Was ist ein Schmiedehammer, und wozu dient er?**
Siehe Abb. 386[4].

Der Schmiedehammer ist neben den mechanischen Hämmern das wichtigste Werkzeug des Schmiedes. In verschiedensten Formen ausgeführt, bekannteste Form Handhammer im Gewicht von 1 bis 3 kg, dann Doppelhandhammer oder Zuschlaghammer im Gewicht bis zu 10 kg. Beide Hammerarten bestehen aus Kopf und Stiel. Das keilförmig zulaufende Ende, das quer zum Stiel steht, nennt man Finne, das breite Ende die Bahn. Die Hämmer werden je nach Gewicht mit ein oder zwei Händen gefaßt; im letzteren Falle über den Kopf geschwungen und geben dem warmen, auf dem Amboß ruhenden Eisen durch Schlagwirkung die gewünschte Form.

391. **Wie sieht ein Kreuzschläger aus, und wozu dient er?**
Siehe Abb. 386[4].

Ist dem normalen Hammer ähnlich, nur steht die Finne in der Stielrichtung. Dient hauptsächlich zum Ausbreiten des Materials.

392. **Welche Werkzeuge benutzt man nach Art der Gesenke nur zum Aufsetzen und Formgeben, nicht zum Schlagen?**

Schlichthammer,
Setzhammer,
Ballhammer,
Rundgesenk, } s. Abb. 386[4].

Alles dieses sind, wie die Abbildungen zeigen, hammerähnliche Körper, die aber im Gegensatz zum Hammer lose an einem Stiel befestigt sind. Man setzt sie auf das glühende Eisen auf und schlägt auf ihren Kopf mittels des Hammers. Dadurch drücken sie mit ihrer verschiedenartig geformten anderen Seite das Material je nach ihrer Form nieder oder seitwärts weg.

393. **Mit welchen Meißelarten arbeitet der Schmied, und wie sehen diese aus?**
Siehe Abb. 386[4].

Schrotmeißel der verschiedensten Formen und Breiten, auch mit halbrunder Schneide. Auch der Schrotmeißel sitzt auf losem Stiel, wird mit der Schneide auf das glühende Eisen aufgesetzt, während auf den Kopf geschlagen wird.

394. Warum werden die Satzhämmer und Meißel mit losem Stiel ausgestattet?

Damit sie sich entsprechend dem Schlag des auftreffenden Hammers frei aufstellen können, ohne daß der Stiel in die Hand prellt.

395. Wie sieht der Durchschlag aus, wozu dient er?

Siehe Abb. 386[4].

Durchschlag hat auf der einen Seite den normalen Kopf aller Setzhämmer, auf der anderen einen abgestumpften Kegel oder abgestumpfte Pyramide. Er wird auf das glühende Eisen aufgesetzt und mittels Hammer eingetrieben. Er schlägt dann ein rundes oder vierkantiges Loch. Damit man ihn leichter wieder ausheben kann, setzt man in das nur wenig eingeschlagene Loch ein Stückchen Kohle ein. Das sich dann im glühenden Eisen entwickelnde Gas treibt den Durchschlag nachher wieder zurück.

396. Wie sehen Schmiedezangen aus, und wozu dienen sie?

Siehe Abb. 386[5].

Schmiedezangen haben an der Griffseite gewöhnlich zwei runde glatte Stangen, die an einem Gelenk flachgeschlagen und miteinander lose vernietet sind. Die Maulseite ist ganz verschieden ausgebildet, und zwar so, daß sie dem zu fassenden Material gut anliegt und ein seitliches Ausweichen verhindert. Um die Hand von dem Druck zu entlasten, ist meist ein Ring aufgesetzt, der mit dem Hammer gegen die spreizenden Griffe getrieben wird, so daß er diese festhält. Zange wird zum Greifen und Festhalten des glühenden Materials auf dem Amboß benutzt.

397. Man nenne und skizziere drei ältere Arten mechanischer Hämmer.

Stirnhammer, Brusthammer und Schwanzhammer.

Alle drei Arten werden durch einen Nocken, entweder an der Stirn (geringer Hub) oder in der Mitte des Stiels (mittlerer Hub) oder am Ende des Stiels (größter Hub und größter Kraftaufwand) angehoben und fallen dann durch ihr eigenes Gewicht auf das zu bearbeitende Stück herunter.

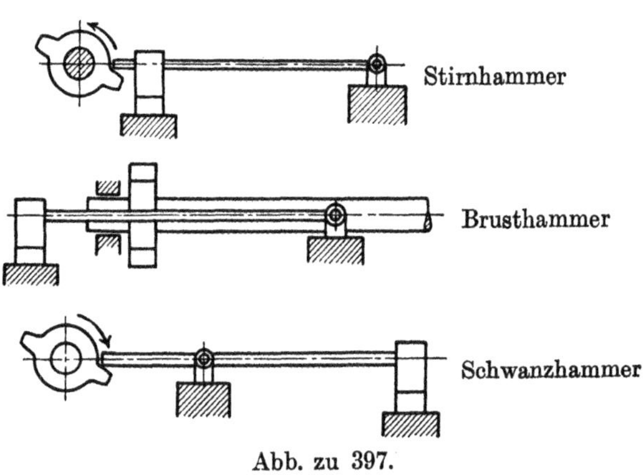

Abb. zu 397.

Große Kräfte sind mit ihnen nicht auszuüben. Werden selten benutzt. Hohe Stücke gleiten leicht vom Amboß ab, weil Hammerbahn und Amboßbahn dann nicht parallel stehen.

398. Welche Hämmer werden durch Flächenreibung betätigt?

1. Der Riemenfallhammer und 2. der Stangenreibhammer. Bei ersterem ist der Fallbär an einem Riemen befestigt, der über eine laufende Scheibe gelegt ist, dessen anderes Ende an einem Griff frei herunterhängt. Zieht man das freie Ende an, legt sich der Riemen über der Scheibe fest, und diese nimmt durch Reibung den Bär in die Höhe. Läßt man das freie Ende los, wird Riemen auf Scheibe lose, und der an beiden Seiten geführte Bär stürzt auf den Amboß ab.

Der Bär des Stangenreibhammers oder Bretthammers wird anstatt durch den Riemen durch ein an ihm befestigtes Brett oder Stange, das sich zwischen zwei rotierenden Scheiben befindet, in die Höhe genommen. Drückt man die Scheiben gegen das Brett, so nehmen sie dieses mit, schwenkt man sie zurück, so fällt Bär mit Brett auf den Amboß.

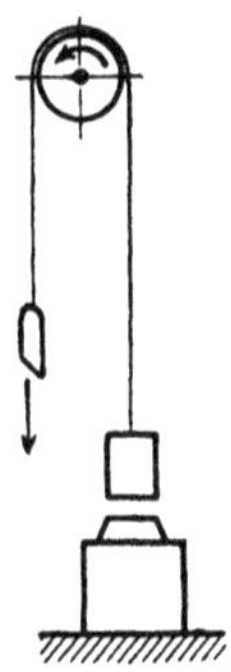

Abb. zu 398¹.

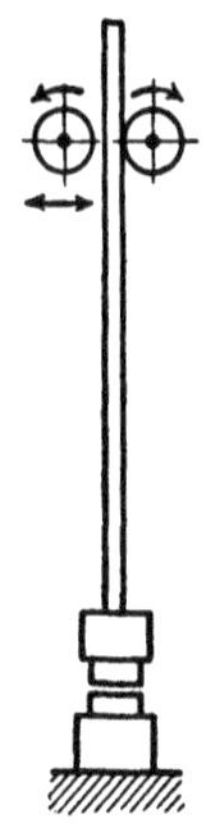

Abb. zu 398².

Bei beiden Arten von Hämmern ist Hubhöhe sehr groß, Fallgeschwindigkeit kann daher bedeutend sein; sie eignen sich daher zu Gesenkschmiedearbeiten. Schlagzahl pro Minute gering. Beim Bretthammer tritt infolge von Prellschlägen leicht eine Zersplitterung des Brettes ein. Unterschieden in solche, die rein für Gesenkarbeiten hergestellt werden; große Hubhöhe, geringes Bärgewicht. Bär hierbei meist bis dicht an den Amboß geführt, so daß nur Platz für Gesenk ist. Ebenso Gestell kaum ausgekröpft. Wo Quetschwirkung gewünscht, meist geringe Fallhöhe, großes Bärgewicht; Abstand von Führung und Amboß groß. Ständer stark gekröpft, so daß man mit großen Stücken auf Amboß hantieren kann. Besonderer Vorteil: Auch bei hohen Stücken fast vollkommene Ausnutzung des Treibmittels und kaum Hubverlust.

399. Wie sieht ein Federhammer aus, und wie wird er verwandt?

Federhammer ist im Prinzip ein Schlaghammer, dessen Bär senkrecht geführt und dessen Stiel durch eine Feder ersetzt ist. Der Antrieb erfolgt gewöhnlich

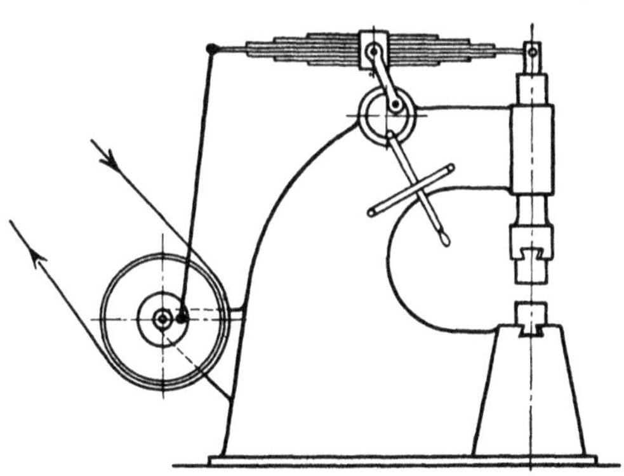

Abb. zu 399.

durch Exzenter. Der Bär geht durch sein Beharrungsvermögen beim Hochgehen über die oberste Lage bei gestreckter Feder hinaus, spannt Feder vor. Dadurch wirkt Schlag energischer und schneller. Wird als Hammer einfacherer Bauart in kleinen Schmieden für leichte Gegenstände viel verwandt.

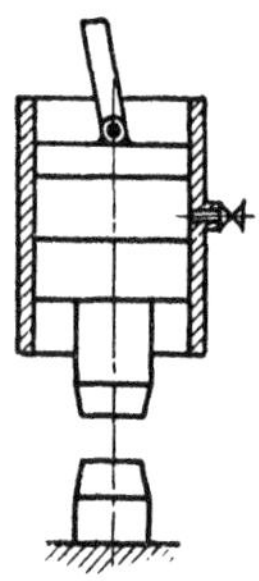
Abb. zu 400.

400. Es ist das Prinzip des Lufthammers zu erklären.

Anstatt einer Feder bedient man sich zur Übertragung der Kraft von der Kurbel auf den Hammerbär als Zwischengliedes der Luft. Man läßt einen Kolben in einem Zylinder mittels Kurbelgetriebe auf und nieder gehen. Als freier Gegenkolben dient Hammerbär, der in diesem Zylinder bei Luftverdünnung aufsteigt, bei Luftverdichtung unter eigenem Gewicht plus Luftdruck auf den Amboß niederfällt. Schlagregulierung durch Größe des Luftkissens, das durch Lufthahn einstellbar.

401. Es ist ein ein- und zweizylindriger Lufthammer zu skizzieren und sein Zweck anzugeben.

Bauart ganz verschieden. Entweder arbeitet Kolben und Bär im Luftpumpenzylinder; ist daselbst auch geführt, oder Luftpumpenzylinder liegt schräg hinter dem Bärzylinder. Bärzylinder meist rund. Selten zur besseren Führung vierkantig. Einzelne Konstruktionen, bei denen Bär noch Sonderführung erhält, die unter Zylinder liegt.

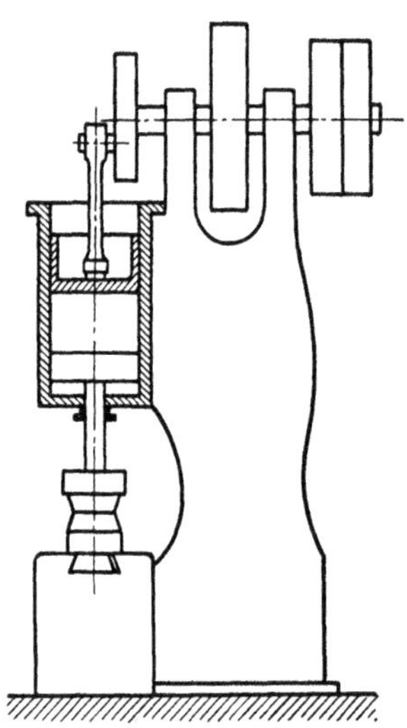
Abb. zu 401[1].
Einzylindriger Lufthammer.

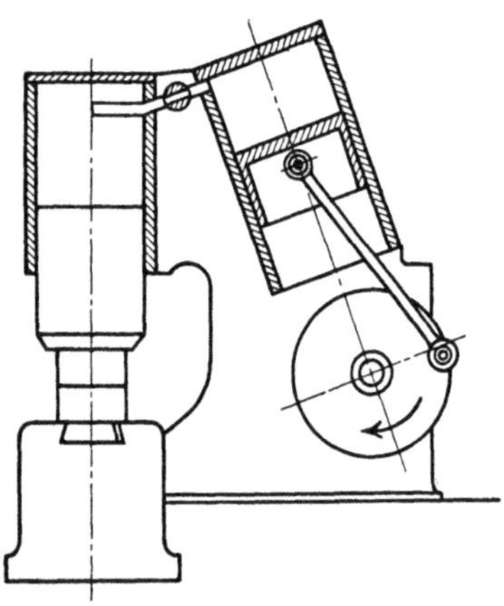
Abb. zu 401[2].
Zweizylindriger Lufthammer.

Schlagstärke bei Einzylinderhämmern durch Einsaugung von Luft in Zylinder reguliert. Bei Zweizylinderhämmern durch zwischengebautes Luftventil. Bei Antrieb von Transmissionen Regulierung der Schlaggeschwindigkeit schwierig, bei Antrieb von Reguliermotor gut durchführbar. Normalhämmer bis 400 kg Schlaggewicht, selten schwerer. Schlaggeschwindigkeit sehr groß, zwischen 150 und 250 pro Minute. Eignen sich besonders gut für leichte Arbeiten.

402. Wonach teilt man die Dampfhämmer ein?

1. In solche mit Oberdampf und solche mit Unterdampf und reiner Fallwirkung.

Letztere ganz selten.

2. Ferner unterscheidet man:

A. Hämmer mit einem Ständer. Gut zugänglich. Bis zu Schlaggewichten von 1500 kg. Hub bis 1000 mm.

B. Zweiständrige Hämmer, wobei Ständer gegossen und nach rückwärts und seitwärts ausgebogen. Weniger gut zugängig. Schlaggewichte bis 15000 kg. Hub bis 2000 mm.

C. Zweiständrige Hämmer mit torartigem schmiedeeisernen Gestell. Gut zugängig. Schlaggewichte bis 15000 kg. Hub bis 3000 mm.

403. Es ist ein Einständerhammer nach Frage 402, 2 A und Zweiständerhammer nach Frage 402, 2 C zu skizzieren.

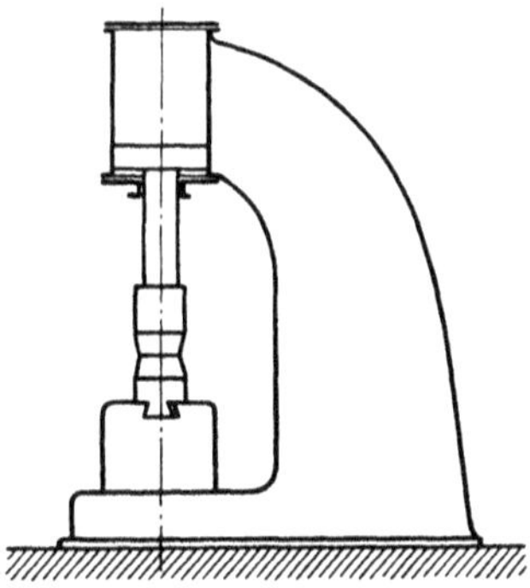

Abb. zu 403. Einständerhammer.

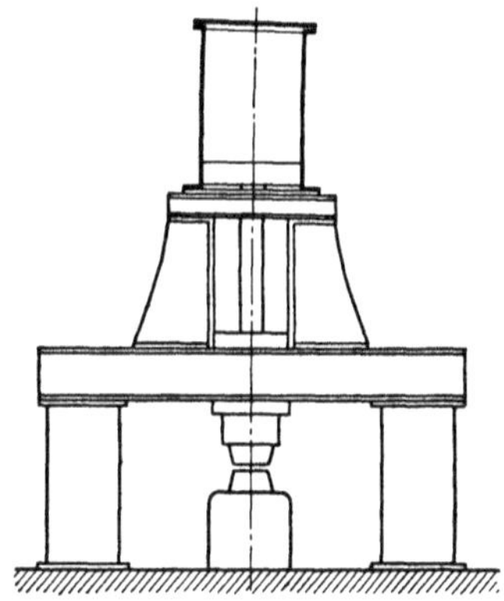

Abb. zu 403. Zweiständerhammer.

404. Es ist das Fundament eines Dampfhammers zu skizzieren und zu beschreiben.

Die Schabotte, d. i. die Unterlage für den Amboß, steht entweder direkt auf dem Fundament des Dampfhammers oder dieses greift bei allen schwereren Konstruktionen um diese herum. Schabotte ist dann auf mehrere Lagen Hartholz, s. Abb., oder wenn Erschütterungen in der Nachbarschaft vermieden werden müssen, auf Betonklotz zwischen zwei Hartfilzschichten montiert.

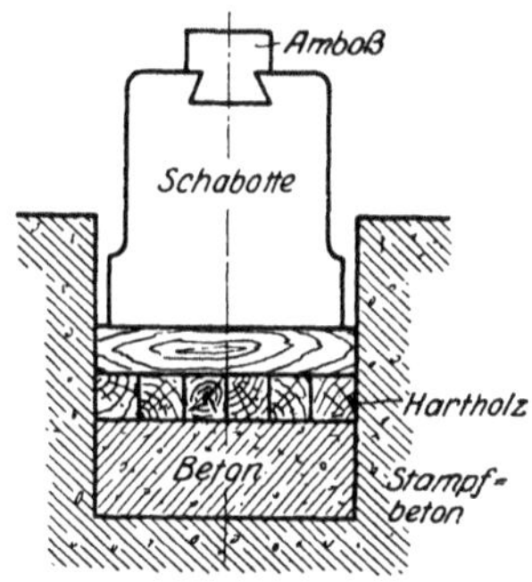

Abb. zu 404.

405. Welches ist das Verhältnis der Schabotte zum Schlaggewicht?

Bei Stangenhämmern etwa 9,9 bis 7,5.
„ Riemenfallhämmern etwa 5,35 bis 5,4.
„ Lufthämmern etwa 10,4 bis 5,3.
„ Dampfhämmern ~ 10.

406. Wie erfolgt die Steuerung der Dampfhämmer?

Teils durch Schieber, teils durch Ventile, meist selbsttätig, jedoch Schlagstärke von Hand nachreguliert. Besonderes Zeichen der Dampfhämmer ist, daß sie sehr gut regulierbar sind.

407. Gibt es außer den Dampfhämmern noch Maschinen, und welche, die eine Formveränderung des warmen Materials bewirken?

Ja.

1. Schmiedepressen mit langsamem Hub.
   a) Hydraulische.
   b) Dampfhydraulische.
2. Schmiedepressen mit schnellem Hub.
   a) Spindelpressen.
   b) Exzenterpressen.
3. Schmiedewalzen.

408. Wie sind die Schmiedepressen mit langsamem Hub gebaut, betrieben, und wie wirken sie?

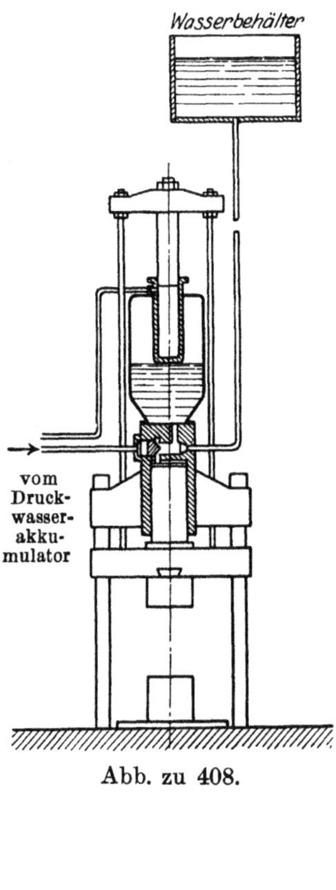

Abb. zu 408.

Derartige Pressen bestehen aus einem breiten Arbeitstisch, der den Amboß vertritt und auf einer Fundamentplatte aufgebaut ist. Diese ist mittels 4 Stahlsäulen mit einem Doppeljoch verbunden, auf dem sich ein Zylinder, der mit Preßwasser gefüllt werden kann, befindet. In dem Zylinder bewegt sich ein Kolben, an dessen anderem Ende eine Preßplatte, die den Hammer vertritt. Ein kleiner Zylinder mit einem anderen Kolben, der mit der Preßplatte durch zwei leichte Zugstangen verbunden ist, sorgt für das Anheben. Der Arbeitsgang ist also so: Das Schmiedestück wird im Gesenk oder zwischen Biegeklötze usw. zwischen Arbeitstisch und Preßplatte geschoben. Preßwasser von 200 bis 550 Atm. tritt in den unteren Druckzylinder ein und drückt den Kolben mit der Preßplatte nach unten auf das Arbeitsstück. Dann wird umgeschaltet, der kleine obere Zylinder gefüllt, während der untere geöffnet ist. Der Hilfskolben zieht die Preßplatte wieder in die Höhe und entleert durch Anheben des Hauptkolbens den Hauptzylinder.

Preßwasser wird erzeugt, entweder in einer zentralen Erzeugungsanlage für mehrere Pressen — man hat dann die reinhydraulischen Pressen — oder durch Dampfhilfszylinder auf der Presse selbst — dampfhydraulische Presse. Letztere ist regulierfähiger und hat die höheren Drücke. In der Anlage teuerer.

Schwierigkeiten der Pressen: Vor allem großer Wasserverbrauch. Dieser verringert, wenn Druckzylinder vorgefüllt wird, wozu Abwasser in Hochbehälter gedrückt wird. Druckzylinder erhält dann erst im letzten Augenblick geringes Quantum von Preßwasser (s. Abb., Bauart Kreuser, D. R. P.).

Auch Ständerpressen mit Ständern wie Dampfhämmer gebräuchlich; nur für schwächere Ausführung.

Pressen werden verwandt meist für schwere und hohe Stücke, die starke innere Arbeit verlangen und bei deren Höhe große Hubwege der Dampfhämmer verloren gehen. Ferner zu Gesenk- und Biegearbeiten wegen der bequemen Auswechselbarkeit der Gesenke und günstiger Feststellmöglichkeit der Biegeklötze auf den großen Arbeitstischen, die hierfür geeigneter als der schmale Amboß des Hammers.

409. Wie sind Schmiedepressen mit schnellem Hub gebaut, wie betrieben, und wie wirken sie?

Man unterscheidet 1. Spindel- und 2. Exzenterpressen, s. Abb. Beide sind entweder in einem einfüßigen oder zweifüßigen Gestell, ähnlich wie Dampfhämmer, untergebracht. Bei der Spindelpresse bewegt sich der Druckteil (Hammer) dadurch nieder, daß er mit einer Spindel verbunden ist, die durch schnelle Drehung in einer Mutter nach

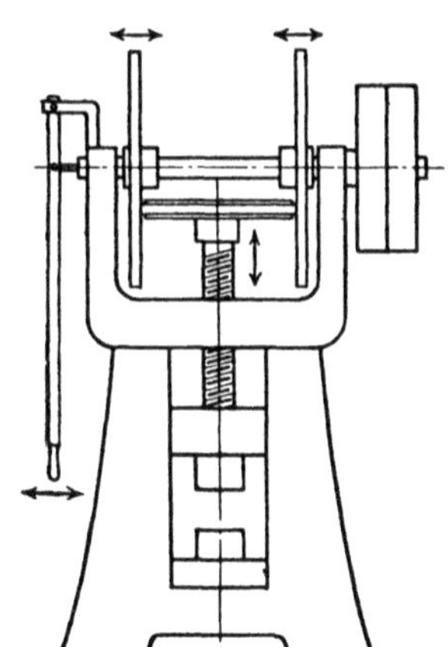

Abb. zu 409[1].

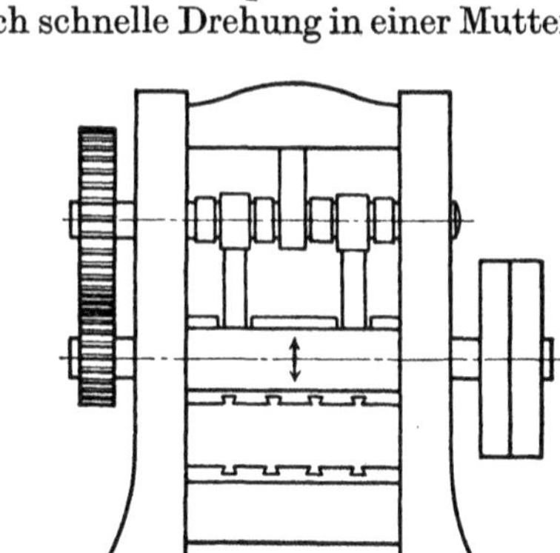

Abb. zu 409[2].

unten geschoben wird. Antrieb der Spindel durch Reibscheiben, Auf- und Niederbewegung durch Reibscheibenumsteuerung oder Riemenumsteuerung.

Vorteil: Langsames Anlaufen, da angetriebene Scheibe sich zunächst in Mitte der Treibscheibe befindet, dann starke Beschleunigung, weil angetriebene Scheibe beim Sinken auf dem Umfang der Treibscheibe wandert. Daher energischer kurzer Schlag und schnelle Arbeit; für leichte Gesenkarbeiten geeignet.

Bei der Exzenterpresse wird der Stempel (Hammer) durch einen Exzenter niedergedrückt. Daher gutes Durchziehen, keine Schlagwirkung, eventuell Bruchgefahr. Benutzt zu Abscherarbeiten, namentlich zum Abgraten.

Antrieb beider Maschinenarten durch Transmission.

410. Wie verwendet man Parallelendmaße unter der Schmiedepresse?

Um genaue Höhen von Stücken, die im Gesenk geschmiedet werden, zu erhalten, sichert man den genauen Abstand zwischen Ober- und Untergesenk durch ein zwischengelegtes Endmaß. Dies ist nur unter der Schmiedepresse möglich, nicht unter dem Hammer, da das Endmaß durch den Hammer verletzt würde.

411. Wie sind die Schmiedewalzen gebaut, wie betrieben, und wie wirken sie?

Zwei sehr kräftige Walzen liegen in einem Gestell, die untere wird mittels Zahnrad, meist von regulierbarem Motor aus, betrieben und überträgt ihre Drehung durch Zahnradpaar auf Oberwalze, so daß beide Walzen gleiche Geschwindigkeit haben. Walzen haben ungleiches Profil, so daß sie sowohl seitlich, wie in der Höhe abquetschen und strecken können. Sie sind entweder auf dem einen Teil des Umfanges derartig verjüngt, daß das gestreckte Stück auf der einen Seite herausgezogen werden kann, oder arbeiten in Wechseldrehung, so daß sie ein bearbeitetes Stück wieder ausstoßen.

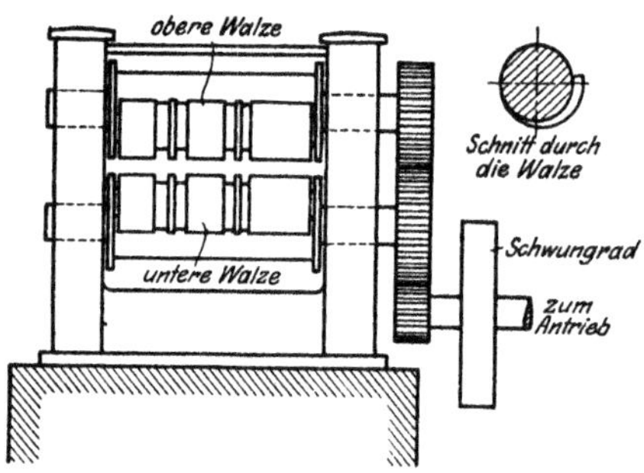

Abb. zu 411.

Walzen werden benutzt zum Anspitzen und Profilieren schwerer, stangenartiger Schmiedestücke, die kräftig genug sind, daß sie nicht abreißen. Arbeitsvorgang außerordentlich schnell.

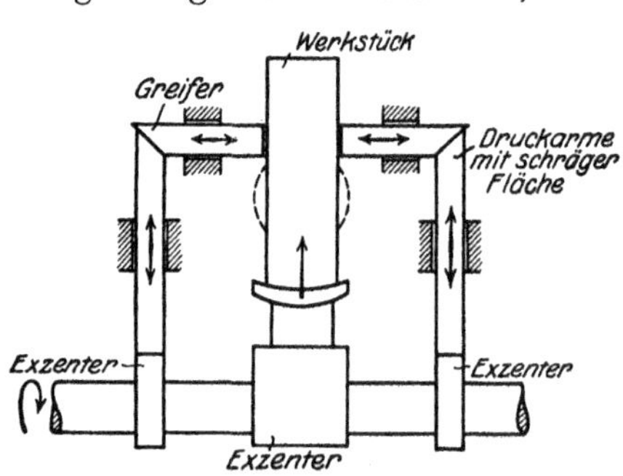

Abb. zu 412. Schema ein. Stauchmaschine.

412. Kann man Material mittels Maschine auch im Querschnitt vergrößern? Eventuell mit welcher Maschine, wie sieht sie aus?

Ja; mittels der Stauchmaschine.

Diese arbeitet gewöhnlich in der Form, daß sie mittels zweier mechanisch bewegter Stempel, oder mittels exzentrisch um einen Punkt drehbarer Greifer (s. Abb.) das Material festhält, während ein dritter Stempel vorschiebt, wodurch sich das Material aufstaucht. In anderen Fällen wird durch mehrere hydraulisch bewegte Stempel von mehreren Seiten auf das Material gedrückt, wodurch auch Stauchungen stattfinden.

413. **Wie streckt man?**

Mehrere Möglichkeiten:

1. Das warme Eisenstück wird auf den Amboß gelegt, mit der Zange festgehalten. Der Schmied schlägt mit schwerem Einhandhammer, oder der Zuschläger mit Zweihandhammer mit der Bahn auf das Stück, und zwar zieht er beim Schlag den Hammer in der beabsichtigten Streckrichtung.

2. Der Schmied verfährt wie vorher, schlägt aber nicht mit der Bahn, sondern mit der Finne, und setzt immer einen Schlag neben den andern. Hierdurch wird Strecken schneller erreicht, Arbeit aber nicht so genau und Oberfläche nicht so sauber.

3. Schmied arbeitet wie bei 1, jedoch mit mechanischem Hammer, da er hierbei Hammer nicht ziehen kann, zieht er Arbeitsstück in Streckrichtung fort. Hammer und Amboßkante arbeiten hierbei ähnlich streckend wie Finne.

4. Schmied arbeitet wie vorher unter Hammer, legt aber zwischen Hammer und Stück Auflage, daß immer nur bestimmte Flächen getrieben werden. Er hat dann Treiblänge der einzelnen Flächen dadurch in der Hand, daß er die Schlagzahl auf die Auflage an der betreffenden Stelle verändert.

Wenn nicht nur keilförmig gestreckt werden soll, sondern Absätze zulässig sind, so wird der zu streckende Teil vorher mit Ballhammer oder ähnlichem Werkzeug abgesetzt.

414. **Wie staucht man?**

Mehrere Möglichkeiten:

1. Man macht das Stück an der zu stauchenden Stelle glühend, kühlt es durch Bespritzen mit Wasser an den neben dieser Stelle liegenden Zonen gut ab. Kurze Stücke setzt man auf den Amboß, hält sie mit der Zange fest und schlägt von oben mit dem Hammer darauf, so daß sich der glühende Teil verdickt, der dann noch nachgeschmiedet werden kann. Lange Teile muß man liegend festhalten und den Schlag von der Seite aufsetzen.

2. Bequemer ist stauchen mittels der Stauchmaschine, s. Frage 412.

3. Wo Stauchmaschine nicht zur Verfügung, aber ein Dampfhammer, hält man das Stück mit diesem zwischen Amboß und Bär fest und schlägt mit Vorschlaghammer entsprechend 1 darauf.

415. **Wie biegt man Ecken?**

1. Scharfe Ecken.

a) Anwärmen des Materials, auflegen auf Amboßbahn, und zwar

so, daß das herumzubiegende Ende vorsteht; Aufsetzen eines schweren Hammers auf Arbeitsstück als Gegenhalter in der Nähe der Kante. Niederschlagen des vorstehenden Endes.

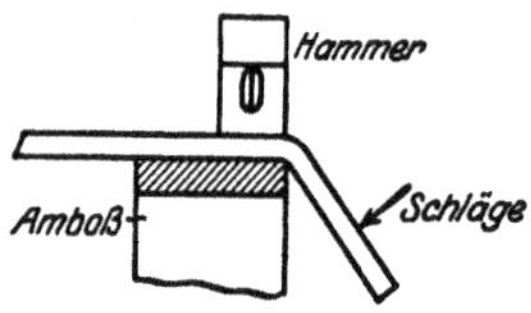

Abb. zu 415.

b) Für leichte Stücken: Behandlung wie vorher, jedoch einspannen im Schraubstock und herunterschlagen.

c) Behandlung wie vorher, jedoch einspannen zwischen Bär und Amboß eines Dampfhammers.

2. Runde Ecken.

Wie 1a, jedoch niederschlagen um rundes Amboßhorn oder Sperrhorn.

416. Wie setzt man ab?

Anwärmen des Arbeitstückes, Aufsetzen auf Amboß an der Absatzstelle. Ballhammer oder Setzeisen auflegen und auf dieses aufschlagen. Dann bildet sich an Absatzstelle Vertiefung.

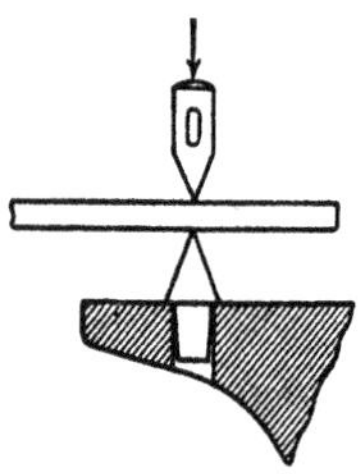
Abb. zu 417.

417. Wie haut man ab?

1. Dünne und nicht angewärmte stärkere Stücke legt man auf den Amboß und kerbt sie mittels Schrotmeißel ringsherum ein. Dann bricht man sie durch einen Schlag auf das freie Ende durch.

2. Dicke Stücke macht man warm, setzt Abschrot auf den Amboß und kerbt nun zwischen Abschrot und Schrotmeißel das Stück so tief ein, oder kerbt es unter Drehen vollständig durch.

418. Wie haut man auf und wie locht man?

Lochen geschieht dadurch, daß man das erhitzte Schmiedestück auf Amboß legt, besser noch die zu lochende Stelle über eine Öffnung der Gesenkplatte. Dann setzt man den Durchschlag auf und treibt ihn mit Hammer ein Stück ein, wendet, und treibt von der anderen Seite, bis man das zwischen beiden Löchern stehende Material mittels eines dünneren Durchschlages heraustreiben kann. Dann treibt man die gewonnene Öffnung durch Eintreiben schwererer Durchschläge und schließlich eines zylindrischen Durchschlages weiter auf.

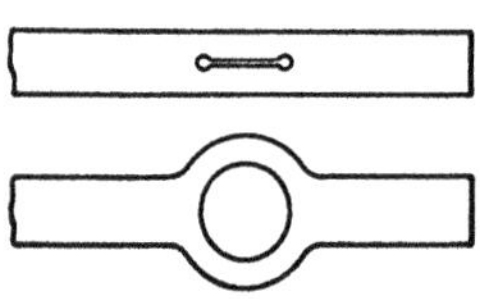
Abb. zu 418.

Auftreiben auch möglich bei vorgebohrten Löchern.

Bei empfindlichem Material, bei dem Aufreißen vermieden werden muß, bohrt man zwei kleine Löcher in der Peripherie der endgültigen Öffnung vor, öffnet die Verbindungslinie mittels Schrotmeißel und treibt dann mit Durchschlag nach.

419. Es ist eine Exzenterstange eines Schaufelrades zu schmieden.

Siehe Abb.

1. Rohblock.

2. Kopf einkerben, Ecken runden und absetzen.

3. Ausstrecken, Kopf rund arbeiten und lochen.
4. Gabel formen und Verbindungsstange strecken.
5. Gabel trennen.
6. Verbindungsstange runden.
7. Glätten.

Die Arbeiten von 1 bis 4 siehe frühere Aufgaben.

Zu 5: Gabel kann getrennt werden durch autogenes Ausschneiden. Meist billig und sicher. Bei dünnerer Konstruktion auftrennen mittels Schrotmeißel und über Einlageplatte von der Dicke des Spaltes umbiegen oder auf Stoßmaschine ausstoßen. Teuer, aber gut. — Eventuell ausfräsen.

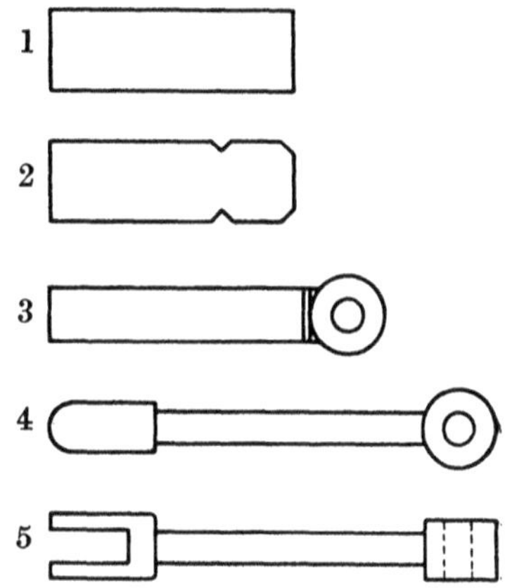

Abb. zu 419.

Zu 6 und 7: Mittels Setzeisen und Gesenk
2, 3 erste Hitze,
4, 5 zweite Hitze,
6, 7 dritte Hitze.

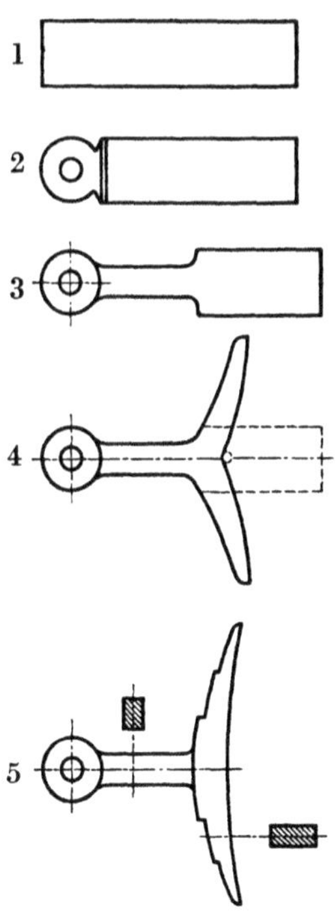

Abb. zu 421.

420. Wie mißt der Schmied bei Frage 419 Kopf, Gabel und Längen des Stückes?

Durch aufgelegte Blechschablonen, s. Abb., bei Serienfabrikation.

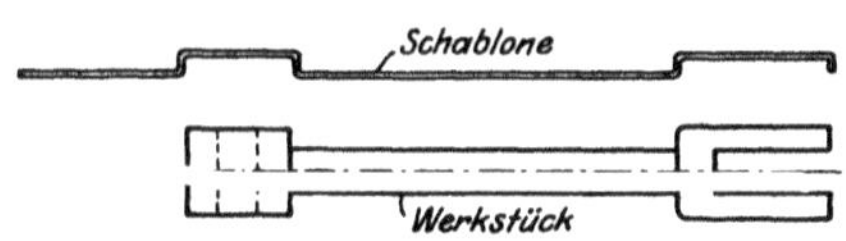

Abb. zu 420.

Durch Taster und Einzelmeßstab bei Einzelfabrikation.

Ersteres genauer und schneller.

421. Wie schmiedet man einen Schaufelstuhl?

Siehe Abb.
1. Rohblock.
2. Kopf einkerben, absetzen, runden, Loch hauen.
3. Stiel ausstrecken.
4. Fuß lochen, spalten, aufbiegen.
5. Fuß absetzen, glätten, Stuhl richten.

422. Wie schmiedet man einen Schaufelradarm?
1. Rohblock.
2. Absetzen.
3. Breiten der Fläche und Runden des Kopfes, Lochen.
4. Formen der Fläche.
5. Lochhauen, Spalten der Fläche.
6. Auseinanderbiegen der Arme.
7. Glätten.

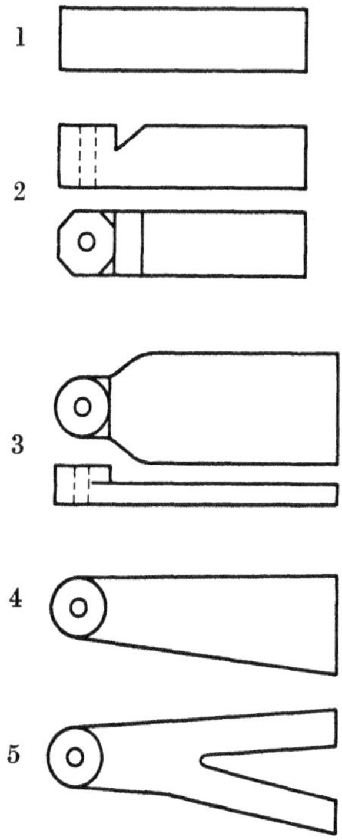

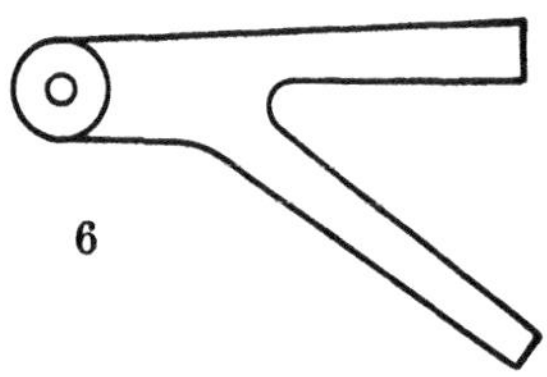

Abb. zu 422.

423. Wie schmiedet man einen Ring?
Mehrere Möglichkeiten:
1. Platte vom Ringumfang nach Erhitzung anlochen und nachher mit gebogenem Schrotmeißel aushauen, schließlich auf Form glätten.
2. Platte mit kleinerm Umfang wie Ring lochen und über Horn strecken.
3. Geraden Eisenstreifen erhitzen, über Horn krumm biegen. Nochmals erhitzen und überlappt oder stumpf schweißen.

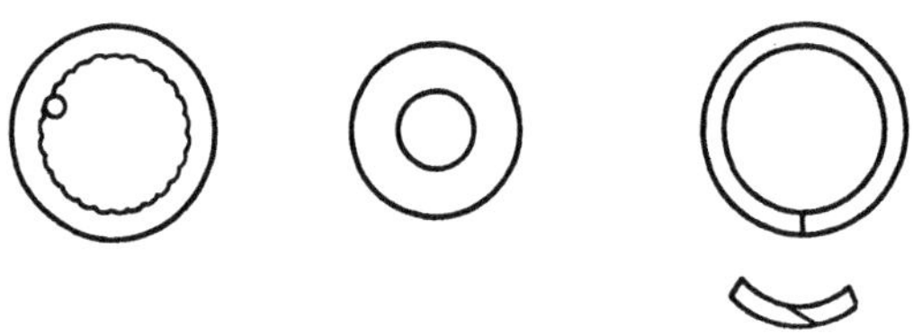

1 2 3
Abb. zu 423.

424. Wie schmiedet man die Lappen einer Distanzstange eines Schaufelrades?
1. Rohschiene.
2. Einkerben neben den beiden Lappen. Stange rundstrecken. Köpfe mit Schrotmeißel abrunden. Löcher hauen.
3. Lappen umbiegen, ausrichten und Arbeitsstück schlichten.

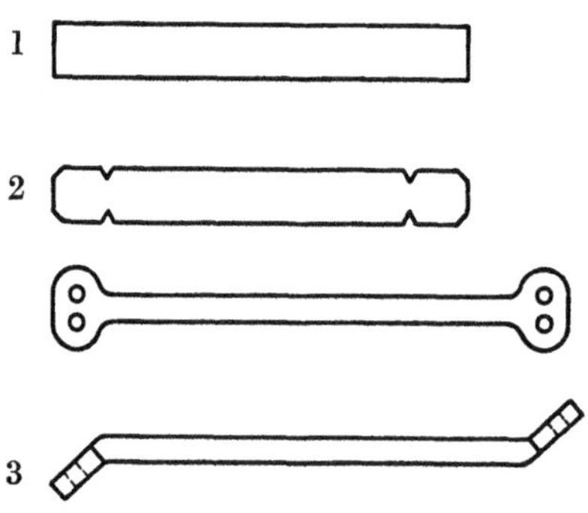

Abb. zu 424.

425. Wie schmiedet man die verjüngt umgebogene Stange eines Eisengeländers?

Siehe Abb.

1. Stange vom gleichen Querschnitt an Spitze vorwärmen.

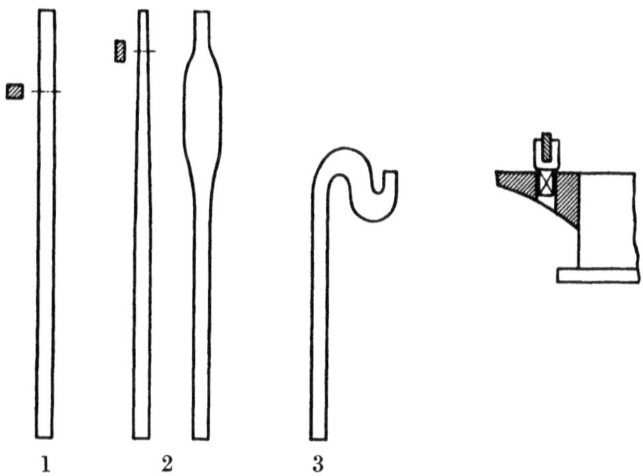

Abb. zu 425.

2. Spitze breiten und konisch ausstrecken.

3. Spitze in Form biegen, wobei sie gegen seitliches Umkippen in einer Gabel festgehalten werden muß (s. Abb.).

426. Wie schmiedet man den Körper einer schweren Scheibe für Gallesche Kette mit langem Achslager?

1. Rohblock von Rundstange abhauen. Wenn diese nicht vorhanden, von Vierkantstange abhauen und Ecken abschroten.

2. Achslager von einer Seite einkerben; Fläche um dieses zunächst mit Hammer, am besten Dampfhammer, dann unter Zwischenlage von Setzhammer niedertreiben und Kanten mit Gesenk scharf aussetzen.

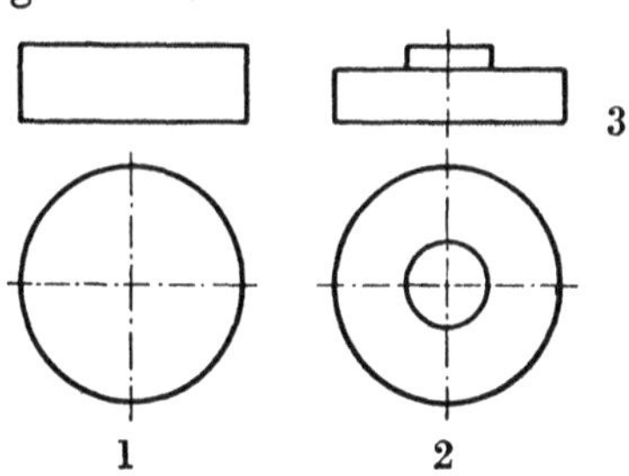

3

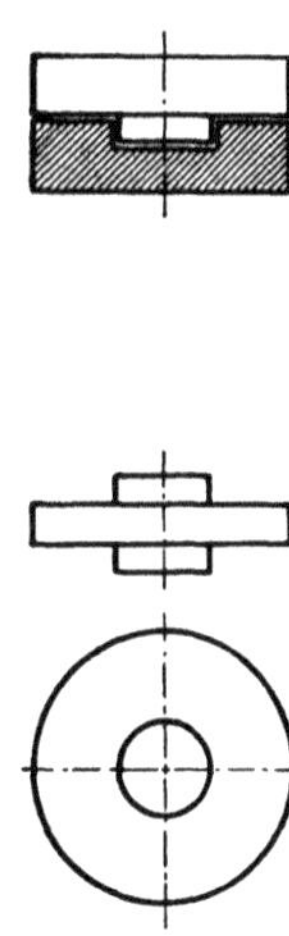

4

3. Stück umdrehen, auf Gesenk legen und verfahren wie 2.

4. Fertiges Stück.

Bei leichteren Stücken kann man auch das Ganze im Gesenk mit einem oder wenigen Schlägen oder unter der hydraulischen Presse fertigschmieden. Schwierig wird hier die Materialverteilung, da Scheibe schwer

Abb. zu 426.

ausfließt, oder Oberzapfen nicht genügend steigt. Deswegen Presse vorzuziehen, da Material zur Bewegung dann Zeit hat.

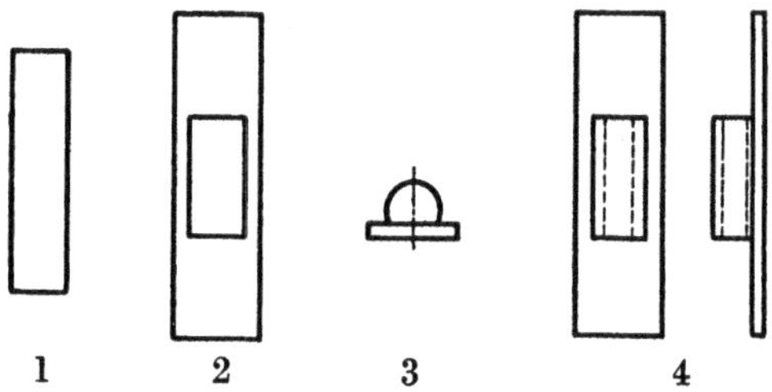

Abb. zu 427.

427. Wie schmiedet man ein Fensterscharnier?

1. Rohstab.

2. Lappen absetzen und niederschlagen und mit Schrotmeißel behauen.

3. Zapfenträger gerundet.

4. Fertiges Stück.

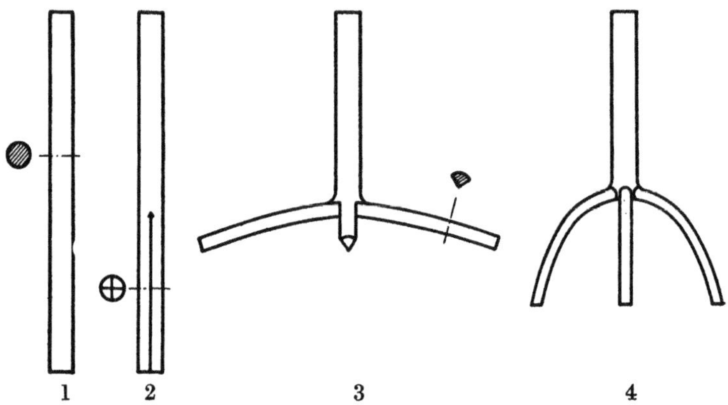

Abb. zu 428.

428. Wie stellt man vierbeinigen, schmiedeeisernen Ständer her?

1. Rundstange.
2. Bis zur Teilstelle aufspalten.
3. Arme auseinanderbiegen.
4. Arme runden und formen.

Dieselbe Arbeit läßt sich einfacher durch autogenes Anschweißen der Arme oder autogenes Zusammenschweißen von Rohren herstellen.

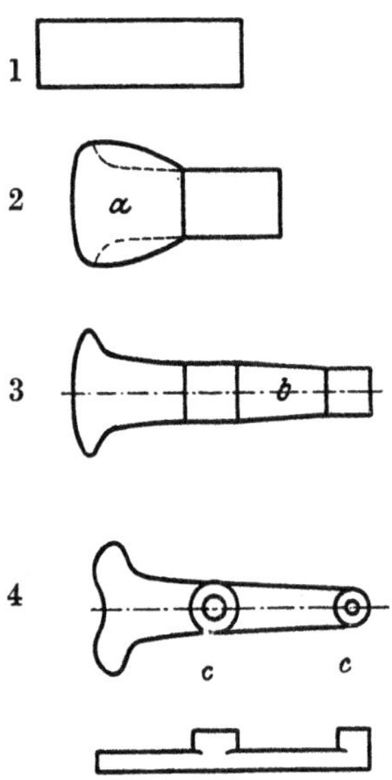

Abb. zu 429.

429. Wie schmiedet man einen Verriegelungshebel einer Werkzeugmaschine?

1. Rohstück.

2. Lappen *a* absetzen, niederschlagen und breiten und mit Schrotmeißel zur Rohform aushauen.

3. Fläche *b* an beiden Seiten absetzen, niederschlagen und formen.

4. Augen *c* formen, Arbeitsstück schlichten.
Notwendig zwei Hitzen.

430. **Wie schmiedet man Mastring mit einem angesetzten Lappen?**
1. Rohstück.
2. Ringenden abgesetzt.
3. Lappen ausgeschmiedet und Ringenden zugespitzt.
4. Ringenden umbiegen und Lappen lochen.
5. Ringenden schweißen, Arbeitsstück schlichten.

Eventuell Ring schmieden und Lappen autogen anschweißen.

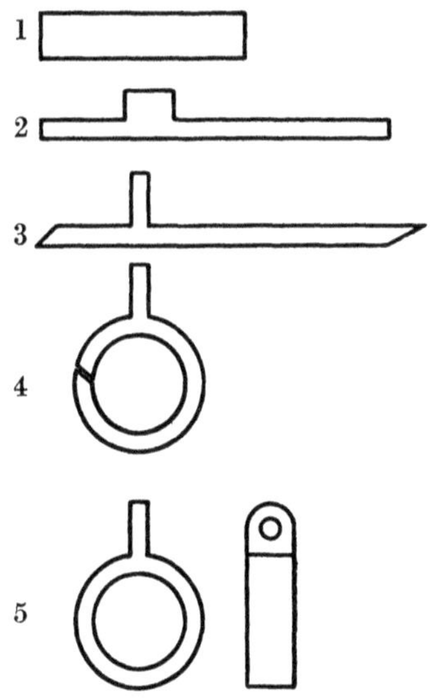

Abb. zu 430.

431. **Wie schmiedet man eine Rundstange mit aufgesetztem Flansch?**
Mehrere Möglichkeiten, z. B.:
Rundeisen vom Durchmesser des Flansches erhitzen. Flanschenlinie ringsherum einkerben und Ende zunächst mit Dampfhammer und dann mit immer enger werdenden Rundgesenken vorstrecken.

Andere Möglichkeit:

Rundstange vom Durchmesser der Enden nehmen, und auf Stauchmaschine erhitzten Teil auf Flanschendurchmesser aufstauchen und mit halbrundem Setzgesenk und Schrotmeißel fertig bearbeiten.

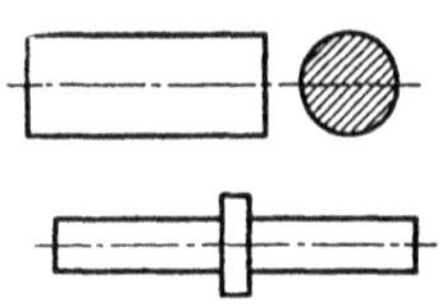
Abb. zu 431.

432. **Was ist ein Schmiedegesenk, woraus besteht es, und wozu dient es?**
Schmiedegesenk ist eine eiserne oder stählerne Form, in die ein glühender nach den Umrissen des zu schmiedenden Stückes bereits vorgeschmiedeter oder vorgeschnittener Block eingelegt wird. Durch kräftigen Hammerschlag oder Druck der hydraulischen Presse fließt der Block in alle Formen des Gesenks ein und bildet sich dadurch in der endgültigen Form des Schmiedestückes aus. Das Gesenk besteht aus Ober- und Untergesenk. Der Hammer schlägt auf das Obergesenk, das Untergesenk ruht auf dem Amboß. Zwischen beiden ruht der zu schmiedende Block. In das Gesenk ist normalerweise nicht nur die Form des herzustellenden Stückes eingegraben, sondern noch rings um die Form eine Rinne, die das überschüssige Material aufnimmt. Dadurch erhalten alle Gesenkstücke außer den zylindrischen einen Grat, der auf Exzenterpresse nachher abgeschnitten werden muß.

Einfachere Gesenke werden aus Gußeisen hergestellt, ein fertiges Stück dient als Modell. Bessere Gesenke aus Schmiedeeisen. Hier wird meist in den noch warmen Block das kalte Formstück eingedrückt, so daß sich die Form ungefähr ergibt. Derartige Formen werden für rohe Schmiedestücke nicht mehr nachgearbeitet. Man läßt dann hier den Grat zwischen Ober- und Untergesenk austreten. Bessere Gesenke werden sehr genau mittels Fräsen und Hauen nachgearbeitet und eventuell aus Stahlguß hergestellt. Je besser das Gesenk, desto weniger Nacharbeit am Schmiedestück, so daß diese in roher Form sogar im Austauschverfahren brauchbar sind. Ober- und Untergesenk werden häufig durch Führungsstifte gegeneinandergeführt. Beste Erfahrung hat man mit Gesenken, die in die ausgeglühten Rückflächen alter Panzerplatten eingefräßt sind, gemacht.

433. Wie ist der Vorgang beim Gesenkschmieden?

Untergesenk wird auf den Amboß bei der Herstellung einer großen Anzahl von Schmiedestücken durch Schwalbenschwanz oder bei nur wenigen Stücken durch loses Auflegen auf den Amboß geschoben. Dann wird Schmiedestück schwach weißwarm auf das Untergesenk gelegt. Obergesenk darübergeschoben und das Material mittels eines kräftigen Schlages mit dem Hammer, oder mittels Druck einer Presse zum Fließen gebracht. Überschüssiges Material fließt in die Rinne des Gesenks und bildet den Grat. Bei schweren Stücken, deren Inneres man auch zum Fließen bringen muß, wendet man hydraulische Pressen an, bei leichteren Stücken, deren Oberfläche allein fließt, Dampfhämmer.

434. Wird man beim Gesenkschmieden mittels Hammer die Seite mit der ausgeprägtesten Oberfläche nach oben oder nach unten legen?

Nach oben, denn die Schlagwirkung des Hammers ist um die Trägheit des Schmiedestückes größer als der Gegendruck vom Amboß aus.

435. Wie schmiedet man eine runde Stange im Gesenk?

Wie vorher, jedoch nicht mit einem Schlag, sondern mit mehreren unter fortwährendem Drehen der Stange, damit kein Grat stehenbleibt, sondern dieser sich in die Stange eindrückt.

436. Es ist ein Schraubenschlüssel im Gesenk zu schmieden.

1. Ausschneiden aus Blechstreifen, dessen Breite zwei Schlüssel ergibt.
2. Breiten und absetzen.
3. Im Gesenk Form geben.
4. Abgraten (Maul eventuell ausfeilen oder ausfräsen).

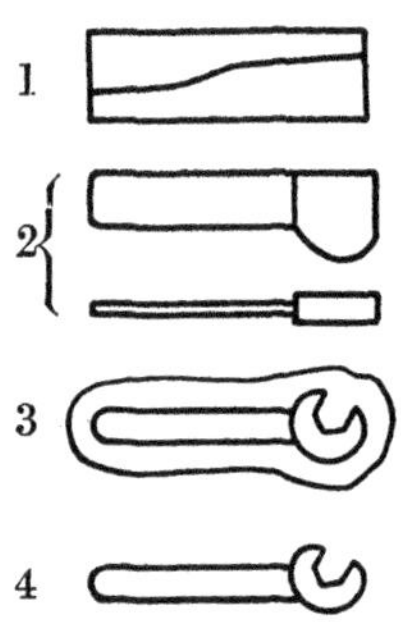

Abb. zu 436.

437. Wie wird ein Gesenk geprüft?

Dadurch, daß man sich für den Querschnitt des zu schmiedenden Stückes Schablonen herstellt und diese an den entsprechenden Stellen in das Gesenk einlegt.

438. Wie kann man vorspringende Teile eines Gußeisengesenkes dauerhafter machen?

Indem man sie durch eingesetzte Teile aus Stahl ersetzt.

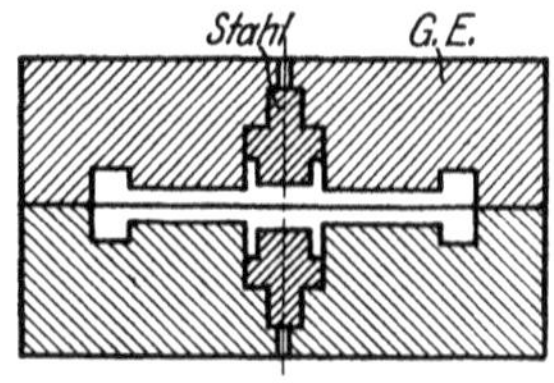

Abb. zu 438.

439. Was ist bei der Größenbemessung des Gesenkes zu beachten?

Es muß um das Schwindmaß größer als das herzustellende Stück sein.

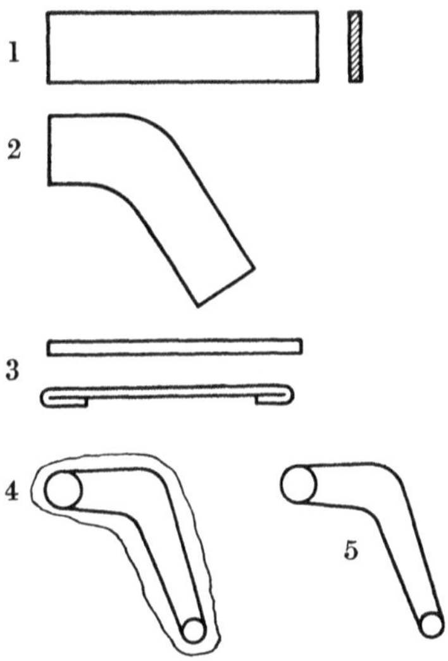

Abb. zu 440.

440. Wie kann man einen Winkelhebel mit zwei Augen im Gesenk schmieden?

1. Flachstahl.
2. Umbiegen und zuschneiden, eventuell durch Abgratpresse.
3. Enden umlegen.
4. Niederschlagen im Gesenk.
5. Fertigstück.

Eventuell könnte Form 2 auch aus Platte durch schwere Stanze direkt hergestellt werden.

441. Muß man immer Ober- und Untergesenk anwenden?

Nein; in Fällen, bei denen die Oberfläche des zu schmiedenden Gegenstandes glatt ist, kann man mittels Hammer nur im Untergesenk schmieden.

442. Wie stellt man einen Sicherungsstift durch Gesenkschmieden her?

1. Rohstange.
2. An dieser in Vorgesenk runden Kopf anstauchen und abschneiden.
3. Diesen in Nachgesenk flachdrücken.

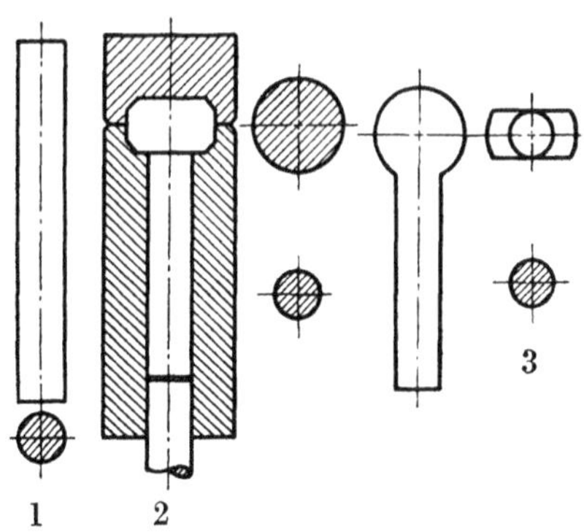

Abb. zu 442.

443. Wie entfernt man den Grat von einem Gesenkschmiedestück?

Man legt es in eine Abgratpresse, meist Exzenterpresse, und zieht die Abgratmatrize über das Stück hinweg, wodurch der Grat abfällt. Die Matrize ist nach oben zu etwas erweitert, so daß sie leicht über das einmal abgegratete Stück hinweg geht.

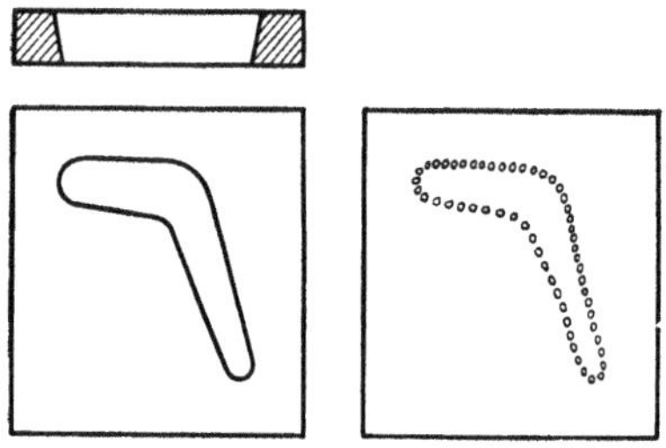

Abb. zu 444.

444. **Wie sieht die Abgratmatrize für Hebel Frage 440 aus, und wie wird sie hergestellt?**

Man bohrt zunächst die Kontur des Arbeitsstückes mit dicht nebeneinander sitzenden Bohrlöchern aus und feilt sie, am besten auf der Feilmaschine, sauber aus.

445. **Wie arbeitet eine moderne Massenschmiede?**

Es wird hier teils in Rollöfen und Glühöfen, teils in gesonderten größeren Schmiedefeuern das Material erhitzt. Sowohl Schmiedeöfen wie Feuer haben Abwärmeausnutzung, die entweder zur Vorwärmung der zu erhitzenden Arbeitsstücke oder zur Dampferzeugung benutzt wird. Der Schmiedegang selbst wird in mehreren Gruppen durchgeführt, und zwar so, daß eine Hitze zu den verschiedensten Arbeitsgängen ausgenutzt wird. Die Schmiede arbeiten in Gruppen zusammen; die Handarbeit wird von einem gelernten Schmied übernommen, während an den Maschinen nur Helfer stehen. Handschmied gibt Tempo. Maschinen werden zu mehreren Arbeiten zugleich ausgenutzt, so z. B. zum Abgraten und Lochen, oder Gesenkschmieden und Lochen. Stück läuft in einer Hitze von Hand zu Hand. Grundsatz: Zusammenarbeit von Schmiedegruppen und Maschinen, Zusammenarbeiten von Handschmiede, Schmiedewalzen, Exzenterpressen, Friktionspressen und Dampfhämmern.

Härten.

446. **Was ist Härten?**

Die Veränderung des Gefüges von Stählen durch Glühen und nachfolgende schnellere oder langsamere Abkühlung.

447. **Welche Arten von härtbaren Stählen unterscheidet man?**

Kohlenstoffstähle und legierte Stähle.

448. **Welchen Kohlenstoffgehalt haben die Kohlenstoffstähle, wie sind die legierten zusammengesetzt?**

Man unterscheidet weiche Kohlenstoffstähle mit weniger als 0,8 % C-Gehalt.

Harte Kohlenstoffstähle mit mehr als 0,8 % C-Gehalt.

Die legierten Stähle haben verschiedenen C-Gehalt von 2 bis 0,8 %, außerdem noch teils erhebliche Zusätze von Mangan, Silizium, Wolfram, eventuell Chrom.

449. **Wodurch wird bei dem Härtevorgang die Härte des Stahles verändert?**

Dadurch daß die Ausscheidung des C-Gehaltes in Form von Kristallen mehr oder weniger verhindert wird.

450. **Kann man auch die weichen Kohlenstoffstähle durch Glühen und Abkühlen härten?**

Nein; sie müssen zwecks höherer Härtung noch Kohlenstoff zugeführt erhalten, was durch Glühung in Holzkohle, Knochen- oder Lederkohle geschehen kann.

451. **Was versteht man im technischen Sinne unter „Härte"?**

Bei Fabrikaten den Grad der Bearbeitbarkeit ihrer Oberfläche. Der Gegenstand ist um so härter, je schwerer er sich bearbeiten läßt. Bei Werkzeugen die Schneidhaltigkeit ihrer Kanten. Das Werkzeug ist um so härter, je weniger sich die Kanten beim Schneiden abnutzen.

452. **Werden auch die naturharten oder legierten Stähle durch Abkühlung gehärtet?**

Die meisten legierten Stähle werden nicht mehr besonders abgekühlt, sondern nur geglüht, und man läßt sie im Ruhezustande langsam auskühlen. Die Legierung selbst bewirkt ohne besondere Abschreckmittel die richtige Ausscheidung des Kohlenstoffs. Bei Anwendung von Abschreckmitteln treten hier erhebliche Spannungen, eventuell Risse auf, oder die Stähle werden weniger hart als bei normaler Abkühlung.

453. **Worin liegen die Schwierigkeiten des Härteverfahrens?**

1. In der Wahl der richtigen Glühtemperaturen, die bei jeder Stahlsorte eine andere ist.

2. In der Wahl der richtigen Abkühlungsmittel und Abkühlungstemperatur.

3. In der Wahl der Lage des zu härtenden Stückes, die der Form desselben entsprechen muß, und zwar so, daß das Glühen gleichmäßig, und ebenso das Abkühlen auf alle Seiten des Stückes gleichmäßig wirken muß, und sich an keiner Stelle Gasblasen ansetzen können, die den Zutritt des Kühlmittels verhindern.

454. **Wie kann man ein zu härtendes Stück vorschriftsmäßig anwärmen?**

Einfachere kleine Stücke im Schmiedefeuer. Größere und empfindlichere Stücke in Öfen verschiedenster Konstruktion.

Ganz empfindliche Stücke in geschlossenen Muffeln, die in die Öfen eingesetzt werden.

Stücke mit zu geringem Kohlenstoffgehalt in Muffeln, die mit einem Kohlenstoffträger (Holzkohle, Knochenkohle, Lederkohle) ausgefüllt sind und in Öfen eingesetzt werden.

455. **Was verlangt man von einem Härteofen?**

Er muß stabil und durch Öffnung der Ofentür leicht übersichtlich sein und soll möglichst wenig Wärme nach außen abgeben. Die erwünschten Temperaturen müssen sehr genau, etwa mit einer Genauigkeit von 20^0 einstellbar sein, und leicht auf die zum Härten notwendige Höhe getrieben werden können. Die hochwertigeren Öfen sind so gebaut, daß die Verbrennungsgase das Härtegut nicht bestreichen.

456. Was für Hauptofenarten unterscheidet man?

1. Öfen mit Muffeln oder für Einsatzhärterei.

Diese haben meist direkte Kohlen- oder Koksfeuerung, da die Gase hier die zu härtenden Gegenstände nicht beschädigen können.

2. Härteöfen mit Gasfeuerung, teils mit, teils ohne Muffel.

3. Salzbadhärteöfen.

Es wird hier ein Salz von bestimmter Schmelztemperatur, meist Chlorbarium oder Chlornatrium, das zwischen zwei Elektroden in einen feuerfesten Tiegel eingesetzt ist, elektrisch geschmolzen. Der zu härtende Gegenstand wird in das Salzbad eingetaucht, nachdem er vorher vorgeglüht ist, damit er durch die hohe Temperatur nicht reißt. Die Salze selbst leiten in festem Zustande den Strom nicht, werden aber im flüssigen Zustand gute Leiter und müssen durch eine Hilfselektrode angeschmolzen werden.

4. Öfen mit Bleibad.

In einem Kessel wird reines Weichblei meist mit Kohlenfeuer niedergeschmolzen. Die zu härtenden Gegenstände werden in dieses Blei, das stark überhitzt ist, eingetaucht. Zur Verminderung von Verdampfungsverlusten wird Schicht von feiner Holzkohle aufgestreut. Glühung hier auch unter Luftabschluß möglich, jedoch muß Schwefelaufnahme des Stahles aus dem Blei und Hängenbleiben von Bleiteilen am Stahl verhindert werden.

457. Man skizziere einen Härteofen mit Gasfeuerung.

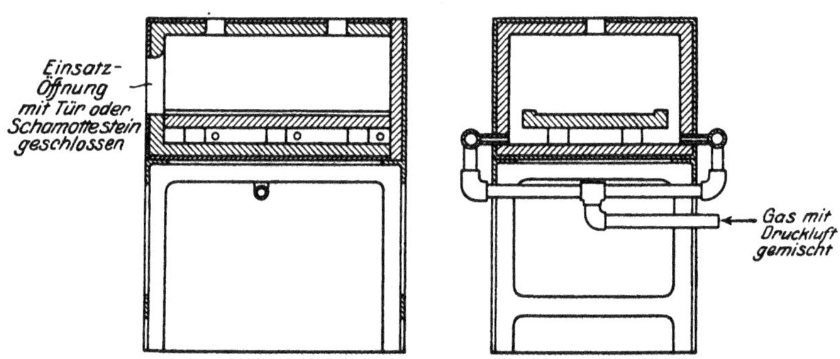

Abb. zu 457.

458. Man skizziere einen Salzhärteofen.

459. Man skizziere einen Bleihärteofen.

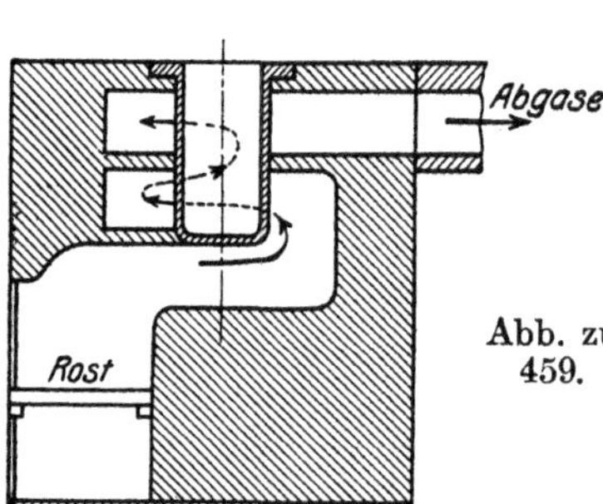

Abb. zu 459.

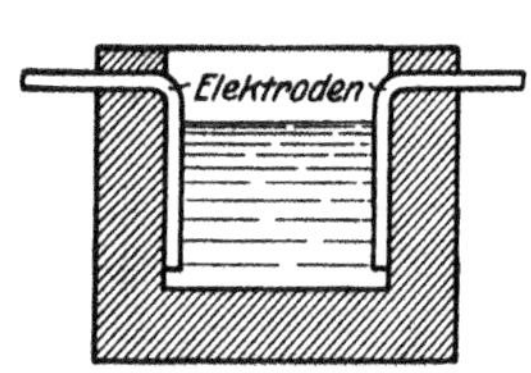

Abb. zu 458.

460. Auf welche Temperaturen müssen Werkzeuge aus Wolframschnelldrehstahl angewärmt werden, damit sie gut härten?

Dünnere Werkzeuge auf 900 bis 950°.
Mittlere Werkzeuge bis zu 1200°.
Schwere Werkzeuge bis zu 1300°.

461. Wie mißt man die Härtetemperatur?

1. Für Öfen niedriger Temperatur unter 500° Quecksilberthermometer.
2. Für Öfen höherer Temperatur Segerkegel.
3. Für dauernd betriebene Öfen, besonders solche höherer Temperatur, thermoelektrische oder optische Messung.

462. Womit kühlt man die zu härtenden Stücke ab?

1. Durch Wasser.
2. Durch Öle und Fette.
3. In Metallen.
4. Durch feste Körper.
5. Durch Luft.

463. Verwendet man das Wasser rein oder mit Zusätzen, und eventuell welchen?

Besonders gut eignet sich Regenwasser und destilliertes Wasser. Temperatur: normale Werkstattemperatur. Bei kälterem Wasser leicht Sprünge. Um Härtung zu beschleunigen, Zusatz von Kochsalz, Soda oder Säuren möglich. Um Härtung zu verlangsamen, Fettschicht über Wasser lagern, wodurch Berührung zwischen Gegenstand und Wasser erschwert wird, oder Wasser mit Alkohol mischen.

464. Wie und zu welchen Zwecken kühlt man in Ölen und Fetten ab?

Fette in große Gefäße. Härtungsstück eintauchen. Härtung wird verlangsamt durch Fetthärtung. Am stärksten härtet noch Petroleum, am mildesten Rüböl.

465. Wie und zu welchen Zwecken kühlt man in Metallen ab?

Metalle, z. B. Zink oder Blei werden geschmolzen. Ihre Temperatur ist in diesem Zustande immer noch niedriger als die der zu härtenden Gegenstände, zwischen 300 und 400° C. Sie geben Vorhärtung, indem Material in ihnen zunächst abgekühlt, dann aber endgültig in Wasser abgeschreckt wird. Nachhärtung in Quecksilber möglich für kleinere Gegenstände, aber teuer.

466. Wie und zu welchem Zwecke findet die Härtung durch feste Körper statt?

1. Dünne Körper, wie Federn, Sägen legt man zwischen zwei glatt gehobelte Eisenplatten, die Wärme schnell ableiten und durch ihren Druck Verziehen verhindern. Evtl. in Platten Nuten einfräsen, durch die Kühlöl an den eingespannten zu härtenden Gegenständen entlang fließen kann.

Bei starken Körpern kann man Teilhärtung durch Auflegen einer Eisenplatte an der zu härtenden Stelle erzielen, die dort Wärme schnell ableitet.

467. **Wie und zu welchem Zwecke findet die Härtung durch Luft statt?**
Gegenstände, die eine schnelle Abkühlung nicht vertragen, wie z. B. solche aus Schnelldrehstahl, setzt man dem Luftstrahl eines Gebläses aus. Hierdurch tritt milde Abkühlung ein.

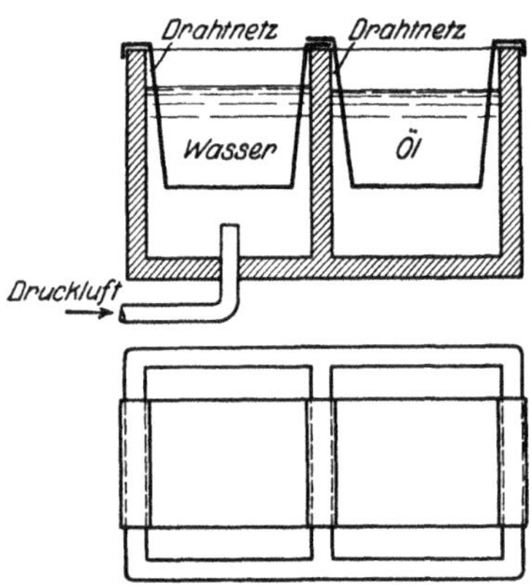

Abb. zu 468.

468. **Wie sieht ein Härtegefäß aus?**
Es besteht meist aus einer großen Wanne, in der sich Wasser oder Öl befindet. Häufig sind zwei Gefäße zu einem Gefäß zusammengebaut und durch Trennwand geschieden. Um Temperatur gleichmäßig halten zu können, sind sie oft von Kühlmantel umgeben, durch den frisches Wasser strömt. Zur Erleichterung des Herausnehmens kleiner Teile sind Drahtkörbe eingehängt. Um Strömung beim Abkühlen stärkerer Gegenstände zu erzielen, wird oft Druckluft eingeblasen, s. Abb.

469. **Können im Wasser oder Öl gehärtete Werkzeuge gleich zum Arbeiten benutzt werden, oder muß noch eine Sonderbehandlung, eventuell welche, vorgenommen werden?**
Die Werkzeuge sind für alle Schlag- und Stoßbeanspruchungen zu hart. Sie müssen daher teilweise wieder enthärtet, d. h. angelassen werden.

470. **Wie geschieht das Anlassen?**
Durch teilweise Wiedererwärmung mit darauffolgender Abschreckung.

471. **Wie kann die Wiedererwärmung vorgenommen werden?**
Mehrere Möglichkeiten.

1. Durch die Flamme eines Gasbrenners oder durch heißes Öl oder Salz- und Metallbad.

2. Durch vorsichtiges Bewegen über einem Kohlenfeuer.

3. Durch nur teilweises Abschrecken an den am meisten zu härtenden Kanten und Nacherwärmung aus den noch warmen Partien des Stückes selbst. Dies geschieht zumal bei größeren Stücken, die einen bedeutenden Wärmeinhalt haben, z. B. Hämmern, und die nur teilweise gehärtet zu werden brauchen.

4. Nacherwärmung durch Auflegen auf eine glühende Eisenplatte, und zwar so, daß bei feineren Werkzeugen die anzulassende Kante

nicht direkt auf der Eisenplatte liegt, sondern frei vorsteht, so daß die Wärme über die weicheren Teile des Werkzeuges erst zugeleitet werden muß.

5. Durch Auflegen auf heiße Sandbäder, wodurch klare Anlauffarben erzielt werden.

472. **Was sind Anlaßfarben?**

Es sind Farberscheinungen, die sich auf dem blanken bereits gehärteten Eisen beim Wiedererwärmen bilden und durch Erzeugung einer Oxydschicht hervorgerufen werden. Die Farben verändern sich mit dem Wärmegrad des angelassenen Eisens und geben daher ein rohes Bild dafür, wie weit die einmal erzeugte hohe Härte wieder nachgelassen ist. Wenn die gewünschte Anlaßfarbe an der zu härtenden Kante erreicht ist, wird das Werkstück sofort wieder, und zwar endgültig, abgeschreckt.

473. **Welche Temperaturen entsprechen ungefähr den einzelnen Anlaßfarben?**

230^0 hellgelb,	285^0 violett,
240^0 dunkelgelb,	295^0 dunkelblau,
255^0 hellbraun,	315^0 hellblau
265^0 rötlich braun,	330^0 graugrün,
275^0 dunkelrot,	über 330^0 farblos.

474. **Kann man noch besser und genauer anlassen als durch Beobachtung der Anlaßfarben?**

Ja; indem man die zu härtenden Teile in einem auf genaue Temperatur gehaltenen Ölbad längere Zeit ruhen läßt und dann abschreckt.

475. **Welcher Werkzeuge bedient man sich zum Erfassen der erhitzten Werkstücke, wenn sie in das Kühlbad getaucht werden sollen?**

Grundsätzlich solcher Werkzeuge, die möglichst geringe anliegende Oberfläche und geringe Masse haben, damit die Wärme aus den erwärmten Werkstücken nicht vorzeitig und ungleichmäßig abgeleitet wird. Es sind daher:

Zangen mit sehr schmalem Maul und rohrartig ausgebildeten Griffen zu verwenden, oder besser noch Drahtkörbe oder Drahtgestelle, auf welche die einzelnen Teile gesteckt oder an denen sie aufgehängt werden können.

Abb. zu 475.

476. **Wie faßt man die Werkzeuge an, wenn man sich der Zange bedient?**

An den Stellen, auf deren Härtung es nicht so genau ankommt, z. B. Hammer am Stielloch, Bohrer am Konus usw.

477. **Wie führt man die zu härtenden Werkstücke in die Kühlflüssigkeit ein?**

Längere zylindrische Stücke mit senkrechter Achse, damit ein Vorhärten einer Seite und damit ein Verziehen vermieden wird.

Unterschnittene Stücke so, daß der sich bildende Dampf entweichen kann und sich nicht in Vertiefungen festsetzt.

Sehr empfindliche zylindrische Stücke mit unterschnittenen Kanten, wie z. B. Räumnadeln, können auch mit wagerechter Achse eingeführt werden, müssen dann aber bis zur vollständigen Härtung dauernd schnell gedreht werden.

478. Wie härtet man vertiefte Flächen und sehr massige Körper, deren Abkühlung schwierig ist?

Durch Aufspritzen eines Wasserstrahls mittels Brause. Ferner auch durch Luft- oder Wasserstrahleinführung in das Kühlbad, damit dieses sich stark bewegt.

479. Wie härtet man Körper, die nur an einzelnen Stellen hart sein sollen, während sie an anderen ihre natürliche Weichheit behalten müssen, z. B. Werkzeugmaschinenspindeln?

Man packt die Stücke teilweise in Lehm ein und legt sie dann in einen Kasten mit Holzkohlenstaub, gemahlenen Knochenkohlen oder ähnliches und glüht sie darin. Der Kasten muß vollkommen luftdicht abgeschlossen werden und der Kohlenstaub fest gegen das zu kohlende Stück gestampft werden. Der Kasten mit dem Stück wird dann einer Temperatur von 850 bis 950° ausgesetzt. Die Behandlungszeit richtet sich nach der Tiefe der gewünschten Härteschicht. Sie schwankt zwischen Stunden und Tagen. Man erreicht meist an den nicht mit Lehm umgebenen Stellen eine stark gekohlte Oberfläche mit zähem, kohlenstofffreiem Kern. Nach dem Glühen muß das Stück im Kasten langsam erkalten und noch zweimal nachgeglüht und abgeschreckt werden. Der Kontrolle wegen kann man noch Versuchsbolzen mit einpacken, an deren Kohlung diejenige des Werkstückes geprüft werden kann.

Gießen und Formen.

480. Welche Materialien kommen für das Gießen hauptsächlich in Betracht?

Gußeisen, Bronzen, Zink und ähnliche Metalle.

481. Welche Stufen unterscheidet man beim Gießen?

1. Einsetzen des Materials in den Schmelzofen.
2. Niederschmelzen.
3. Abstechen und Auffangen in der Gießpfanne.
4. Vergießen in die Form.

482. Was ist beim Schmelzen des Materials zu beachten?

Beschaffenheit, Reinheit und Zusammensetzung des Einsatzmaterials. Dasselbe des Schmelzmaterials.

483. Wonach werden die auf den Markt kommenden Gießerei-Eisensorten eingeteilt?

Nach der erzeugenden Hütte und der Grob- oder Feinkörnigkeit der Masseln und des Bruches. Man unterscheidet in der Hauptsache im deutschen Handel folgende Sorten:

Hämatit-Roheisen Gießerei-Roheisen Gießerei-Roheisen III Gießerei-Roheisen, Ersatz englisch III Luxemburger Gießerei-Roheisen III	nach Analysen des Roheisenverbandes.

484. Zusammensetzung des Gießerei-Roheisens?

Eisen, Kohlenstoff, Silizium, etwas Mangan. Als Verunreinigungen Schwefel und Phosphor.

485. Was bewirkt der Phosphorgehalt des Roheisens?

Sehr leichtes Fließen in die Form. Verringert Festigkeit stark. Kann daher nur bei dünnwandigen ornamentalen Güssen Verwendung finden.

486. Was bewirkt Schwefelgehalt?

Nur ungünstige Eigenschaften. Macht Eisen dickflüssig und warmbrüchig. Befördert Seigerung.

487. Was kann man beim Niederschmelzen des Gußeisens mit niederschmelzen?

1. Gekauften Bruch.

2. Abfälle aus der eigenen Gießerei, wie Trichter und verlorene Köpfe.

3. Gußeisenspäne.

4. Silizium und Manganverbindungen mit Eisen.

488. Was versteht man unter „gattieren"?

Die Mischung der in den Ofen einzusetzenden Eisensorten und Zusätze so, daß sie den gewünschten Eigenschaften der zu gießenden Gegenstände und der Schwierigkeit ihrer Form entsprechen.

489. Was bringt unerwünschten Schwefelgehalt in das Gußeisen?

1. Schwefelgehalt des Roheisens; er stammt aus Schwefelgehalt der Erze und denen des Kokses im Hochofen.

2. Schwefelgehalt des Bruches, erhöht, je öfter der Bruch bereits umgeschmolzen ist, durch Schwefelgehalt des Schmelzkoks.

490. Gibt es ein Mittel, Gußeisen während oder nach dem Schmelzen zu entschwefeln?

Verfahren von Walter. Hochbasische Schlacke mit Sauerstoffträgern vermischt, wird auf Oberfläche des flüssigen Eisens gebildet. Schlacke entschwefelt und entgast Eisen. Erzeugung der Schlacke durch

Zugabe von Entschweflungsstein während des Ausfließens in die Pfanne oder den Vorherd. Eisen bei Zugabe der Steine möglichst heiß. Einwirkung möglichst lange. Entschweflung im Kupolofen nicht möglich, weil hier stark saurer Prozeß. Vorherd oder Pfanne müssen für diesen Zweck basisch ausgesetzt sein.

491. Welche Verluste treten beim Umschmelzen im Kupolofen ein?

Einmal Eisenabbrand von 5—8 %, dann Verbrennung von Silizium mit 10 % und Verbrennung von Mangan etwa 15 %. Hierauf bei Gattierung achten, außerdem Schwefelvermehrung.

492. Verwendet man noch andere Schmelzöfen wie den Kupolofen beim Gießen?

Ja.

1. Den Flammenofen zum Niederschmelzen großer Mengen, bei denen man schwefelfreies Gußstück erhalten will.

2. Den Tiegelofen für kleine Gießereien und besonders eilige Güsse (teuer im Betrieb).

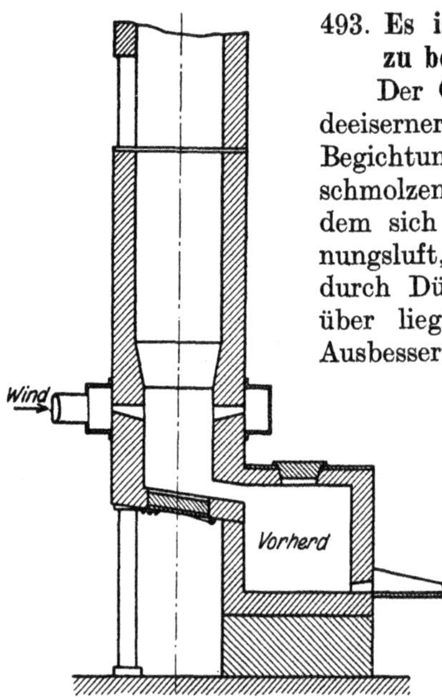

Abb. zu 493.

493. Es ist ein Kupolofen zu skizzieren und zu beschreiben.

Der Ofen ist ein 4—5 m hoher schmiedeeiserner Zylinder, feuerfest ausgemauert. Begichtung wie beim Hochofen von oben. Geschmolzenes Eisen sammelt sich im Herd, in dem sich das Abstichloch befindet. Verbrennungsluft, in neuerer Zeit vorgewärmt, wird durch Düsen zugeführt. Abstichloch gegenüber liegt Arbeitstür zur Entleerung und Ausbesserung des Ofens. Bei kleineren Öfen ist Boden wegklappbar anstatt der Arbeitstür, da es bequemer.

494. Welchen Zweck hat der Vorherd?

Dient zum Sammeln des niedergeschmolzenen Eisens für große Güsse; zum Entgasen und guten Durchmischen und neuerdings zum Entschwefeln.

495. Worauf ist beim Bau von Kupolöfen zu achten?

Auf gute Verteilung und womöglich Vorwärmung des eingeblasenen Windes, zumal auf das richtige Verhältnis von Düsenquerschnitt zu Ofenquerschnitt. Auf günstige Ausmauerung, die am günstigsten sauer ist, weil solche größere Hitzebeständigkeit aufweist. Auf gute

Zugänglichkeit durch zu öffnende Bodenklappe bei kleinen, durch Arbeitstür bei großen Öfen.

496. Was ist über die Größenverhältnisse und den Wirkungsgrad der Kupolöfen zu sagen?

Innerer Durchmesser 600—2800 mm (normal), Höhe 4—7 m. Der Koksverbrauch beträgt je nach der Güte des eingesetzten Kokses und nach der Gattierung 7—12 kg Koks auf 100 kg Eisen.

497. Wovon hängt die Leistungsfähigkeit der Kupolöfen ab?

Vom Winddruck und Querschnitt. Bei hohem Winddruck kann man gleiche Leistungen mit sehr viel geringerem Querschnitt erreichen als bei geringerem Winddruck. Höchste Winddrücke werden nicht von jedem Koks und jedem Eisen vertragen. Außerdem sinkt Wirkungsgrad des Ofens sehr schnell bei Winddrücken über 300 mm W. S.

498. Wie findet Anheizung des Ofens statt?

Ofen zur Hälfte mit Koks füllen, mittels Holz anheizen und langsam anblasen.

499. Skizze eines Abstichsteines. Wozu dient er?

Beim normalen Abstechen ist Abstichloch mit Lehmpfropfen zugesetzt. Diesen mit Eisenstange durchstoßen. Hierbei häufig Ausbrechen zu großer Öffnungen, oder Zusetzen des Lochs mit erkaltetem Eisen. Verhältnisse günstiger, wenn Abstechstein aus feuerfester Masse, siehe Abb., eingesetzt wird. Öffnung hier auch mit Lehmpfropfen verschließen, Nebenausbrechen nicht möglich, Zusetzen wegen weiter Zu- und Abflußöffnungen auch selten.

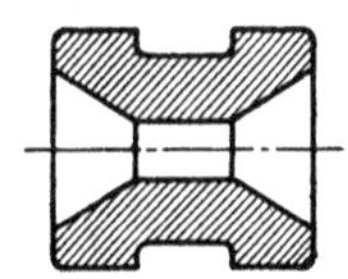

Abb. zu 499.

500. Wie stellt man den Winddruck her?

Durch Ventilatoren oder Kapselgebläse. Erstere meist mit einem Schleuderrad, da nur geringe Drücke nötig sind. Blasen bei Zusetzen des Ofens nicht durch. Kapselgebläse verschiedenster Konstruktion, bestehend aus zwei ineinander rollender flügelförmig ausgearbeiteter Zylinder. Haben guten Wirkungsgrad, drücken unbedingt durch, sind aber teuerer in der Herstellung als erstere.

501. Weshalb werden keine Kolbengebläse angewendet?

Weil sie keinen gleichmäßigen Winddruck geben.

502. Warum kann man zur Erzeugung des Winddruckes beim Hochofen Kolbengebläse verwenden und beim Kupolofen nicht?

Beim Hochofen sind große Druckausgleicher in den Cowpertürmen vorhanden, so daß das stoßweise Arbeiten des Kolbengebläses nicht zur Wirkung kommt. Beim Kupolofen fehlen diese.

503. Es ist ein Flammenofen zu erklären.

Ähnlich gebaut wie Puddelöfen, siehe Frage 155, nur ohne Puddelöffnung und mit einfacherem, billigerem Herd.

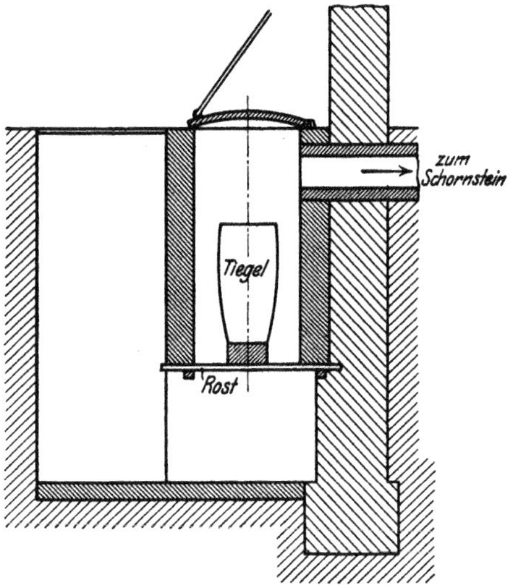

Abb. zu 504.

504. Es ist ein Tiegelofen für Gießereizwecke zu skizzieren und zu erklären.

Im Gegensatz zum Tiegelofen für Stahlerzeugung wird hier immer nur ein Tiegel durch Ölflammen oder Koks geheizt, in besonders konstruierten Ofen (s. Abb.) eingesetzt und in neuerer Zeit mit dem ganzen Ofen gekippt.

505. Tiegelofenbetrieb zu beschreiben.

Einsetzen des leeren Tiegels in Ofen mit Koksfüllung. Anzünden des Kokses. Langsames Eingeben der Gattierung in den Tiegel. Allmählich verschärftes Blasen bis zur Schmelzung. Ausgießen des Inhalts in vorgehaltene Pfanne durch Neigen von Tiegel und Ofen. In seltenen Fällen Herausheben des Tiegels aus Ofen mittels Zange. Wirkungsgrad sehr schlecht, da direkte Berührung von Metall und Heizgasen vermieden, etwa 87 kg Koks auf 100 kg Eisen. Gattierung sehr genau möglich, Material sehr schwefelrein, da Berührung mit Koks ausgeschlossen.

506. Wie sammelt man flüssiges Eisen für den Guß besonders großer Stücke?

1. Im Vorherd eines Kupolofens. Von dort aus Füllung mehrerer Pfannen.

2. Direktes Abstechen vom Kupolofen in zwei oder mehrere stark ausgemauerte Pfannen, in denen Eisen bis zum Guß ruht.

3. Abstechen des Flammenofens und direktes Hinleiten des Eisens zur Form. Sammeln im Sammelgefäß über Form. Nach Beruhigung durch Anheben eines Verschlusses im Boden des Sammelgefäßes durch mehrere Kanäle in Form einströmen lassen.

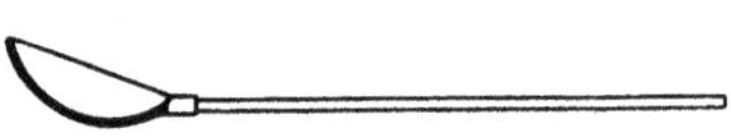

Abb. zu 507.

507. Bis zu welchem Eisengewicht verwendet man Gießkellen und wie sehen diese aus?

Bis zu 20 kg, siehe Abb.

508. Es ist eine Gabelpfanne zu beschreiben und zu skizzieren.

Gabelpfanne ist ein zylinderähnliches schmiedeeisernes Gefäß, meist aus einem Stück. Trägt in der Mitte Verstärkungsring, mit dem es auf zweitem Ring, der eine Stange mit Gabel und eine mit Knopf trägt, aufliegt. Pfanne hat Gießschnauze und wird mittels der Gabel durch Senken der einen Seite dieser gekippt.

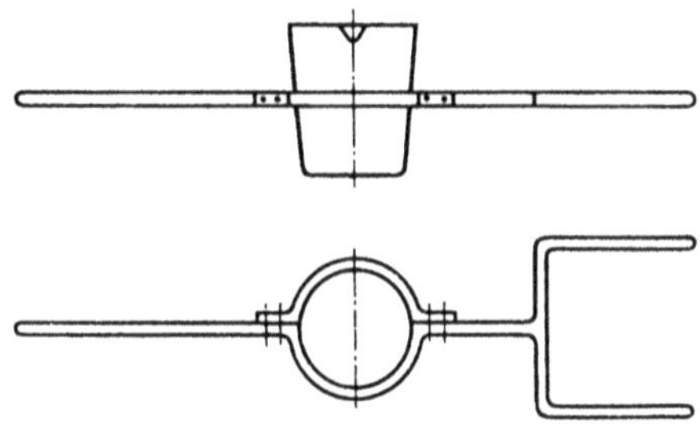

Abb. zu 508.

509. **Warum nimmt man nicht auf beiden Seiten Gabeln?**
Weil das Eingießen sehr gleichmäßig erfolgen muß und schnell abgebrochen wird. Daher muß Führung der Pfanne nur von einer Person erfolgen. Kommando würde Gleichmäßigkeit nicht erzwingen. Zweiter Mann trägt nur.

510. **Wie befördert man größere Mengen Eisen?**
1. In einer Kranpfanne, Fassung von 150 kg an, Pfanne ähnlich wie Gabelpfanne, nur größer. Meist aus mehreren Platten zusammengenietet. Nietnaht soll nicht in Ecke Boden und Mantel liegen, wegen Spannungs- und Durchschmelzgefahr. Ring um Kranpfanne, trägt zwei Zapfen, in die Kranhaken eingehakt werden. Auskippen mittels Schnecke und Schneckenrad.
2. Durch Gußtrommel, d. i. eine trommelförmige geschlossene Pfanne mit oben befindlicher Öffnung mit einer Schnauze. Diese hängt ähnlich wie Kranpfanne im Kran, läßt sich leicht ausgießen, da sie in jeder Lage im Gleichgewicht ist.
3. Durch Gießwagen. Pfanne oder Gießtrommel hängen hier nicht in Kran, sondern im Wagen mit sehr breiten Rädern oder mit Feldbahngleis. Ausgießen wie vorher.

511. **Worauf ist beim Gießen selbst zu achten?**
1. Gleichmäßiger Strahl, um Oxydhäutchen auf etwa unterbrochenen Flächen zu vermeiden. Ebenso Pfanne von Schlacke und Oxyd reinigen vor Abguß.
2. Austretendes Gas anstecken. Dünne Teile schnell und heiß, dicke Teile schnell und mittelwarm gießen. Bei ersteren sonst nicht genügendes Auslaufen, bei letzteren bei zu heißem Guß Schwindung groß. Diese durch Nachgießen frischen Metalls noch etwas auszugleichen.

512. **Wie tritt das Eisen in die Form ein?**
1. Von oben, sog. fallender Guß. Vorteile: Schnelle Füllung der Form, besonders bei dünnen Formen, Eisen läuft gut aus, da es heiß in die Form kommt. Für gute Entlüftung sorgen, damit keine Stauungen eintreten.

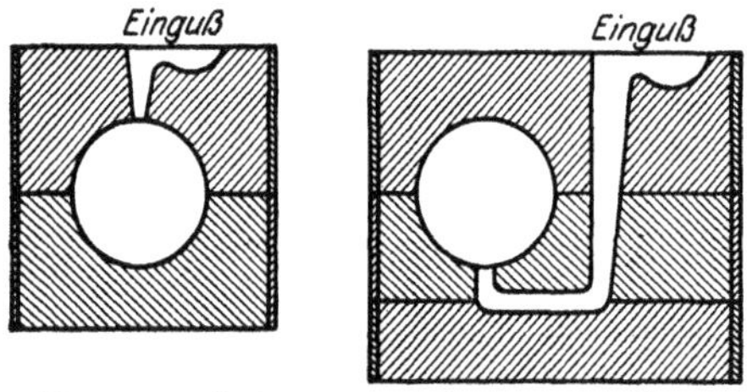

1. Fallender Guß. 2. Steigender Guß.
Abb. zu 512.

2. Von unten, sog. steigender Guß. Einguß geht zunächst an der Form vorbei und führt dann von unten in dieselbe hinein.

Vorteile: Schlacken werden nach oben in die Steiger abgetrieben. Guß wird daher frei von Einschlüssen. Nachteil: Eisen kühlt auf längerem Wege mehr ab, Herstellung teurer, größere Eingußtrichter. Für sehr dünne Formen nicht anwendbar.

513. Wie erfolgt die Entlüftung einer Form?

1. Durch Anordnung von Steigern. Das sind ca. 2 cm starke Luftkanäle, die sich nach oben trichterförmig erweitern. Werden an allen höchsten Punkten einer Form angebracht. Durch sie verläßt Luft die Form, flüssiges Metall steigt nach und kann beim Schwinden aus ihnen in die Form zurückgesaugt werden.

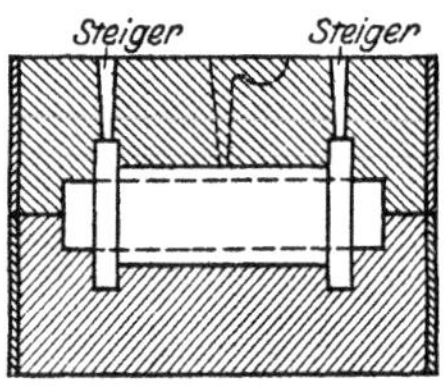

Abb. zu 513[1].

2. Durch Stechen von Luftlöchern mittels 2—3 mm starker Spieße, die rings um das ganze Modell eingesteckt werden, solange sich dieses noch im Sand befindet.

3. Durch Zusatz von Häcksel, Pferdemist und dergl. leicht brennbaren Materialien, die die Form porös halten.

514. Welches Material benutzt man beim Herstellen von Formen für Eisenguß?

1. Sand mit verschiedenen Beimengungen.
2. Lehm mit verschiedenen Beimengungen.

515. Was verlangt man von einer gu en Form?

1. Luftdurchlässigkeit ihres Materials.

2. Bei sehr schweren Formen gute Trocknung und Härte. Bei leichteren Formen ist Feuchtigkeit zur Bindung zugelassen, sog. grüner Guß. Vorspringende Teile müssen auch hier gut befestigt sein.

3. Gewisse Elastizität gegen schwindendes Material.

516. Welche Arten der Formen unterscheidet man?

1. Solche aus Metall. die viele Güsse aushalten, sog. feste oder bleibende Formen.

2. Solche aus Sand- und Lehmarten, die zum Auslösen des Gußstückes zertrümmert werden, sog. lose oder verlorene Formen.

517. Woraus besteht Formsand?

Formsand zum Grünformen mischt man aus etwa $^2/_3$ altem, gebrauchtem Sand, $^1/_3$ neuem Sand und gibt etwa 20 Raum-Proz. gemahlene Steinkohle oder 16 Raum-Proz. Steinkohle und 4 $^0/_0$ gesiebten Ton zu. Letzterer Sand fester, aber dichter. Neuer Sand besteht meist aus Quarzsand mit wenig Ton und Kalk.

Kohlezusatz erhöht sich, wenn alter Sand bereits bei schweren Stücken gebraucht ist, da Kohle dort stark ausgebrannt.

518. **Welches sind die wichtigsten Eigenschaften des Formsandes?**
Guter Zusammenhalt bei großer Porösität zwecks Erzeugung der Festigkeit und Luftdurchlässigkeit der Form. Hoher Sinterungspunkt gegen Anbacken an das Arbeitsstück.

519. **Was tut man, um das Anbacken des Sandes an das Gußstück zu vermeiden?**
Man stäubt die fertige Form mit Holzkohlenstaub oder Graphit ein.

520. **Woraus besteht der Kernsand?**
Kernsand ist ähnlicher Sand wie Frage 517: Mischungsverhältnis $^1/_2$ neuen, $^1/_2$ alten Sand. Zusatzsand gewöhnlich feiner, mit wenig Lehm, um ihn luftdurchlässiger zu halten. Zur Bindung, wenn notwendig, 2—5 $^0/_0$ Kolophonium oder bis zu 12 $^0/_0$ Kornmehl zuzusetzen.

521. **Woraus besteht das Material für Lehmguß?**
Aus gut durchgearbeitetem, resp. geschlemmtem Lehm, mit Pferdemist, Häcksel usw. durchlässig gemacht.

522. **Wozu wird Lehm hauptsächlich verwendet?**
Zu denjenigen Formen, die sehr schwer herzustellen sind, und solchen, die durch Schablone herzustellen sind.

523. **Wie wird der Formsand aufbereitet?**
Zu unterscheiden Vorbereitung des alten, bereits gebrauchten Sandes und des neuen. Betreffs guter Mischung alten Sand zunächst trocknen, durchschaufeln und durch Rüttelsieb oder Trommelsieb zwecks Rückhaltung der Eisenteile und Unreinigkeiten gegeben.

Neuen Sand trocknen, wenn notwendig mahlen. Schließlich beide Sande in Sandmischmaschine mischen, worauf Sand verwendungsbereit.

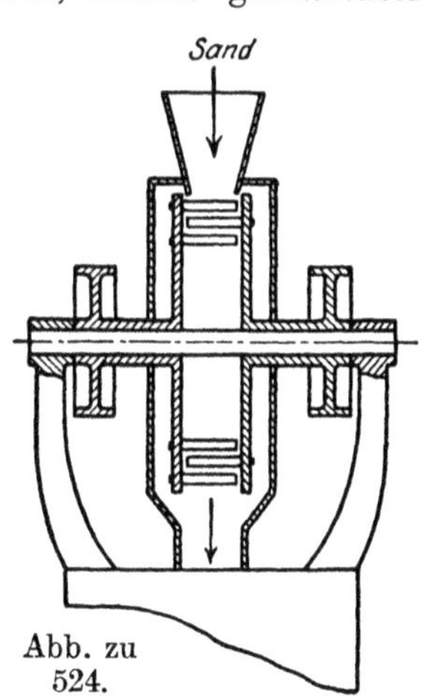

Abb. zu 524.

524. **Wie sieht eine Sandmischmaschine aus?**
Eine Scheibe mit zwei Reihen Stiften und eine solche mit einer Reihe Stiften rotieren im Gehäuse in verschiedenem Sinn. Durchmesser des einen Stiftkreises liegt zwischen den beiden Durchmessern der zwei

Stiftkreise der anderen Platte. Sand wird von oben eingeschüttet, von der einen Stiftreihe nach rechts, von der anderen nach links, dann wieder nach rechts geschleudert. Dadurch erfolgt sehr energische Mischung, siehe Abb.

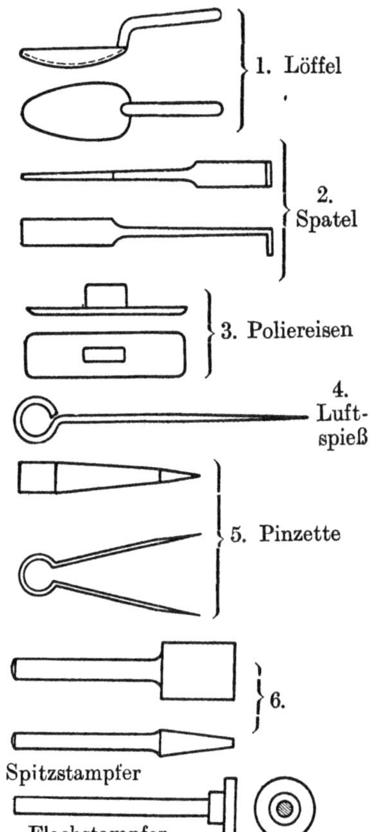

Abb. zu 525.

525. **Welche Werkzeuge gebraucht der Former zur Herstellung der Form?**

Werkzeuge hauptsächlich zum Befestigen, Polieren, Nachputzen und Ausräumen der mittels Modell hergestellten Formen benutzt. Üblichste Werkzeuge sind Löffel aus Holz oder Metall (1). Der Spatel mit Haken zum Reinigen der Form (2), Poliereisen zum Glätten der Form (3). Spiegel zum Beleuchten tiefliegender Formteile, Stampfer (Rundstampfer, Spitzstampfer) zum Feststampfen des Sandes (6). Luftspieße zum Luftstechen (4), Pinzette zum Entfernen von Abfallteilen oder Staubteilen (5), Pinsel und Wassertopf zum Anfeuchten der Ecken, um diese zu befestigen, und Sandnägel zum Festhalten vorspringender Formteile, Streichbrett zum Abstreichen des überflüssigen Formsandes, Blasebalg zum Ausstäuben der Form, Beutel mit Holzkohle oder Graphit zum Einstäuben der Formen.

526. **Was ist bei der Herstellung von Modellen besonders zu beachten?**

1. Bei der Bemessung: das größere Volumen des Metallinhaltes im flüssigen als im erkalteten Zustande, daher Modelle größer herstellen als Werkstück. Berücksichtigt durch Abmessung aller Dimensionen mittels Schwindmaßstab, der für verschiedene Metallarten verschieden ist.

2. Bei der Herstellung: Modell muß aus trocknem Holz so verleimt sein, daß es sich durch Einpacken in feuchten Sand nicht verzieht und nicht platzt. Schutz außerdem gegeben durch Lackanstrich.

3. Bei der Konstruktion: Modell muß so geteilt werden, daß es keine unterschnittene Kanten zeigt. Evtl. vorspringende Teile lose anhängen.

527. **Woraus werden die meisten Modelle hergestellt?**

Aus trockenem Kiefernholz, seltener Tannenholz. Solche für bestimmte Zwecke aus Gips oder Metall.

528. Was versteht man unter einer Kernmarke und welchen Zweck hat sie?

Fertige Arbeitsstücke haben Höhlungen. Diese müssen in der Form durch Masse ausgefüllt werden, damit das Eisen um sie herumläuft. Diese Kernmassen werden in besonderen Kernkästen hergestellt und später eingelegt. Modelle selbst sind voll und bekommen an den Stellen, an denen der Kern liegen soll, einen Vorsprung, um die Vertiefung in der Formwand herzustellen, in der der Kern mittels eines Zapfens ruht. Den genannten Vorsprung am Modell nennt man Kernmarke.

529. Wie wird der Kern in der Modelltischlerei gezeichnet?

Kern und Kernmarke werden gewöhnlich schwarz gestrichen.

530. Wie kann man am Modell erkennen, aus welchem Material ein Gußstück hergestellt werden soll?

Durch den Lackanstrich. Man streicht Modelle für Grauguß gewöhnlich ziegelrot, für Stahlguß blau, für Metall gelb.

531. Wie groß ist die Zugabe für die zu bearbeitenden Teile?

Außer dem Schwindmaß wird noch für die Bearbeitung zugegeben:
Leichter Eisenguß: 3 mm.
Schwerer ,, : 6 mm.
Stahlguß: je nach Größe 5 bis 12 mm.

532. Kann man eine Form außer durch Modell noch anders herstellen und wie?

Formen für Drehkörper kann man mit Schablone formen. Diese ist ein Brett, in welches das Profil des gewünschten Körpers eingeschnitten ist, und das sich um eine im Sand festgelegte Achse horizontal drehen läßt. Die vorlaufende Seite des Brettes ist entweder mit Eisen beschlagen oder ist stark nach hinten abgeschrägt, daß sie allein im Sand schabt.

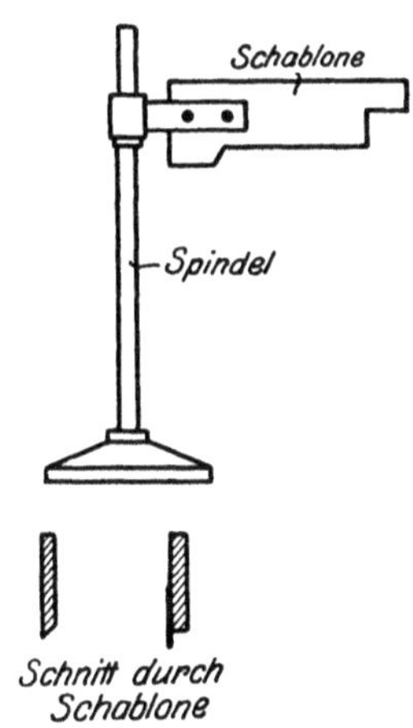

Abb. zu 532.

533. Kann man ein Modell nur mittels der Hand einstampfen oder gibt es noch andere Verfahren?

1. Einstampfen mittels Preßluftstampfers.
2. Eindrücken des Modells mittels verschiedener Formmaschinen.

534. Wie sieht ein Modell für die Maschinenformerei aus und wie nennt man dasselbe?

Das Halbmodell ist auf einer Platte befestigt oder mit dieser aus einem Stück in Metall hergestellt. Das Ganze nennt man Modellplatte.

535. Welche verschiedenen Möglichkeiten des Einformens eines Modells hat man?

1. Herdformerei, offen und verdeckt.
2. Kastenformerei mit zwei oder mehreren Kästen.

536. Es ist Herdformerei und Erzeugnisse daraus zu beschreiben.

Unterscheiden offenen und verdeckten Herdguß. Beim offenen: Ausheben des Bodens der Gießerei, sog. Herdes. Etwas tiefer als tiefste Teile des Modelles. Vollsieben des Loches mit altem, dann mit neuem Sand. Hereindrücken des Modelles. Auswiegen mit Wasserwage. Unterstechen mit krummen Luftspießen. Abstreichen und Festdrücken des Sandes am Rand, Anschneiden eines Eingußgrabens, Herausheben des Modells und Nachputzen der Form.

Bei gedecktem Herdguß wird genau so vorgegangen, nur wird vor Ausheben des Modells Formkasten aufgesetzt und ausgestampft und Einguß und Steiger durch diesen Formkasten mit eingeformt. Kasten wird an den Seiten durch eingeschlagene Pflöcke in seiner Lage festgehalten.

Im offenen Herdguß kann man nur sehr rohe Teile gießen, da Oberfläche rauh und nicht gleichmäßig.

Gedeckter Herdguß für alle Teile brauchbar.

537. Was versteht man unter Kastenformerei?

Einstampfen des Modells in Rahmen, der durch viereckige Kasten gebildet ist.

Vorgang: Modellhälfte wird mit Flachseite auf Modellbrett gelegt, Kasten auf Modellbrett aufgesetzt. Kasten so groß, daß er an keiner Stelle Modell berührt und höher als höchste Stelle des Modells. Modell mit Holzkohlenstaub, dann mit frischem Sand übersieben, dann Ecken mit Sandhaken befestigen, alten Sand aufschaufeln, Einstampfen bis Kasten voll. Oberfläche Kasten mit Streichbrett glatt ziehen. Neues Modellbrett auf Kastenoberfläche auflegen, Kasten mit beiden Modellbrettern wenden. Modellbrett an Modellseite abziehen. Sandkanten am Modell nachputzen. Zweite Modellhälfte aufsetzen, einsanden und nun Oberkasten aufsetzen. Wieder neuen Sand aufsieben, alten aufstampfen wie vorher. Wenn halb fertig Modellhölzer für Einguß und Steiger eindrücken und mit einstampfen. Trichter einschneiden. Luft stechen. Modellhölzer für Einguß und Steiger entfernen. Oberkastenoberfläche glatt streichen. Modellbrett auflegen, abheben und wenden. Beide Modellhälften ausheben; Form nachputzen, ausstäuben, polieren wie

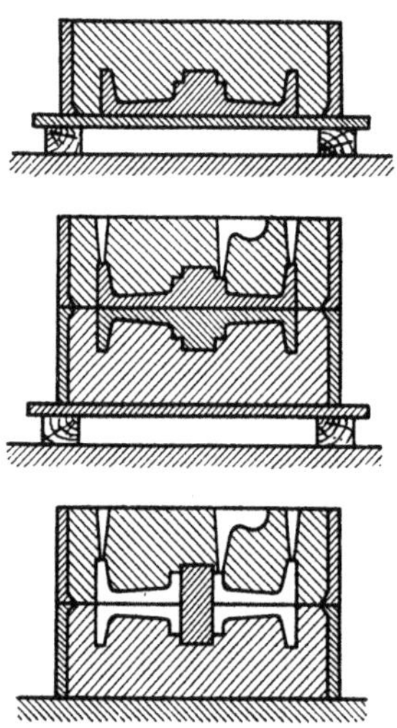

Abb. zu 537.

beim Herdguß. Kästen wieder zusammensetzen und beschweren gegen Auftrieb des Eisens.

538. **Es sind die wichtigsten Formkästen zu erklären.**

Hauptunterschiede: Viereckige, runde; gußeiserne und schmiedeeiserne Kästen. Viereckige Kästen häufiger. Bestehen aus beiderseits offenen Rahmen mit kleinem Vorsprung, Sandleiste an einer inneren Kante, zum Festhalten des eingestampften Sandes. Haben auf zwei Seiten je einen Griff zum Angreifen und Tragen. Unterkasten trägt auf der einen freien Seite ein Ohr mit einem Loch, auf der anderen Seite zwei Ohren mit je einem Loch. Oberkasten an gleicher Stelle Ohren mit konischen Stiften. Stifte werden beim Einsetzen in Bohrung der untern Ohren geführt, wodurch gerades Einsetzen und richtige gegenseitige Lage gesichert ist.

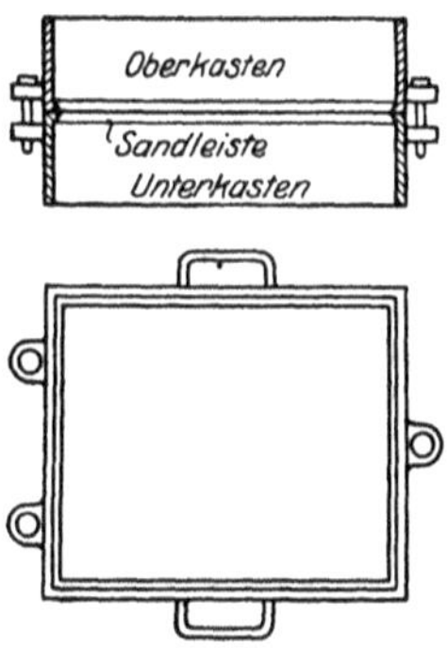

Abb. zu 538[1].

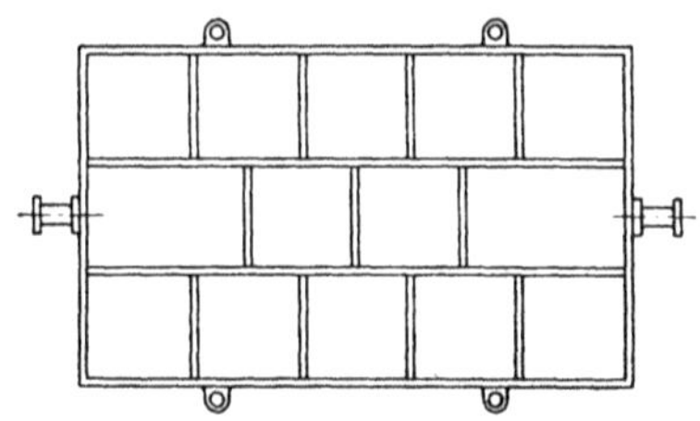

Abb. zu 538[2].

Neuere Formkästen aus Schmiedeeisen, haben keine Sandleiste, sondern gebogene Wand. Halten hierdurch Sand fest. Leichter.

Außer Sandleiste haben größere Kästen noch Zwischenwände aus Holz oder Metall (2), um Sand fester zu halten. Zwischenwände müssen da fehlen, wo Modellteile beinahe bis an Oberfläche Kasten ragen.

539. **Wie kann man in engen Gießereien bei Aufstellung der Gußkästen Platz sparen?**

Wenn man Gußkästen von größerer Oberfläche und gleichmäßiger Form hat, kann man diese treppenförmig zu mehreren übereinanderstellen, so daß vorn nur die Eingüsse und Steiger frei bleiben. Man erspart dadurch Belastung der unteren Kästen und außerdem Gießwege. Für Gasabführung ist besonders gut zu sorgen, da diese durch die aufliegenden Kästen erschwert wird.

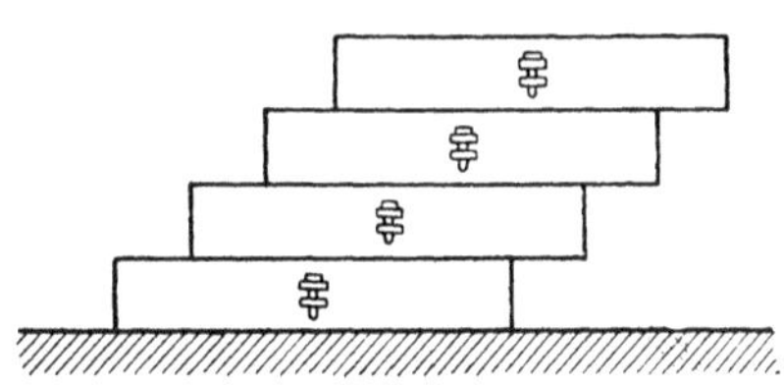

Abb. zu 539.

540. **Welchen Zweck haben Sandhaken und wie sehen sie aus?**

Sandhaken sind meist schmiedeeiserne oder gußeiserne 5 mm starke Haken, die in den Sand mit eingestampft werden und größere Sandpartien dadurch zusammenhalten. Vielfach haben sie an der dem Haken entgegengesetzten Seite noch eine hakenartige Spitze, mit der sie in hölzerne Querrippen des Formkastens eingetrieben werden können.

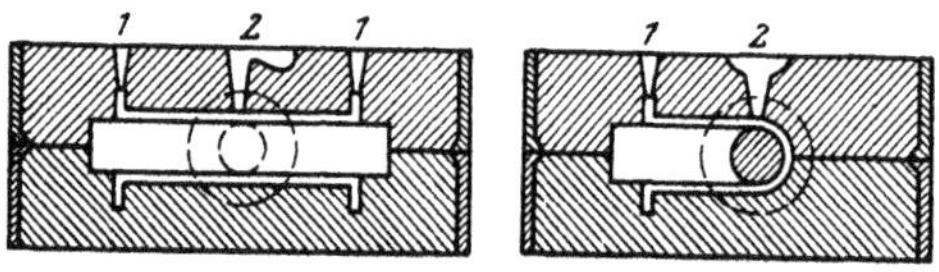

1 = Steiger. 2 = Einguß.
Abb. zu 541.

541. Einformen eines T-Stückes einer Rohrleitung.

Einformung geschieht wie bei Kastenformerei, Frage 537, nur ist zum Schluß noch Kern einzulegen und zu beachten, daß Steiger auf oberste Stellen der Flanschen aufgesetzt werden.

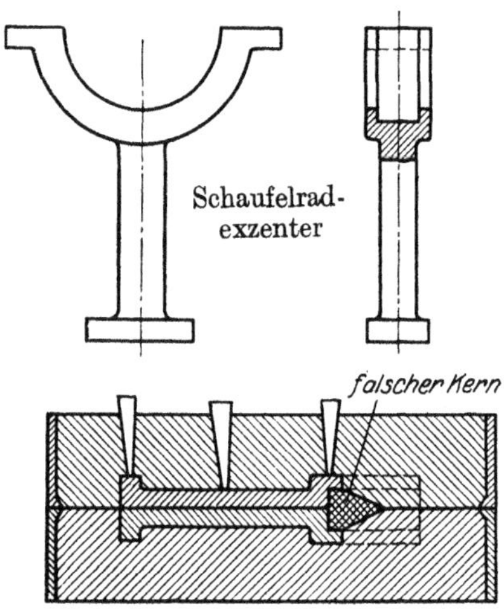

Einformen mit falschem Kern.
Abb. zu 542.

542. Einformen eines geteilten Schaufelradexzenters mit falschem Kern.

Herstellung wie üblich bei Kastenformerei, siehe Frage 537. Falscher Kern dadurch erzeugt, daß Modell erst vollständig eingestampft wird, Vertiefung für falschen Kern ausgeschnitten, Schnittfläche gesandet, Obermodell aufgesetzt. Vertiefung ausgestampft. Oberfläche des falschen Kernes glatt geputzt und gesandet. Oberkasten aufgesetzt und Modell eingestampft. Das Herausholen des Modells geschieht dadurch, daß Kasten zweimal gewendet wird, so daß falscher Kern einmal auf Oberkasten, einmal auf Unterkasten liegen bleibt, wodurch andere Modellhälfte entfernt werden kann.

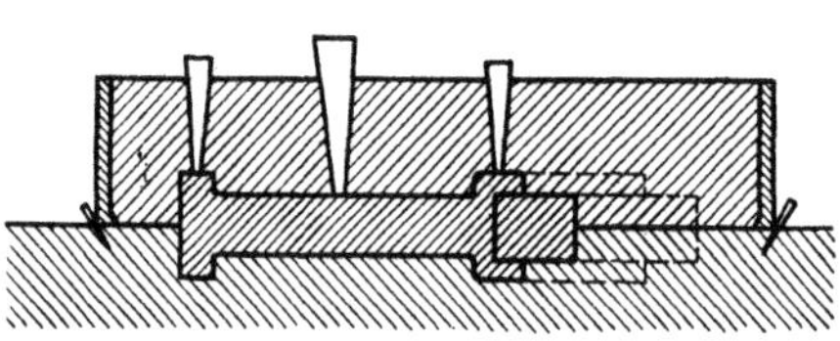

Einformen im gedeckten Herdguß (mit Kern).
Abb. zu 543.

543. Einformen desselben Stükkes in gedecktem Herdguß mit eingesetztem Kern.

Exzenter wird zunächst als ungeteiltes Modell mit Kernmarke in Unterschneidung eingeformt, so daß es zur Hälfte im Herd, zur Hälfte im Oberkasten liegt. Nachher Kern einsetzen, Oberkasten aufsetzen.

544. Einformen desselben Stückes mittels 3 Kästen.

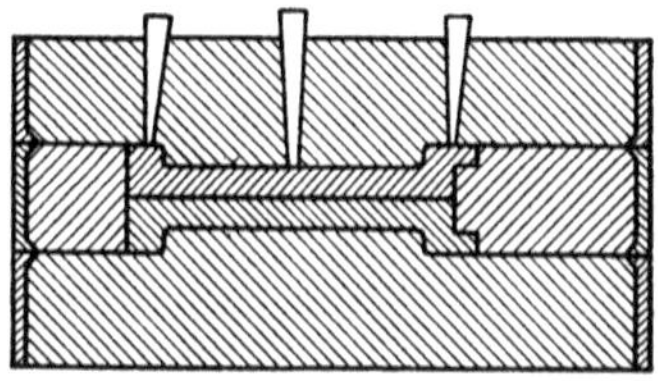

Abb. zu 544. Einformen mit drei Kästen.

Modell wird geteilt in Unterkasten eingestampft. Mittelkasten enthält dann Kern, Oberkasten Außenseite des Obermodells.

545. Einen Drehbankfuß in Herdguß mit ein und zwei Kästen einzuformen. Siehe Abb.

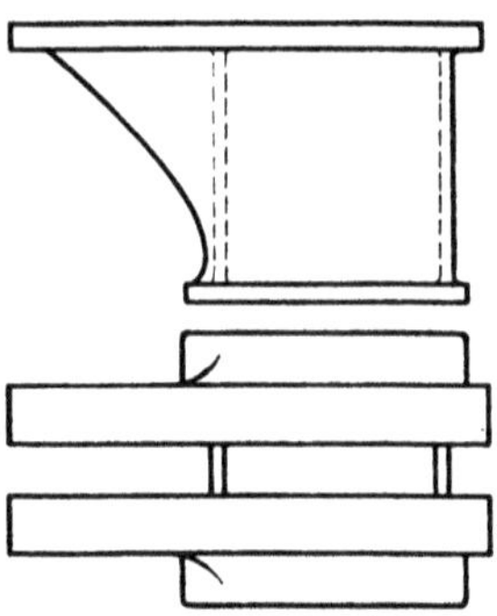

Abb. zu 545[1].
Drehbankfuß.

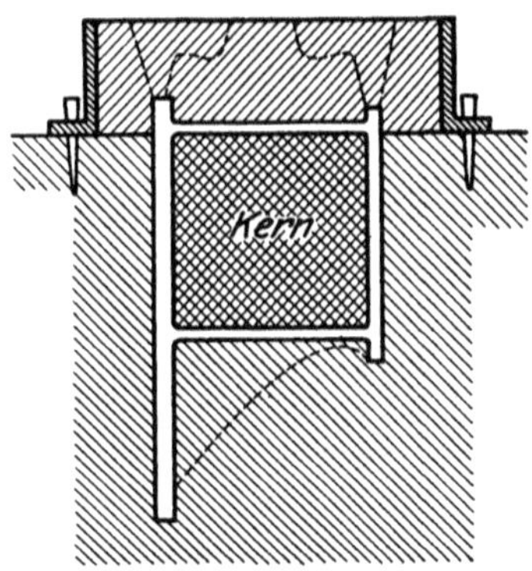

Abb zu 545[2].
Einformen mit einem Kasten, Modell ungeteilt.

546. Einformen einer Fundamentplatte mit angesetzten Augen. Augen 1 sind fest am Modell und werden wie üblich mit einge-

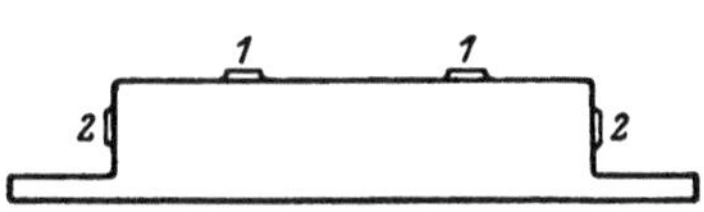

Abb. zu 546.

formt. Augen 2 lose, werden beim Einstampfen mit der Hand an ihrer Stelle festgehalten. Beim Ausheben des Modells bleiben Augen 2 in der Form sitzen und werden seitlich herausgeholt.

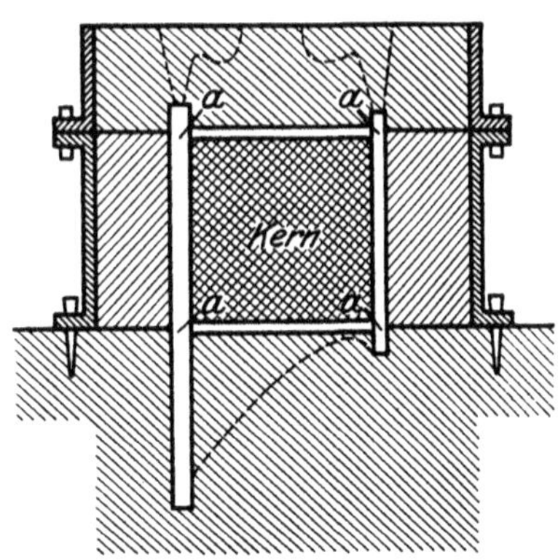

Abb. zu 545[3].
Einformen mit zwei Kästen, Modell geteilt bei *a*.

547. Es ist ein Kernkasten zu skizzieren und zu beschreiben.

Kernkasten dient zur Einformung der Kerne, die Hohlräume an Gußteilen ausfüllen sollen. Inneres des Kernkastens muß also äußere Form der Hohlräume darstellen. Kern muß stets entsprechend länger

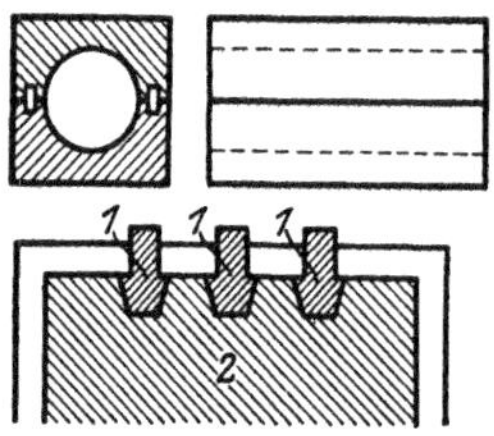

Zweiteiliger Kernkasten für zylindrischen Kern

Kern 1 in Kern 2 eingesetzt

Abb. zu 547[1], [2].

sein als Hohlraum, um in Wand der Form eingelagert werden zu können. Wenn sich mehrere Kerne aufeinander abstützen, so trägt ein Kern konische Vertiefung (1 in der Abb.), in welche die anderen Kerne eingelagert werden.

548. Kann man Kerne noch auf andere Weise als durch Einpressen in Kernkästen herstellen?

Ja, durch Kernformmaschine. Herstellung zylindrischer Kerne, indem Kernsand durch eine dem Kerndurchmesser entsprechende sehr glatte Öffnung durch Schnecke oder Kolben herausgepreßt und abgelängt wird. Kern muß hier auf Brettern mit Sandschicht vorsichtig aufgefangen und getrocknet werden.

549. Wie werden die Kerne getrocknet?

Große Kerne in Trockenkammern mit den Formen zusammen. Kleine Kerne in besonderen Trockenöfen. Beide müssen sehr vorsichtig beheizt werden, damit genügend rasche Trocknung und keine Verbrennung stattfindet. Bei Trockenöfen und Kohlenheizung letztere nicht unter Ofen legen, da dann obere Kerne durch aufsteigende Hitze leicht verbrennen. Am besten Heizung zwischen mehrere Ofengruppen legen und Abgase gleichmäßig durch sämtliche Öfen durchführen.

550. Wie beheizt man Trockenkammern?

In alter Art stellt man offene Kokskörbe in Kammer. Bei neueren Kammern führt man Heizgase in mehreren Kanälen unter Boden, eventuell an Seitenwänden der Kammer durch und läßt diese an verschiedenen Punkten der Kammer eintreten und saugt sie an einem oder mehreren Punkten ab. Hierdurch gleichmäßige Erwärmung der Kammer erreicht.

551. Wie werden große zylindrische Kerne hergestellt?

Auf ein durchlochtes Rohr wird der Kern zunächst durch Aufwickeln von Strohseilen auf der Kerndrehmaschine geformt. Darauf wird Sandschicht, schließlich Lehmschicht aufgeschmiert und mittels Streichbrett im gewünschten Durchmesser glatt gestrichen. Strohseil hat den Zweck, dem Kern Federung beim Metalldruck und Nachfederung beim Schwinden zu ermöglichen. Außerdem Gase gut durchzulassen. Gasabführung durch in Mitte des Kernes liegendes Rohr.

552. **Wie sieht eine Kerndrehbank aus?**

Besteht aus zwei Böcken mit Nägeln, zwischen die das Seelenrohr des Kerns gelegt wird. Man dreht dieses dann mittels Handkurbel. Sie hat ferner noch eine Führungsschiene für Streichbrett.

553. **Wie sehen Kernstützen aus und welchen Zweck haben sie?**

Kernstützen gibt es in verschiedenster Form (s. Abb.). Sie dienen dazu, in der fertigen Form das Gewicht der Kerne aufzufangen, damit die gewünschten Wandstärken erhalten bleiben, und beim Gießen den Auftrieb der Kerne abzufangen und auch hier Wandstärken zu sichern. Sie bestehen aus gut verzinnten eisernen Böckchen und schmelzen in die Wände mit ein.

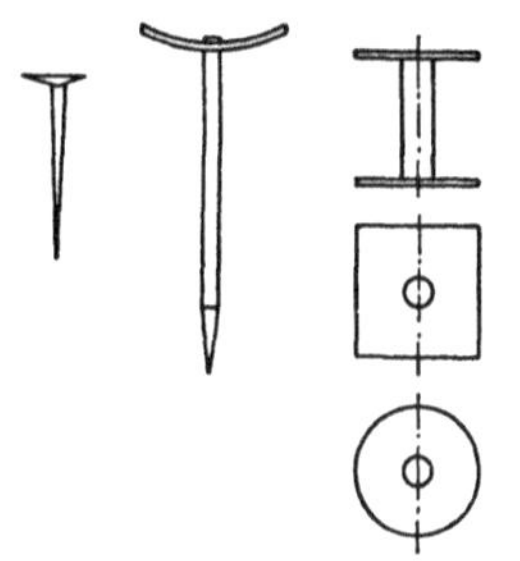

Abb. zu 553.

Bei dünnen Wandstärken, wo Einschmelzen durch Abkühlung an der Kernstütze selbst schwierig, entstehen leicht Fehlstellen im Guß, besonders an den Stellen, wo der Distanzstift der Stütze mit dem Blättchen vernietet ist. Daher hier besser, Kernstützen „Lipsia" verwenden (s. Abb.), bei denen Stützplatte nicht von Niet durchstoßen ist. Diese brechen auch beim Nachbiegen nicht so leicht, ersparen dadurch bei größeren Wandstärken viel Material und Arbeit.

554. **Wie sichert man bei besonders hoch beanspruchten Rohren und ähnlichen Gegenständen besseres Einschmelzen der Kernstützen?**

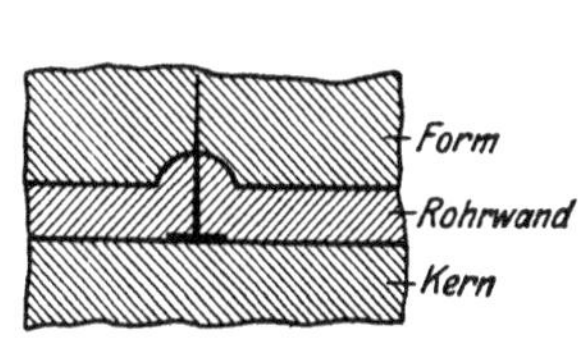

Abb. zu 554.

Indem man an der Stelle der Kernstützen eine Wandverdickung durch Ausschneiden der Form um die Kernstütze herum vornimmt. Verdickung sieht dann nietkopfähnlich aus.

555. **Wie stellt man Kerne mittels Schablone her?**

Man stellt nur solche Kerne mittels Schablone her, die Drehkörper darstellen. Arbeit in ähnlicher Form, wie bei Frage 532, nur wird hier meist Kern gedreht und Schablonenbrett steht fest.

556. Es ist ein großer Kocherdeckel mittels Schablone einzuformen.

Zunächst im Herd Achse festsetzen mittels Schablone 1. Modell für Oberkasten herstellen, auf das Oberkasten aufgestampft werden

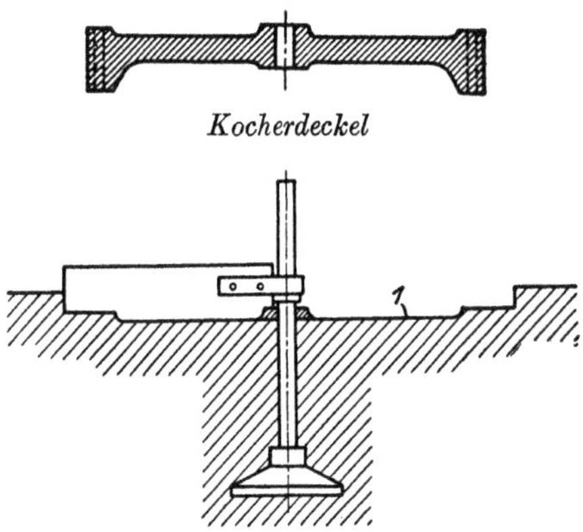

Abb. zu 556[1].

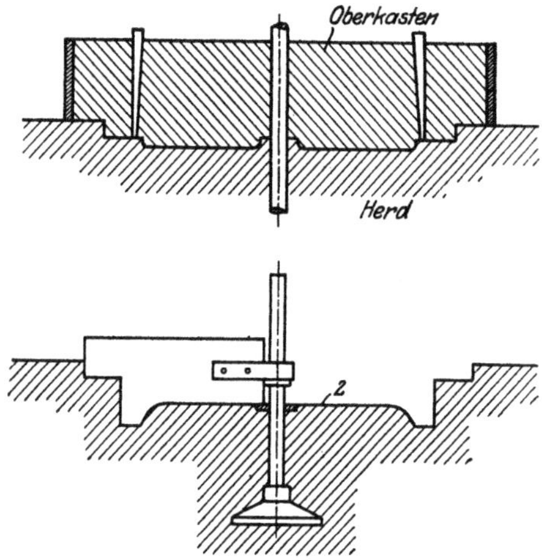

Abb. zu 556[2].

kann. Oberkasten aufstampfen. Dann mit Schablone 2 unter Zerstörung der Modellform Unterform im Herd herstellen. Kern einlegen für Bohrung und Oberkasten aufsetzen.

557. Wie stellt man eine größere Anzahl Kocher bei möglichster Wiederbenutzung der Form mit Schablone her?

Ausgraben einer Grube, einbauen der Schablonenspindel, aufmauern etwa in Form des halben Kochers, ausdrehen der Vertiefung mittels Schablone und Lehm. Kern auf eiserne Platte mit zwei Drehzapfen ringförmig aufmauern. Auf diesen Ring eiserne, vielfach durch-

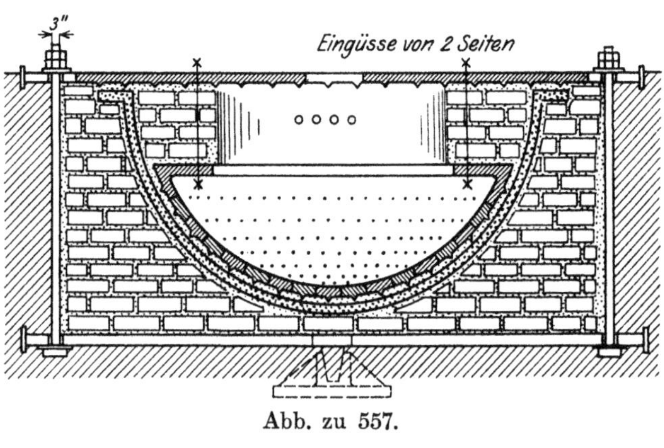

Abb. zu 557.

bohrte, mit Stiften versehene Kuppel festziehen. Das Ganze mittels Schablone mit Lehm überstreichen, Abführungsluftkanäle stechen und trocknen. Dann Kernplatte mittels Kran vorsichtig drehen und in Form einsetzen. Nach dem Guß kann Form nach Neuausstreichen mit Lehm ohne frische Aufmauerung meistens sofort wieder benutzt werden. Kern muß unter Benutzung der Platte und der eisernen Kuppel frisch aufgebaut werden.

558. **Welche Erscheinung gefährdet die Dichtigkeit des Gusses?**

Das Lunkern. Lunkern ist das Nachsaugen von Material beim Schwinden des Gusses, wodurch sich Höhlungen bilden, wenn flüssiges Material nicht mehr bis zuletzt nachfließen kann.

559. **Wie vermeidet man Lunkerbildung am Gußstück?**

Dadurch, daß man: 1. Materialanhäufungen vermeidet, weil diese am längsten warm bleiben und Material nachzusaugen versuchen.

2. Durch Aufsetzen verlorener Köpfe die Möglichkeit langen Nachsaugens schafft. Zwischen verlorenen Köpfen und Gußstück sollen sich keine Übergänge befinden, sondern der Kopf in der vollen Breite der Ansatzfläche durchgeführt werden.

560. **Was ist ein verlorener Kopf? Wo und wie setzt man ihn am besten an?**

Verlorener Kopf ist eine künstliche Materialanhäufung am oberen Ende des Gußstücks, aus dem dieses Material nachsaugen kann. Lunkerbildungen treten dann nur im verlorenen Kopf ein. Ansatz in möglichst großer Fläche, am besten an Flanschen.

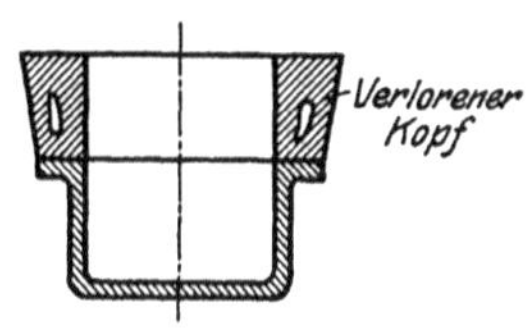

Abb. zu 560.

561. **Wie entstehen Spannungen im Gußstück?**

Sie entstehen durch ungleichmäßige Abkühlung. Dies kann hervorgerufen werden durch verschiedene Materialdicken oder durch verschiedene Abkühlungsmöglichkeit einzelner gleichdicker Partieen. Es wird z. B. bei einer Platte der Rand zuerst abkühlen, weshalb man die Mitte vorzeitig aufdecken muß. Bei verschieden dicken Teilen muß man die stärksten Teile nach Möglichkeit zuerst freimachen, gegebenenfalls künstlich abkühlen, um Spannungen zu vermeiden.

562. **Wie werden Spannungen an Riemenscheiben ausgeglichen?**

Durch sofortiges Aufdecken der Nabe beim Guß und durch geschwungene Form der Arme, wodurch sich diese etwas strecken können.

563. **Wie kann man doppelwandige, enge Gußteile mit ungleicher Wandstärke gegen Verziehen schützen?**

1. Indem man die stärkere Wand zuerst frei legt.

2. Indem man eiserne Platten so in der Nähe der dickeren Wand anbringt, daß sie die Wärme schnell ableiten.

Durch direkte Berührung der eisernen Platten mit dem Guß oder

Überlagerung derselben mit einer mehr oder weniger dünnen Lehmschicht kann man verschieden schnelle Wärmeableitung erzielen.

3. Indem man in die stärksten weniger zugänglichen Ecken Drähte in den von dem Metall auszufüllenden Raum einlegt, die beim Gießen niedergeschmolzen werden und hierdurch dem an dieser Stelle befindlichen Metall die Wärme entziehen.

564. Wie kann man sehr dünnwandige Formen, wie Schreibmaschinengestelle gegen Spannungen durch zu schnelle Abkühlung schützen?

Indem man in dem Kern Hohlungen anbringt, die mit der Form in Verbindung stehen und beim Gießen mit vollaufen. Diese Höhlungen, die man als Hilfssteiger bezeichnen könnte, erhitzen die Kernwände und machen dadurch eine schnelle Abschreckung des Gusses unmöglich, oder erzeugen eine Nachglühung in der Form.

565. Wie erzielt man Hartguß?

Indem man nicht in Sand, sondern in eiserne Formen eingießt. Diese verhindern durch schnelles Abschrecken des Gusses an der Oberfläche Ausscheidung von Kohlenstoff, erzeugen dadurch hartes, weißes Eisen.

566. Wie gießt man Roststäbe mit gehärteter Bahn?

In gedecktem Herdguß. Als Decke dient kein ausgestampfter Kasten, sondern eine gehobelte Stahlplatte, die Wärme ableitet.

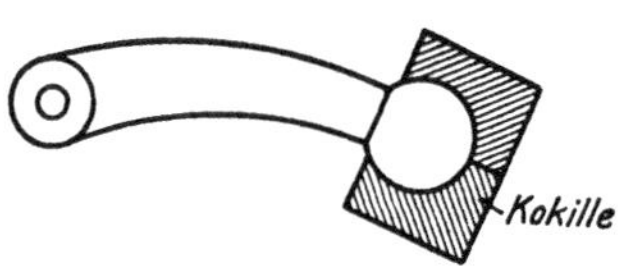

Abb. zu 567.

567. Wie gießt man Steuerhebel mit gehärteten Köpfen?

Für die Köpfe wird Kokille hergestellt. Stiel wird in Sand eingestampft.

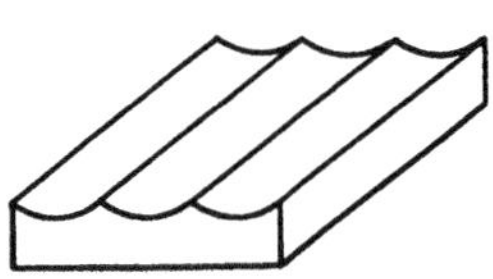

Abb. zu 568.

568. Wie gießt man Schwalbenschwanz für Brikettpresse?

Etwa wie Frage 536 im Herdguß und legt eine stählerne Auflagerplatte, die umgekehrte Schwalbenschwanzform hat, als Kokille zur Härtung auf.

569. Wie gießt man Rad für Grubenhund mit gehärteter Lauffläche?

Für Lauffläche wird eiserne Ringkokille hergestellt. Nabe und Arme werden in Sand geformt. Dadurch wird Laufkranz hart, während Nabe und Arme weich bleiben.

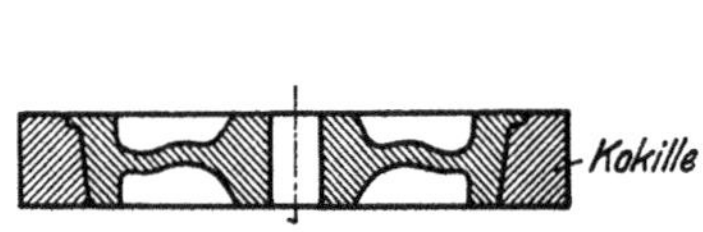

Abb. zu 569.

570. Wie gießt man gußeiserne oder Stahlgußgranate mit harter Spitze und weichem Mantel?

Man dreht sich Stahlkokille mit erweitertem Mantelteil. In diesen setzt man Abschnitt eines Schamotterohres ein und hinterfüllt diesen mit Sand. Spitze wird hierdurch in Kokille hart. Mantel in Schamotterohr normal gegossen. Form sehr einfach herzustellen.

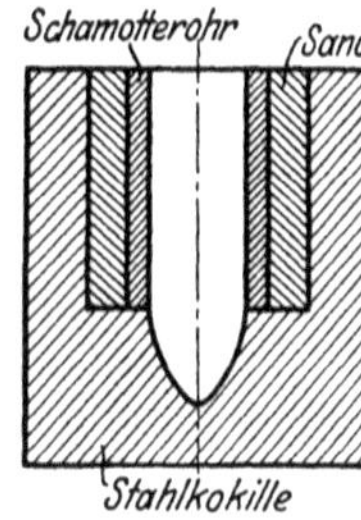

Abb. zu 570

571. Welche Nachteile treten bei liegendem Guß von Röhren auf?

Kern treibt auf; Wandstärke ungleichmäßig, auch Guß leicht porös.

572. Wie werden heute Rohre gegossen?

Stehend, mit unten liegender Muffe, in zweistöckigen Werkstätten.

573. Es ist eine stehende Rohrform zu beschreiben.

Form besteht aus weitem, geteiltem Gußrohr, das zusammengehakt oder -geschraubt ist. Diese Rohre stehen entweder in Gruppen nebeneinander oder sind an dem Umfang eines großen drehbaren Rundtisches aufgehängt. An ihrem unteren Ende tragen sie einen verstärkten Ring oder Boden, auf dem Flansch- oder Muffenmodell festgekeilt wird.

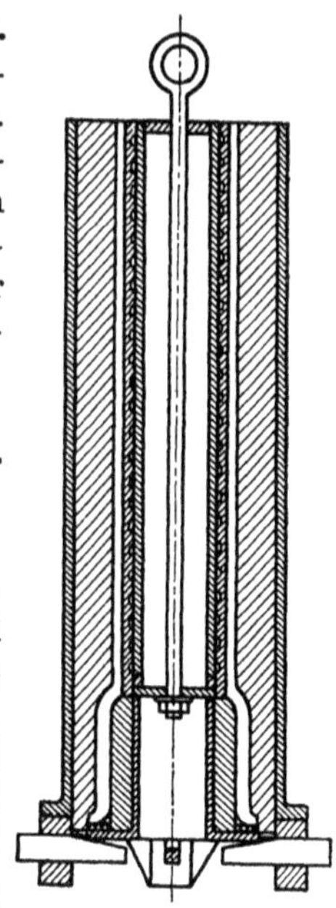
Abb zu 573.

574. Wie geschieht das Einformen eines Muffenrohres?

Zwei Möglichkeiten:

1. Metallmodell für Muffe wird von unten eingesetzt und festgekeilt. Rohrmodell aus Metall wird von oben zentrisch eingelassen und setzt sich unten auf konischen Kopf von Muffenmodell. Zwischenraum zwischen eiserner Rohrform und Rohrmodell wird mit Formsand ausgefüllt und schichtenweis mit langen Stampfern, die von Hand oder mit Maschine betätigt werden, festgestampft. Danach Rohrmodell nach oben, Muffenmodell nach unten entfernt. Form durch Eingießen von Graphitwasser geschwärzt und dann getrocknet. Darauf wird Kern eingesetzt.

2. Anstatt Sand festzustampfen, kann man Modell so herstellen, daß es erst unten den Durchmesser des zu gießenden Rohres erhält und dann oben dünner wird. Man füllt auch hier den Raum zwischen Rohrform und Modell mit Formsand aus, zieht Modell mit Kran langsam senkrecht heraus und drückt hierbei durch das stärkere Ende des Modells Sand an. Dieses Verfahren von Herbert-Aland schneller und billiger, Gleichmäßigkeit der Sandform geringer.

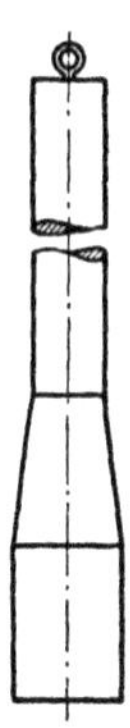
Abb. zu 574². Ziehmodell für Rohrform.

575. **Wie erfolgt das Trocknen stehender Rohrformen?**

Man fährt Koksofen unter Form und läßt heiße Gase durch diese abziehen. Bei größeren Anlagen läßt man heiße Abgase oder Gichtgase durch diese ziehen.

576. **Was ist bei Rohrkernen zu beachten und wie werden sie hergestellt?**

Kerne müssen besonders gut Gase ableiten, daher auf stark durchlochter Spindel und Strohseil geformt. Auf diese Schicht aufgetragen, aber so, daß sie kleiner als endgültig sind. So erst getrocknet und dann endgültige, sehr tonfreie Schicht aufgebracht.

577. **Es ist das Schleuderguß-Verfahren zu beschreiben.**

Zwei Möglichkeiten: Entweder Herstellung von Rotationskörpern oder von kleinen Massengegenständen, die vom Einguß aus strahlenförmig angelegt werden. Bei Rohren arbeitet man liegend. Ausgeschliffene stark gekühlte gußeiserne Trommel, deren Innenabmessung der Außenabmessung des zu gießenden Rohres entspricht, rotiert schnell und gleichmäßig. In dieses Rohr wird nicht plötzlich, sondern durch schnell zurückziehbares Rohr flüssiges Gußeisen eingegeben. Dieses

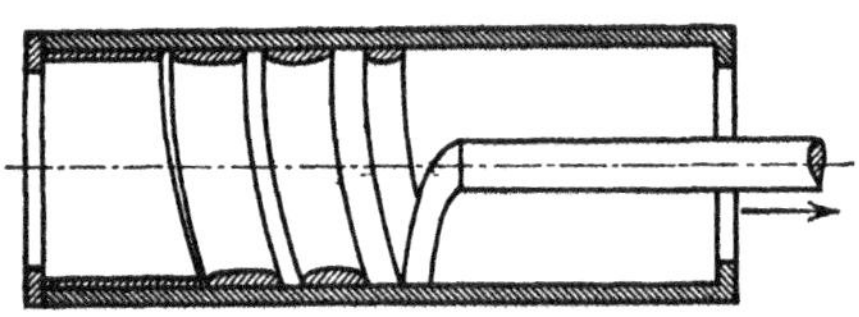

Abb. zu 577. Prinzip des Röhren-Schleuderguß-Verfahrens.

lagert sich bei dem schnellen Zurückziehen des Einführungsrohres zunächst spiralförmig auf der Innenseite der Drehtrommel, breitet sich aber sofort aus und erstarrt als Rohr von ganz gleichmäßiger Wandstärke. Schwierigkeiten machten zunächst die Enden der Drehtrommel, wo Material auslief. Diese durch leicht wegklappbare, nach innen vorstehende Ringe beseitigt. Plötzliches Einkippen des flüssigen Metalls aus offener Mulde nicht möglich, weil hierdurch Unregelmäßigkeiten in der Bewegung des Drehkörpers eintraten, die Materialstauungen erzeugten. Gegossenes Rohr aus Form sehr leicht zu entfernen, da es durch Schwindung enger geworden ist als Form. Erzeugnis sehr gleichmäßig, außen wegen Abkühlung sehr dicht und hart, was für in der Erde verlegte Rohre günstig. Gußform hält viele tausend Güsse aus. Verfahren scheint bestimmt, bisherige Gußverfahren zu verdrängen.

Zweites Verfahren von geringerer Bedeutung. Wesentlich für sehr dünnwandige Gegenstände, die flüssiges Eisen sonst schlecht ausfüllt. Feste Form wird an zentralliegenden Einguß angeschlossen, in Drehtrommel mit vertikaler Achse gepackt, Gußeisen wird in der Mitte eingegossen und nach außen durch Zentrifugalkraft in die Form hineingeschleudert. Formen müssen an äußersten Punkten fein entlüftet werden.

578. **Welches war der Grundgedanke bei der Herstellung der Formmaschinen?**

Man wollte zunächst dem Former die Arbeit abnehmen, die das meiste Können, die größte Übung und Anstrengung erfordert, nämlich das Abheben der Kästen. Andere Verfahren wollen auch noch das Einstampfen auf die Maschine übertragen.

579. **Auf welche Art kann die Trennung von Modell und Formkasten erfolgen?**

1. Durch Abheben des Formkastens und seitliches Ausfahren.

2. Durch Herausziehen der Formplatte aus dem feststehenden Formkasten und seitliches Ausfahren des letzteren.

3. Durch Umwenden von Platte und Formkasten und Abziehen der Formplatte nach oben.

4. Durch Durchziehen eines regelmäßig geformten Modells ohne Vorsprünge durch die Formplatte.

580. **Wobei wendet man die einzelnen Methoden der Trennung von Formkasten und Modell der Frage 579 an?**

1. und 2. Bei normalen Modellen nicht zu großer Höhe. Gern bei solchen mit längeren hängenden Kernteilen.

3. Bei jedem normalen Modell.

4. Bei Modellen mit schmalen hohen Wänden, z. B. Riemenscheibenkränzen.

581. **Auf welche drei Arten wird das Einstampfen des Sandes bei Formmaschinen bewirkt?**

1. Durch Einstampfen des Sandes mittels Handstampfer oder mit Hand geführter Preßluftstampfer.

2. Durch Eindrückung des Sandes mittels eines Stempels, der hydraulisch oder mit Luftdruck oder Kniehebel betätigt wird.

3. Durch Einrütteln des Sandes, dadurch daß Tisch mit Formkasten fällt und aufschlägt, dann mit Preßluft gehoben wird und wieder fällt usw.

582. **Welche Wirkung hat die Art des Einstampfens auf die Form selbst?**

Bei Handstampfen und Preßluftstampfer entsteht gleichmäßige normale Dichte der ganzen Form, auch Feinheiten des Modells können gut ausgeprägt werden. Bei hydraulischem oder mit Preßluft betätigtem Stempel ist die größte Lose am Modell. Die Dichtigkeit und Festigkeit des Materials wächst mit Abstand von Modell, daher gute Luftabführung, aber schlechte Ausprägung von Feinheiten am Modell.

Bei der Rüttelformmaschine ist die größte Dichtigkeit des Sandes am Modell selbst. Lose wird größer mit Abstand von Modell. Daher schlechte Entlüftung, Ausprägung sämtlicher Feinheiten.

583. **Wie ist der Arbeitsgang einer Formmaschine?**

Auf der Maschine liegt eine Platte, sogenannte Formplatte, auf der das Modell oder die Modellhälfte befestigt ist. Auf diese Platte setzt man, gegen Anschläge anliegend, einen Formkasten auf, siebt und schaufelt Sand ein, stampft mittels Hand oder Preßluftstampfer fest, zieht mit Streichbrett ab und hebt Formkasten auf eine der in Frage 579 behandelten Weise ab.

Wenn man hydraulisch oder mit Kniehebel Sand festpreßt anstatt zu stampfen, muß man auf Formkasten noch Aufsatzrahmen aufsetzen, der die nötige Menge des niederzupressenden Sandes faßt. Formkasten und Aufsatzrand werden dann mit Sand gefüllt und Preßstempel in Aufsatzrahmen eingeführt. Nach Pressung wird Aufsatzrahmen abgenommen, ganze Maschine meist gewendet und Modellplatte nach oben abgezogen.

584. **Es ist eine Druckwasserformmaschine zu skizzieren und erklären.**

Siehe Abb. Diese stellt eine der gebräuchlichsten einfachen Druckwasserformmaschinen mit Wendung der Form dar. Modellplatte und Kasten wird auf Tisch 1 aufgesetzt, darauf Füllrahmen 2; das Ganze mit Sand gefüllt. Unter- und Obergestell werden durch Stangengelenke und Haken 3 miteinander verbunden. Dann wird Preßplatte 4 durch hydraulischen Druck im Zylinder 5 heruntergedrückt. Die ganze Maschine um den Zapfen 6 geschwenkt und Preßplatte 4 durch Ablassen des Wassers wieder gesenkt, wodurch sich Formkasten wieder von Modell abhebt. Hierauf wird Formkasten aus der Maschine herausgenommen, Maschine wieder herumgedreht, Verbindungshaken zwischen Ober- und Untergestell gelöst, worauf ein neuer Formkasten eingesetzt werden kann.

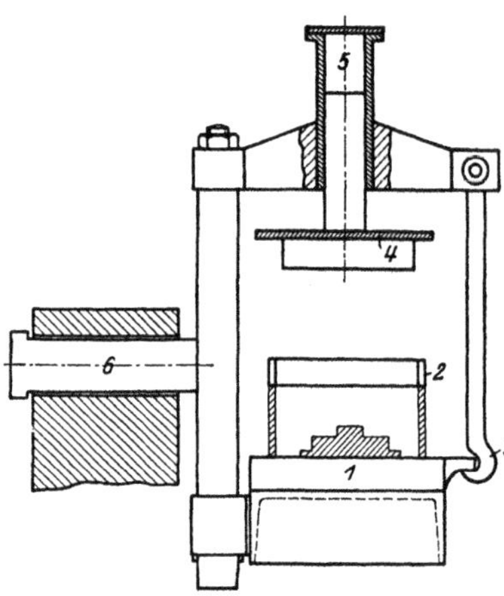

Abb. zu 584.

585. **Wie sieht eine Durchziehformmaschine aus?**

Auf Tischplatte 1 wird Formkasten 2 aufgesetzt. Ringmodell 3 ist von unten durch die Tischplatte durchgeschoben, ganz leicht konisch. Nachdem Sand eingestampft ist, wird Ringmodell 3 mittels Spindel oder Kniehebel durch die Tischplatte nach unten weggezogen. Formkasten wird auf irgendeine Weise, sei es durch Aufheben und Wenden oder durch Seitwärtswegführen entfernt, und eventuell noch in der Form befindliche Hilfsmodelle herausgenommen.

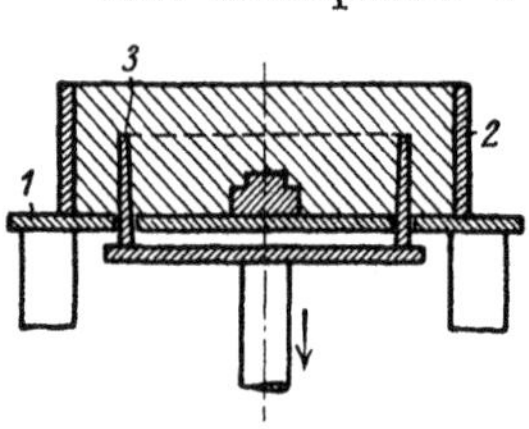

Abb. zu.585.

586. **Wie sieht eine Rüttelformmaschine aus?**

Auf Tisch 1 wird Formplatte 2 mit Formkasten 3 aufgesetzt und mit Sand gefüllt. Dann tritt Preßluft durch Ventil 4 zwischen Gestell 5, das Tisch 1 trägt, und Maschinenständer 6. Wenn sich Kanäle 7 und 8 gegenüberstehen, kann Luft durch Ventil 9 entweichen. Zuströmungsluft wird durch Ventil 4 geschlossen. Gestell 5 mit Tischformplatte und Kasten fällt herunter und schlägt auf Maschinenständer 6 auf. Dann steigt Tisch wieder durch Zuführung von Frischluft usf. Durch das wiederholte Aufschlagen wird Sand an Form festgerüttelt.

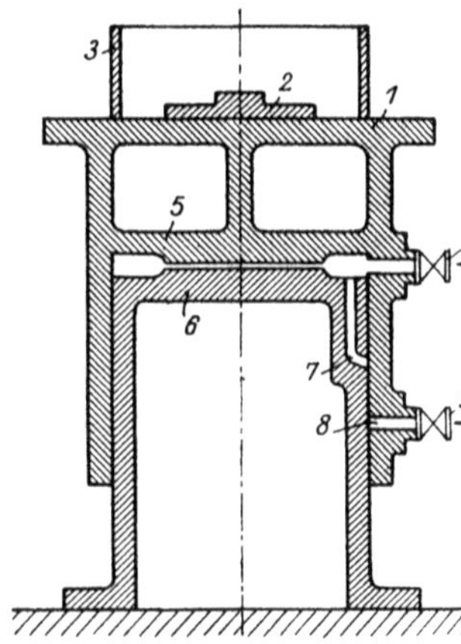

Abb. zu 586.

587. **Wie sieht eine Zahnradformmaschine aus und wie wirkt sie?**

Zahnräderformmaschine, siehe Abb., ist im Prinzip nur ein Arm 1, der das Modell von zwei Zähnen 2 an einer in der Höhe verstellbaren Achse 3 trägt. Arm 1 kann um Ständer 4 so geschwenkt werden, daß er in beliebige Teilung einstellbar bleibt. Man bringt diese Maschine in Mittelpunkt mittels Schablone ohne Zähne geformten Zahnkranzes, setzt das Zahnmodell gegen den Zahnkranz an und stampft Zahn für Zahn einzeln auf, indem das Zahnmodell mittels des Teilmechanismus an Arm 1 verschoben wird.

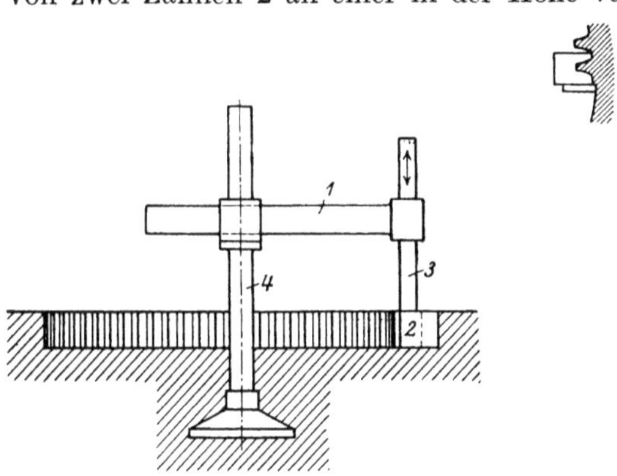

Abb. zu 587.

Bei kleineren Rädern kann man auch Ständer 4 außerhalb des Zahnrades anbringen. Form mit Zahnkranz auf Teiltisch vor diesem Ständer festlegen und Teilung durch Drehung der Form mit Teiltisch sichern.

588. **Es ist eine Lehmknetmaschine und ihr Zweck zu beschreiben.**

Der Lehm muß, bevor er zu Kernen bearbeitet werden kann, gut und gleichmäßig gemischt und durchgearbeitet werden. Man kann das vornehmen mittels eines Mischkollergangs oder mittels Lehmknetmaschinen. Letztere bestehen aus aufrechtstehenden oder liegenden gußeisernen Zylindern, in denen sich eine Welle langsam dreht, an der eine Reihe meist stählerner schraubenartig gestellter Flügel befestigt sind. Diese Flügel wirken ähnlich wie eine Schnecke und transportieren den Lehm bei der Drehung von einem Ende des Zylinders nach dem anderen, schneiden ihn aber, im Gegensatz zur Schnecke vielfach durch und drücken ihn wieder zusammen. An dem dem Aufgabeende entgegengesetzten Ende des Zylinders befindet sich ein Mundstück, durch das der geknetete Lehm austritt. Das Mundstück kann mehr oder weniger gedrosselt werden, je nachdem man den Lehm stärker oder schwächer durchkneten will.

589. **Wie geschieht das Einformen von Statuen und Büsten?**

Sie werden meist auf Kopf stehend eingeformt, weil dabei unter dem größten Druck die an diesen Stellen sitzenden feinsten Konturen am besten ausfließen. Es muß selbstverständlich durch sehr reichliche Steiger für Abführung der Luft an allen schwierigen Punkten gesorgt werden.

590. **Wie ordnet man die Eingüsse bei schwierigen Statuen und Büsten an?**

Man verwendet meistens eine größere Zahl von Eingüssen, und zwar führt man das Metall am besten von unten, einmal zur Hauptfigur, und dann zu den abliegenden Punkten, wie Armen usw.

591. **Wie stellt man die Form für eine größere Statue her?**

Man stellt zunächst Gipsform her; auf dieser werden von den einzelnen Teilen Gipsabgüsse hergestellt. Diese ergeben bei Zusammensetzung im Innern das Abbild des endgültigen Werkstückes. Vor dem Zusammensetzen werden sie mit einer Wachsschicht von der Dicke der endgültigen Metalldicke der Figur überzogen. Der Hohlraum nach der Zusammensetzung ergibt nunmehr den Kernraum, der mit Gips und Ziegelmehl ausgegossen wird. Man löst dann die Gipsform wieder ab, arbeitet die stehenbleibende Wachsform nach, fertigt über dieser die endgültige Lehm- oder Sandform an und schmilzt das Wachs aus. Man kann auch bei geschickter Beurteilung der Größenverhältnisse zuerst den Kern nach kleinerem Gipsmodell bauen, diesen mit einer Wachsschicht überziehen und das ganze Bild in Wachs ausarbeiten. Hierüber die Lehmform selbstverständlich unter Abstützung gegen den Kern herstellen und das Wachs ausschmelzen. Der Nachteil dieser Methode liegt nur darin, daß beim Mißlingen des Gusses das Original in richtiger Größe vernichtet ist.

592. **Wie werden Formen von sehr feinen Naturgegenständen, z. B. Blättern hergestellt?**

Man gießt die natürlichen Gegenstände in eine gipsartige Masse ein, wobei man gleich an den verschiedenen Stellen für die richtigen Eingüsse und Steiger sorgt. Dann brennt man die Form aus, so daß die abgeformten Gegenstände zu Asche zerfallen. Diese spült man mittels Quecksilber, um einen möglichst hohen Auftrieb zu erreichen, aus, läßt Quecksilber gut auslaufen. Form ist gußfertig.

593. **Was versteht man unter Stahlguß?**

Herstellen von Guß mit einem Material höherer Festigkeit; meist erzeugt durch Verringerung des Kohlenstoffgehaltes. Gießtemperatur höher als bei Gußeisen. Ebenso Gasbildung stärker.

594. **Welche Materialien werden für die Formen von Stahlguß verwendet?**

Stahlguß wird nicht grün gegossen, sondern nur in scharf getrockneter Form. Daher kein Formsand, sondern Ton, mit Koks und etwas Sandzusatz.

595. **Weshalb ist es bei Stahlguß besonders wichtig, große verlorene Köpfe zu nehmen?**

Weil Stahlguß stärker schwindet und mehr Gas abgibt als Grauguß, daher viel stärker nachsaugen muß. Starkes Schwinden zum größten Teil auf höhere Gießtemperatur zurückzuführen.

596. **In welchen Öfen wird Stahlguß niedergeschmolzen?**

Möglich Tiegelschmelzung, in Siemens-Martin-Ofen, Elektrostahlofen oder Kleinkonverter. Für mittlere Mengen ist Tiegel und Kleinkonverter das Gebräuchliche. Ersterer wird häufig vom gewöhnlichen Kupolofen aus beschickt, so daß man nebeneinander Stahl- und Grauguß gießen kann.

597. **Wie sieht ein Kleinkonverter aus?**

Etwa so wie die beim Bessemer-Prozeß gebrauchte Birne mit sauerer Zustellung, siehe Frage 162, nur sind seine Abmessungen entsprechend kleiner, Fassung 1 bis 3 t, Luftstrom wird nicht durch den Boden durch das Bad eingeblasen, sondern seitlich, so daß das Bad stark kreist. Verbrennungsprozeß ist daher nicht so hoch getrieben, wie beim Stahlprozeß.

598. **Wie ist die Zusammensetzung des Stahls, der aus dem Kleinkonverter gewonnen wird?**

Kohlenstoffgehalt zwischen 0,1 bis 0,7 %,
Siliziumgehalt ,, 0,2 bis 0,4 %,
etwas Mangan.

Phosphor und Schwefel verschwindend; wenn Schwefel oder Phosphor über 0,05 % vorhanden sind, neigt Stück zu Warmrissen, denen ein höherer Mangangehalt entgegenwirkt.

599. **Wie ist der Stahlguß nach dem Vergießen zu behandeln?**

Guß sofort von Form befreien, Kerne ausstoßen, um leichtes Schwinden zu ermöglichen und Warmrisse zu verhüten. Dann Glühen, etwa 12 Stdn., langsam hochgehend bis auf 900^0, um grobkörniges Gußgefüge in feinkörniges zu verwandeln.

600. **Was erfolgt während und nach der Erkaltung des Gußstückes?**

Wenn das Gußstück rotwarm ist, schlägt man Einguß- und Steigertrichter ab, da diese noch leicht brechen. Dann erfolgt nach Erkaltung der Gußnaht und des Sandes, das sog. Putzen.

601. **Wie erfolgt das Entfernen der Gußnaht und das Entfernen der Eingüsse und Steigeransätze?**

Entweder durch Abhauen mittels Meißel und Hammer und Sägen mit der Handsäge, oder durch Abschleifen mittels schnellaufendem Stein und Sägen mittels Maschinensägen.

602. **Wie putzt man Eisen- und Stahlguß?**

1. Durch Entfernen des Sandes mittels Drahtbürsten auf Putztischen.

2. Durch Abblasen der festgebackenen Sandschicht mittels Sandstrahlgebläse.

a) Indem man größere Stücke mit beweglicher Düse festliegend abbläst.

b) Indem man mittlere und kleinere Stücke auf rotierendem Tisch unter Sandstrahlgebläse in verschiedenen Lagen durchführt.

3. In Putztrommeln. Brauchbar für kleinere wenig empfindliche Stücke. Diese werden in eine rotierende Trommel eingeworfen, in der sie sich durch gegenseitiges Reiben den Sand abschleifen.

4. Eingebrannten Sand kann man durch Beizen in Wasser mit 4 bis 8% Schwefelsäure entfernen. Schwefelsäuregehalt kann noch niedriger sein, wenn Beize lauwarm oder warm angewendet wird. Stücke werden bis zu 24 Stdn. gebeizt, dann gut abgewaschen; haben sehr reine Oberfläche, die Bearbeitungsstähle außerordentlich schont.

603. **Wozu dient der Putztisch und wie sieht er aus?**

Er ist eine normale Werkbank, auf der die Stücke abgeputzt werden. Anstatt der Platte hat er einen Rost, durch den der Sand in einen unter der Platte befindlichen Kasten fällt, durch den er abgesogen werden kann.

604. **Was ist ein Sandstrahlgebläse und wie sieht es aus?**

Sandstrahlgebläse ist ein solches, bei dem mit Druckluft gemischter feinkörniger scharfer Sand ausgeblasen wird, der die Oberfläche der bestrichenen Gegenstände abreibt. Man kann den Sand in den Druckluftstrahl einsaugen in der Art konzentrischer Düsen (Ansaugesystem), oder ihn in den Luftstrahl durch Druckluft hineindrücken (Drucksystem). Es besteht aus einem Kompressor, einem Sandbehälter, Druckluftrohren, den nötigen Misch- und Ausstrahldüsen. Bei schweren Gußstücken sind Drücke bis zu 2 Atm. notwendig, bei leichten 0,2 bis 0,3 Atm. Bei den starken Gebläsen kann man mit rund 5,3 m^3 angesaugter Luft minutlichen Verbrauch bei einer Düse von 10 mm rechnen.

605. **Wie putzt man mittels Sandstrahlgebläse und Drehtisch?**

Man legt die Stücke auf einen sich langsam drehenden runden, rostartigen Tisch. Die eine Hälfte dieses Tisches liegt frei, die andere hinter einem Gummivorhang unter einem Sandstrahlgebläse, bestehend aus einer großen Zahl in einer Reihe sitzender Düsen oder einem Schlitzrohr, durch das Sand und Luft in breiter Fläche ausgeblasen werden. Bei jeder Drehung des Tisches wird jedes auf diesem befindliche Stück

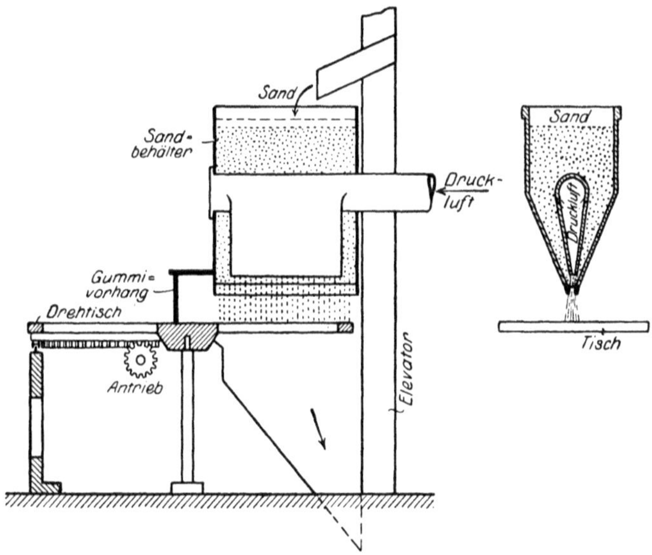

Abb. zu 605

einmal unter dem Sandstrahl durchgeführt. Meistens wird es mehrere Male in verschiedenen Lagen abgeblasen, indem es der Arbeiter auf der freien Seite des Tisches wendet.

606. **Was versteht man unter Gelbguß?**

Das Gießen von Messing, Bronze und anderen leicht schmelzbaren Metallen und Legierungen.

607. **Worin besteht der Unterschied und die Ähnlichkeit zwischen Gelbguß und Grauguß?**

1. Gießtemperatur des ersteren ist niedriger als bei letzterem.
2. Einschmelzen des ersteren findet gewöhnlich im Tiegel statt.
3. Es werden bei Gelbguß meistens getrocknete Formen, die aus tonigem Sand hergestellt sind, verwendet.

Im übrigen werden Formen und Modelle ganz ähnlich behandelt wie beim Grauguß.

608. **Kann man Messing, Aluminium-, Zinn- und Zinklegierungen noch auf anderem Wege gießen als in Frage 607?**

Ja; im Spritzgußverfahren.

609. **Was versteht man unter Spritzguß?**

Das Herstellen von Gußteilen dadurch, daß man Metall unter Druck in eine Dauerform einspritzt.

610. Worin beruht die Bedeutung des Spritzgusses?

Darin, daß man eine große Anzahl von Gußstücken allerkompliziertester Art mit größter Genauigkeit unter Eingießen von Bohrungen, Gewinden usw. so herstellen kann, daß Nacharbeiten unnötig werden. Man spart also Bearbeitungskosten und Maschinenkosten in großem Umfange.

611. Zwischen welchen Grenzen liegen die Drücke, mit denen man das Metall in die Form einspritzt?

Zwischen 5 und 80 Atm., je nach der Art der gespritzten Legierung, sowie der Größe und Genauigkeit der Form.

612. Welche Legierungen werden zur Herstellung von Spritzguß verwendet?

Blei-, Zinn-, Zink-, Aluminiumlegierungen sowie diese Metalle fast rein mit ganz geringen Zusätzen.

613. Wie verhalten sich die einzelnen Legierungen und Metalle beim Spritzguß?

Blei und seine Legierungen sowie Zinn und seine Legierungen machen beim Spritzguß wenig Schwierigkeiten.

Zink und seine Legierungen, zumal Messing greift die Form stark an, weil es verhältnismäßig heiß gegossen werden muß. Dadurch bekommen die Formen schnell Risse. Diese Güsse pflegen außerdem auch noch Wochen nach ihrem Erkalten zu schwinden und sich zu werfen, wodurch ihre Genauigkeit leidet.

Aluminium wird das Metall sein, das in Zukunft mit größtem Vorteil zum Spritzguß verwendet wird. Heute macht es noch Schwierigkeiten durch den hohen Schmelzpunkt, und namentlich dadurch, daß es das Eisen aus der Stahlform absorbiert und die Form dadurch ungenau wird. Man begegnet diesem Verhalten jedoch bereits durch geheime Verfahren, welche die Formoberfläche einer besonderen Behandlung aussetzen. Die Formen für Aluminiumspritzguß müssen nach dem Guß besonders schnell geöffnet werden, weil Aluminium stark schwindet und dadurch beim Verhaken an Formvorsprüngen leicht reißt.

614. Welche Stückzahl läßt sich in einer Spritzgußform bei verschiedenen Legierungen herstellen?

Bei Bleilegierungen 100000 Stück und mehr.
Bei Zinnlegierungen bis zu 50000 Stück.
Zinklegierungen sowie Messing oft nur wenige Tausend.
Aluminium 500 bis 1000 Stück.

615. Wodurch kann man Spritzgußform besonders widerstandsfähig machen?

Dadurch, daß man sie aus bestem Stahl herstellt, ihre Oberfläche härtet und poliert (sehr teuer, nur selten lohnend).

616. **Welche Materialien eignen sich im allgemeinen zur Herstellung von Spritzformen?**
Stahl, Gußeisen, polierter Marmor, seltener Magnesit.

617. **Hat das Gußverfahren einen Einfluß auf Güte und Festigkeit der hergestellten Gußstücke?**
Ja; die Erhitzung des Materials muß unter Luft- und Gasabschluß stattfinden, weil die meisten hier verwendeten Materialien in flüssigem Zustand Gase gern aufnehmen und sie bei dem schnellen Erkalten ohne Gasabführungsmöglichkeit nicht wieder loswerden. Je weniger Gase im Guß enthalten sind, desto fester und besser ist er.

618. **Wie muß die Form während des Gusses und nach erfolgtem Guß behandelt werden?**
Die meisten Formen werden während des Gusses mit Wasser gekühlt. Sämtliche Formen sind nach dem Guß sofort zu öffnen, um dem Guß den Weg zum Schwinden freizugeben, so daß keine Risse oder Überdehnungen eintreten.

619. **Welche Festigkeitserscheinungen bewirken die starken Spannungen, die durch das schnelle Schwinden beim Spritzguß entstehen?**
Die Druckfestigkeit ist meist höher als die Zugfestigkeit, die durch die inneren Spannungen zum Teil in Anspruch genommen ist.

620. **Was versteht man unter Veederguß?**
Eine Spritzgußart, bei der bestimmte Zinnlegierungen verarbeitet werden, die gas- und luftfrei gießbar sind, und mit einer besonderen Maschine sehr genaue Abgüsse ergeben.

621. **Bis zu welcher Genauigkeit kann man mit Spritzguß kommen?**
Normalerweise $^1/_{20}$ bis $^1/_{50}$ mm; in Ausnahmefällen bis $^1/_{100}$. Letzteres aber sehr teuer.

622. **Wo wird Spritzguß vor allem angewandt?**
Bei der Herstellung kleinerer Körper, meistens der Feinmechanik, die viele zu bearbeitende Flächen, Vorsprünge und Bohrungen haben, z. B. Hebel, Räder, Führungen, Tasten, Flügelräder für Zählkassen, Uhren, Rechenmaschinen, elektrische Meßapprate, Schalter.

623. **Welche der Form nach geeignete Teile wird man nicht im Spritzgußverfahren herstellen?**
Alle solche Teile, die starker Hitze ausgesetzt werden, wegen des niedrigen Schmelzpunktes der verwandten Legierung.

Teile, die stärkere Beanspruchung, namentlich Drehungen auszuhalten haben, wegen der Festigkeitseigenschaften des Spritzgusses.

Teile, die in zu geringer Anzahl hergestellt werden, wegen der hohen Herstellungskosten der Form.

624. Wie kann man die Spritzgußmaschinen einteilen?

In Handspritzmaschinen,
halbautomatische und
vollautomatische.

Alle drei Arten arbeiten entweder mit Preßluft oder mit Druckkolben. Letztere bei Spritzmetall hoher Schmelztemperatur nicht verwendbar. Handgießmaschinen bereits bei 2000 bis 4000 Teilen empfehlenswert; halbautomatische von etwa 10000 Teilen an, vollautomatische von 100000 an. Letztere meist für das Gießen von Lettern verwandt.

625. Mit welchen Mitteln erreicht man die gleichmäßige Erhitzung des Gießmetalls?

Durch Gasbeheizung, neuerdings häufig durch Gebläsebrenner; das sind Brenner, die Brenngas mit Preßluft mischen und hierdurch stark konzentrierte, gut regulierbare Flamme erreichen.

626. Wie wird die Temperatur des Gießmetalls kontrolliert?

Durch optische oder elektrische Thermometer, vielfach noch durch Beobachtung des Bades durch den Gießmeister.

627. Skizze und Beschreibung einer Spritzgußform.

Besonders interessant bei dieser Form ist die Konstruktion, daß

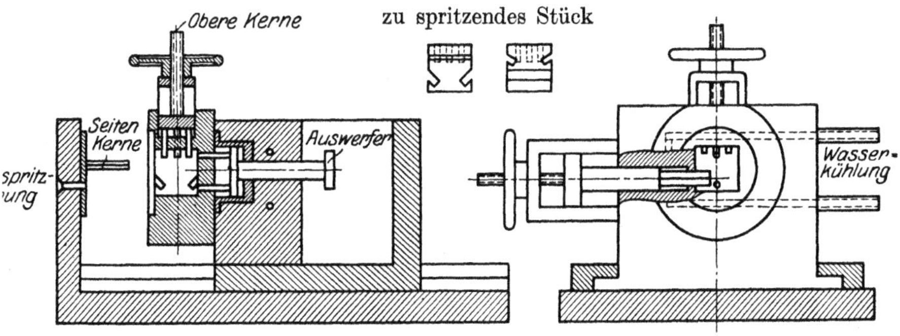

Abb. zu 627.

mit einem Handgriff die Form geöffnet und zugleich die Kerne aus dem Gußstück herausgezogen werden. Interessant ist ferner die Kühlung der Form.

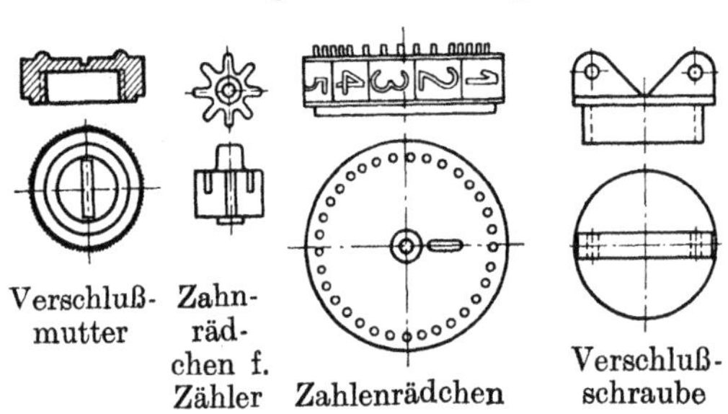

Abb. zu 628.

628. Es sind einige Stücke, die sich für Spritzguß eignen, zu skizzieren.

Schweißen, Flammenschneiden.

629. **Was versteht man unter Schweißen?**
Ein Zusammenfügen zweier meist gleichartiger Materialien durch Zusammenfließen oder Zusammenbacken ihrer Grenzen in der Hitze.

630. **Bei welchen Materialien wird dies Verfahren meist angewendet?**
1. Hauptsächlich bei Schmiedeeisen, Gußeisen und Stahl jeder Art.
2. Bei Messing, seltener Kupfer.
3. Bei Aluminium und Blei.

631. **Welche Arten von Schweißung unterscheidet man?**
1. Feuerschweißung.
2. Gasschweißung.
3. Elektrische Schweißung.
4. Thermitschweißung.

632. **Wie geschieht das Feuerschweißen?**
Angewandt nur bei Schmiedeeisen. Durch Erwärmung der zu schweißenden Enden bis zur Weißgluthitze und Zusammenpressen derselben unter dem Hammer.

633. **Welche Gefahren bestehen bei Feuerschweißen?**
Bildung einer Oxydschicht, die eine gleichmäßige Verbindung des Materials verhindert.

634. **Wie wird diese Oxydschicht verhindert?**
Durch Bildung einer Schutzhaut durch Aufstreuen von Sand (Schweißsand).

635. **Worauf kommt es beim Feuerschweißen an?**
1. Auf richtige Wärmeverteilung in der Schweißstelle.
2. Auf Schaffung einer entsprechend großen Schweißstelle.

636. **Wie kann man große Schweißfläche schaffen?**
1. Durch Abschrägen der Schweißenden (s. Abb.).
2. Durch Einkerben der einen und Anspitzen der anderen Schweißstelle. Abb.

1
2
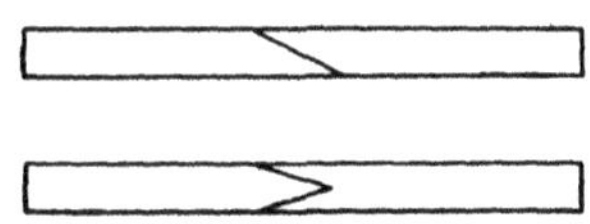

Abb. zu 636.

637. **Worauf beruht das elektrische Schweißen?**
1. Widerstandsschweißung.

Auf Erhitzen der beiden Schweißstellen durch Widerstandshitze eines durchgesandten elektrischen Stroms von sehr großer dem Querschnitt angepaßter Menge und geringer Spannung, 2 bis 5 Volt. Der Widerstand ist in der Schweißstelle stets am größten, wodurch Erhitzung stets an dieser Stelle stattfindet. Daher geringe Spannung im Material.

2. Lichtbogenschweißung.

Erhitzung der Schweißstellen durch einen elektrischen Lichtbogen. Hierbei auch Erhitzung des Materials neben dem Bogen, wodurch leichte Materialspannungen entstehen.

638. Wie geschieht das Einspannen beim elektrischen Widerstandsschweißen in der Schweißmaschine?

Die beiden zu schweißenden Enden werden nahe der Schweißstelle durch Kupferklemmbacken, die ihrer Form angepaßt sind, gefaßt. Während des Stromdurchganges werden sie einander genähert, so daß die Schweißstelle aufstaucht.

639. Es sind einige Klemmbackenformen zu skizzieren.

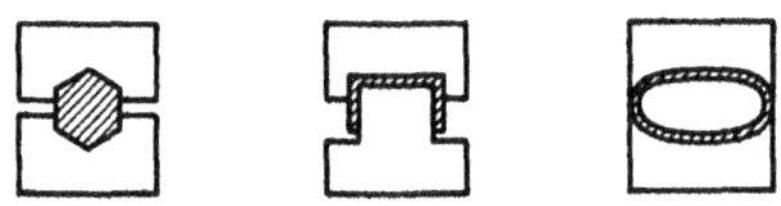

Abb. zu 639.

640. Wie geschieht das elektrische Nahtschweißen?

Es gibt hier mehrere verschiedene Verfahren.

1. Man führt die beiden zu schweißenden Bleche zwischen zwei kupfernen Rollen, die den Strom zuleiten, so hindurch, daß sie sich überlappen, und drückt die Überlappung dabei im warmen Zustand in eine Ebene nieder. Die Erhitzung wird durch den Widerstand des elektrischen Stromes in der Naht erzeugt.

2. Rollenschritt-Verfahren.

Da die Naht beim einfachen Durchziehen gewöhnlich nicht fest genug wird, so läßt man die Rollenelektroden während der Schweißung ruhen, unterbricht dann den Schweißstrom und läßt die Schweißstelle unter dem Elektrodendruck abkühlen. Ist die Abkühlung erfolgt, so beginnt der nächste Schritt, d. h. die nächste Schweißstelle wird zwischen die Elektroden gebracht, an der sich der Vorgang wiederholt. Auf diese Weise erhält man dichte und feste Schweißnähte.

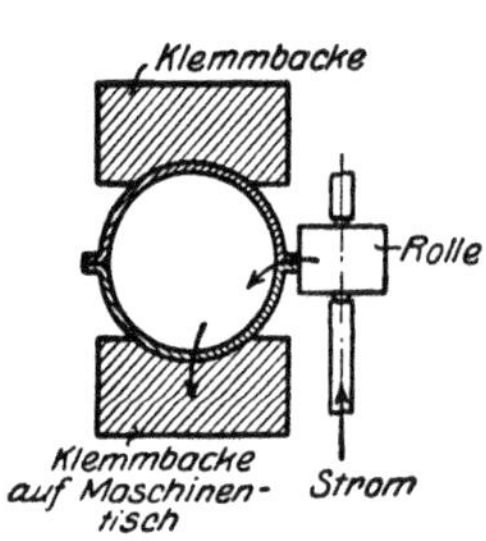

Abb. zu 641.

641. Wie schweißt man Rohre aus zwei Blechen?

Man biegt die beiden Hälften mit einem kurzen Flansch zusammen und legt diese zwischen leitenden Klemmbacken aufeinander. Dann führt man eine den Strom leitende Rolle an dem vorgebördelten Flansch unter Druck vorbei, drückt diesen nieder und schweißt ihn zugleich. Die Rolle wird dann an der anderen Seite angesetzt und das gleiche wiederholt.

642. **Was versteht man unter Punktschweißung?**

Eine Verbindung, namentlich leichterer Bleche, dadurch erzeugt, daß zwei Elektroden von zwei Seiten auf die überlappte Naht gesetzt werden und dadurch die Übergangsstelle zwischen den Blechen an der Aufsatzstelle der Elektroden zusammenschweißt. Das Blech wird dann etwa um eine Nietentfernung weitergezogen, die maschinell betätigten Elektroden wieder aufgesetzt. Die Punktschweißung dient als guter und billiger Nietersatz.

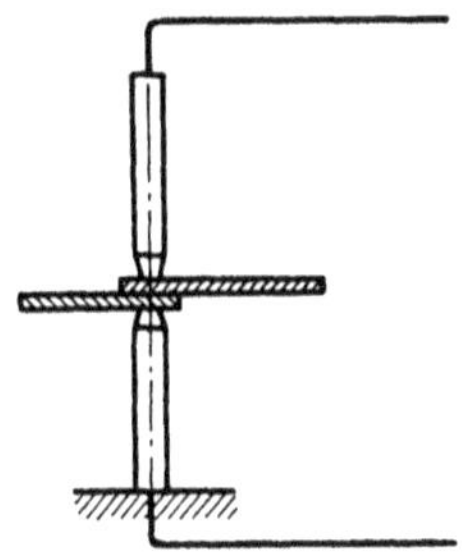

Abb. zu 642.

643. **Welche Verfahren der elektrischen Lichtbogenschweißung unterscheidet man?**

1. Schweißen nur mittels Lichtbogens, der zwischen zwei Kohlenelektroden übergeht. Lichtbogen kann mittels Magnets noch auf die zu schweißende Stelle geblasen werden. Zuführung von Schweißmaterial in Form eines Eisenstabes notwendig.

2. Verfahren nach Slavianoff.

Hier wird der eine Pol an den zu schweißenden Gegenstand angeschlossen. Anderen Pol bildet bewegliche Elektrode aus Schweißmaterial, meist Flußeisen, die während des Schweißens auf die Schweißstelle abtropft. Oxydation der Schweißstelle verhütet man durch Eintauchen der Schweißelektrode in Borax oder Silikatbrei. Lichtbogenspannung liegt zwischen 20 und 45 Volt. Stromstärke zwischen 100 bis 500 Amp. Meist eingeführtes Verfahren, gibt verhältnismäßig spannungsfreie Schweißstellen.

644. **Welche allgemeinen Regeln sind beim Anbringen von Schweißstellen zu beachten?**

1. Schweißstellen nicht an Stellen höchster Beanspruchung oder sich dauernd wiederholender Verbiegungen legen.

2. Schweißstellen lieber auf Druck als auf Zug beanspruchen.

3. Diejenige Schweißung wird die spannungsfreieste und beste, bei der Oxydhaut während des Schweißvorganges am besten ferngehalten oder entfernt werden kann und bei der das neben der Schweißstelle liegende Material in möglichst geringem Umfange erwärmt wird, daher heißeste Flamme spannungsfreieste Schweißung, da Nachbarteile am wenigsten erwärmt durch schnellen Arbeitsvorgang.

645. **Kann man beim elektrischen Schweißen in jeder Lage, d. h. nach unten und nach oben schweißen, und wie macht man dies?**

Ja.

1. Nach unten schweißt man, indem man die Schweißstelle möglichst zum Fließen bringt und so lange Zusatzmaterial zusetzt, bis die Schweißnaht gefüllt ist. Hierbei Naht nicht überlappen lassen, sondern weiten, nach der Tiefe zu enger werdenden Schlitz offen halten, den man mit Material ausfüllt.

2. Nach oben schweißt man, indem man das Zusatzmaterial tropfenförmig zunächst in der Tiefe und an den Seitenwandungen des Schweißrisses anhängt und Zusatzmaterial so ständig in Lücke aufbaut, wobei man Schicht für Schicht nachhämmert und so Schlacke austreibt.

646. **Wie unterscheidet sich die Flammenschweißung von der elektrischen Schweißung?**

Als Erhitzungsmittel verwendet man bei der Flammenschweißung anstatt des Lichtbogens bei der elektrischen Schweißung brennende Gase, mittels deren die Schweißstelle erwärmt wird. Zusatzmaterial wird meistens flüssig in die Schweißstelle eingetropft, so daß Schweißen über Kopf bei der Flammenschweißung außerordentlich schwierig und selten ist.

647. **Welche Gase verwendet man bei der Flammenschweißung am häufigsten?**

1. Azetylen
2. Wasserstoff
3. Leuchtgas
4. Benzoldämpfe

} mit Sauerstoff gemischt.

648. **Welches sind die beim Schweißen wirksamen Eigenschaften dieser Gase, und wo werden sie hauptsächlich verwandt?**

1. Azetylen-Sauerstoff-Flamme. Entwickelt von den genannten Gasen höchste Temperatur, 3500 bis 4000° C. Wird daher für alle größeren Schweißarbeiten bevorzugt. Flamme hat außerdem eine Zone reduzierender Verbrennungsbestandteile. Diese Zone wird beim Schweißen benutzt, wodurch Oxydierung der Schweißstelle vermieden wird.

2. Wasserstoff-Sauerstoff-Flamme, sogenanntes Knallgas, verbrennt mit etwa 2000° C. Daher für Schweißung feiner Körper und dünner Bleche, die in Azetylenflammen leicht verbrennen, besonders geeignet. Unangenehm hierbei die Gefahr des Zerfallens des sich bildenden Wassers, wodurch Schweißstelle unter Umständen durch freiwerdenden Sauerstoff verbrannt werden kann. Werden stärkere Materialien mit Wasserstoff-Sauerstoff geschweißt, tritt wegen langer Schweißdauer starke Erhitzung neben der Naht liegender Flächen ein, wodurch starke Spannungen in Schweißnaht entstehen.

3. Leuchtgas-Sauerstoff, nur aushilfsweise da verwandt, wo andere Gase schwer beziehbar, z. B. kleine Schlossereien, Montagestellen. Temperatur etwa 1700° C. Gefahr der Schwefelanreicherung der Schweißstelle, daher Brüchigwerden.

4. Benzoldämpfe - Sauerstoff. Temperatur höher als Wasserstoff-Sauerstoff, etwa 2700° C. Wirtschaftlich weniger vorteilhaft, Apparate aber leichter transportabel als Azetylenapparate, daher an schwierigen Montagestellen.

649. **Wie wird Wasserstoff hergestellt?**

1. Elektrolytisch durch Zerlegung von angesäuertem Wasser. Man

erhält 2 Teile Wasserstoff, 1 Teil Sauerstoff. Apparatur kompliziert und explosionsgefährlich. Herstellungskosten: 10.

2. Verfahren durch Zerlegung von Wasserdampf durch Leitung über Eisenerze. Nur wirtschaftlich bei Herstellung von über 50 m^3/st. Herstellungskosten: 1.

3. Verfahren der Badischen Anilin- und Soda-Fabriken mittels einem geheimgehaltenen Katalysator. Herstellungskosten: 0,1 + Lizenz. Nur ganz große Mengen.

650. **Wie wird Wasserstoff und Sauerstoff aufbewahrt und was ist hierbei zu beachten?**

Beide Gase kommen gewöhnlich in Stahlflaschen auf 150 bis 200 Atm Druck zusammengepreßt in den Handel. Flaschen haben verschiedenen Anstrich, damit z. B. nicht Wasserstoff auf halbleere Sauerstoffflaschen gefüllt wird, wodurch man Knallgas erhielte. Zu diesem Zweck haben Flaschen auch verschiedenes Anschlußgewinde. Ansaugleitung, namentlich der Wasserstoffanlagen, zum Kompressor, müssen stets gut dicht gehalten werden, damit nicht Wasserstoff-Luftgemisch angesogen wird. Beleuchtung der Füllräume von außen, um Explosionsgefahr zu vermeiden. Flaschen nicht in Sonne lagern und nicht werfen. Ventile der Flaschen langsam öffnen und schließen, da sonst Kompression mit starker Hitzeentwicklung in vorgelagerten Reduzierventilen usw. auftreten können, die Anlaß zu Entzündungen geben. Ventile ölfrei halten, da Öl, wenn komprimiert, Initialentzündung gibt. Abschlußventile regelmäßig auf Dichtigkeit prüfen, da durch undichte Wasserstoffventile Knallgasmischungen in engen Arbeitsräumen entstehen können, durch undichte Sauerstoffventile unnötige Verluste. Gegen Kompressionszündungen Dräger-Sicherheitsventile mit Sonderkompressionsraum anwenden.

651. **Wie wird Azetylen erzeugt?**

Durch Verbindung zwischen Karbid und Wasser.

Zwei Möglichkeiten bei den Erzeugungsapparaten:

1. Karbid in Wasser geben.
2. Wasser in Karbid.

Bei größeren Anlagen erstere bevorzugt, wegen Erwärmung und Möglichkeit jederzeitigen Abbruches des Prozesses.

652. **Was ist Karbid?**

Kohle und Kalk im elektrischen Ofen gebrannt.

653. **Wieviel Azetylen ergibt 1 kg Karbid?**

Gutes Fabrikat rund 300 l.

654. **Man beschreibe einen transportablen Azetylenerzeugungs-Apparat üblicher Bauart.**

Apparat besteht aus Gasometer mit Wasserbehälter und Karbidtopf. Wasserbehälter groß, um Erwärmung zu verhindern. Unten spitz, zur bequemen Entschlammung muß vollständig entlüftet werden können. Wasservorlage. Apparat erzeugt Azetylen mit 100 bis 200 mm

WS-Druck Abzugsrohr zum Abströmen zuviel entwickelten Gases notwendig.

655. Was ist bei der Behandlung der Azetylenapparate zu beachten?

Vor Neufüllung vollständig entlüften. Stets gut entschlammen. Nachstoßen von Karbid mit eisernen Gegenständen vermeiden, da Funkenbildung und dadurch Explosionsgefahr. Wassererwärmung beobachten. Größtes Gefahrmoment beim Inbetriebsetzen nach Reinigung.

656. Was versteht man unter Dissousflaschen und weshalb verwendet man sie?

Azetylen nicht unter hohem Druck wie Wasserstoff aufbewahrungsfähig, da zu explosionsgefährlich. Deshalb füllt man Flaschen mit Azeton, das durch poröse Masse aufgesaugt wird. Azeton bindet unter Druck das Azetylen etwa wie das Wasser die Kohlensäure. Man kann daher diese Flaschen bis zu Drücken von 30 Atm. gefahrlos auffüllen.

657. Welche Hilfsapparate sind bei der Azetylen-Sauerstoff-Schweißung notwendig?

1. Schweißpistolen mit verschiedenen Mundstücken je nach Stärke der gewünschten Flamme.
2. Wasservorlage.
3. Staubfilter.
4. Chemischer Reiniger zur Entfernung etwa gebildeter Phosphorwasserstoffe.

658. Wie sieht eine Schweißpistole aus?

S. Abb. Sie besteht aus Zuleitungsrohr mit Hahn für Sauerstoff,

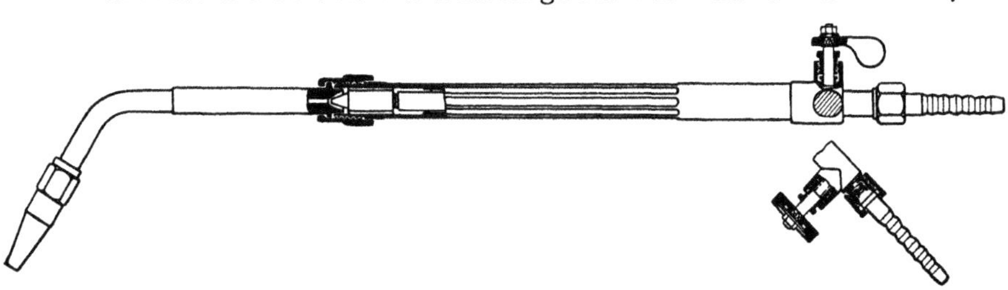

Abb. zu 658 (Messer, Frankfurt a. Main).

ebenso für Azetylen. Düsen verschiedener Stärken, vielfach auswechselbar.

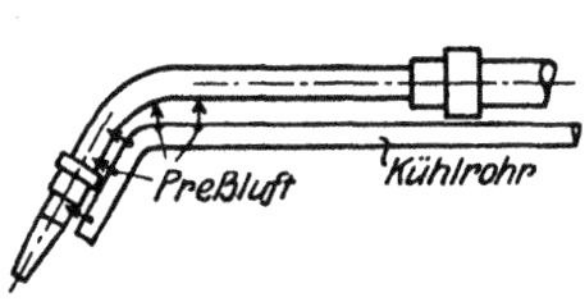

Abb. zu 659.

659. Kann man diese Schweißpistole auch für Innenschweißung benutzen?

Nicht vorteilhaft, da Düse dann stark erwärmt und Flamme unter Knallen ständig zum Mischer zurückschlägt, wodurch Abkühlung erforderlich und Schweißprozeß unterbrochen. Besser von Preßluftleitung Kühlrohr anbringen. (S. Abb.)

660. Welchen Zweck hat Staubfilter, wie sieht er aus?

Mit dem Gas geht Kalkstaub aus gelöstem Karbid in Staubform mit durch die Leitung. Verstopft Leitung und Mischer und verdirbt Schweißnaht. Muß daher abgefiltert werden. (S. Abb.)

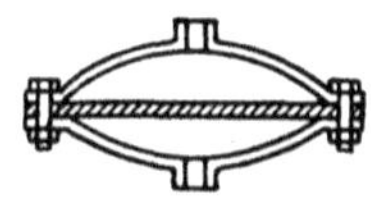

Abb. zu 660.

661. Was ist eine Wasservorlage und wozu dient sie?

Sie ist ein Gefäß mit Wasser (s. Abb.), durch das Azetylengas durchtreten muß. Wird zwischen Schweißpistole und Leitung eingeschaltet, um ein Zurückschlagen von Flammen in Leitung zu verhüten.

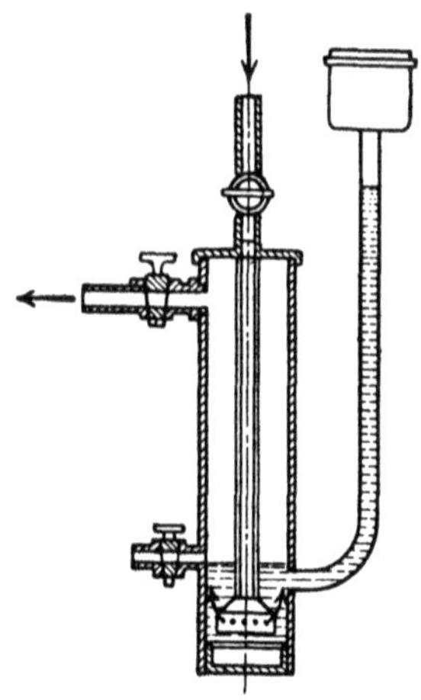

Abb. zu 661.

662. Herstellung des zum Schweißen verwendeten Sauerstoffs.

1. Elektrolytisch im gleichen Apparat mit dem Wasserstoff. (Sehr rein.)

2. Nach Linde durch Verflüssigung von Luft und Abdestillation des Stickstoffs. (Billig.)

663. Wie muß die Flamme bei richtiger Einstellung aussehen?

S. Abb. Bei richtig eingestellter Flamme bildet sich zwischen weißglühendem Flammenkern und Flammenmantel eine neutrale Zone reduzierenden Gases. (S. Abb.) Die Schweißnaht muß mit dieser Zone berührt werden. Bei Sauerstoffüberschuß verkürzt sich der Flammenkern. Genannte Zone fällt weg. Schweißnaht verbrennt. Bei Azetylenüberschuß erweitert sich Flammenkern, wird unklar, Schweißnaht härtet durch Kohlung. Lokale Härtung auf diese Weise möglich. Regulierung der Flamme durch Einstellung der Drücke an Leitungen und Flaschen, und Regulierung der Hähne am Brenner.

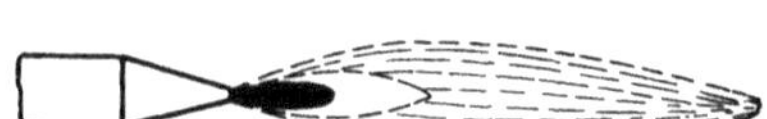

Abb. zu 663.

664. Was ist beim Schweißen dünner Bleche zu beachten?

1. Temperatur nicht zu hoch, um Durchbrennen zu vermeiden, daher Wasserstoff-Sauerstoff-Flamme.

2. Schweißflamme nicht lange an einem Fleck wirken lassen.

665. Was ist beim Schweißen mittlerer Bleche zu beachten?

1. Große Schweißhitze, daher Azetylen-Sauerstoff vorteilhaft.

2. Abschrägung der Blechkanten bis zur Grabenbildung (s. Abb.).

Einfließenlassen des Schweißmaterials, dauerndes Bewegen des flüssigen Schweißmaterials in Naht bis zum Festwerden, zwecks Entschlackung 3. Auseinanderkeilen der Naht in einiger Entfernung von der Schweißstelle, um Übereinanderziehen der zu schweißenden Platte zu vermeiden (s. Abb.). Neigung zum Übereinanderziehen findet dadurch statt, daß Plattenkanten erwärmt, dabei gestaucht werden, inzwischen sind sie fest verbunden und ziehen sich bei Abkühlung zusammen, wodurch das nebenliegende Material, das noch nicht gestaucht war, länger wird.

Abb zu 665².

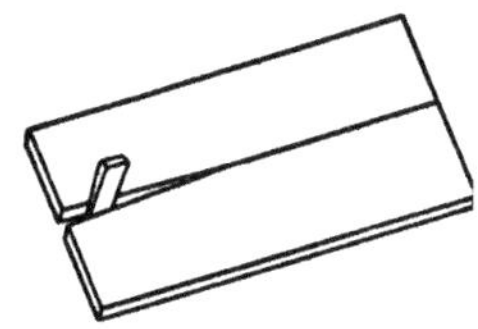

Abb. zu 665³.

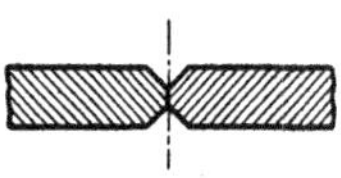

Abb. zu 666.

666. Wie werden stärkste Platten, über 10 mm geschweißt?

Am besten zweiseitig, s. Abb. Anwärmung von der anderen Seite.

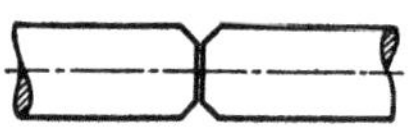

Abb. zu 667.

667. Wie schweißt man zwei gleichstarke Rundstäbe aneinander?

Man spitzt beide etwas zu und füllt die Naht mit Material aus. Schweißt zunächst an zwei gegenüberliegenden Seiten, nicht laufend herum. Abb.

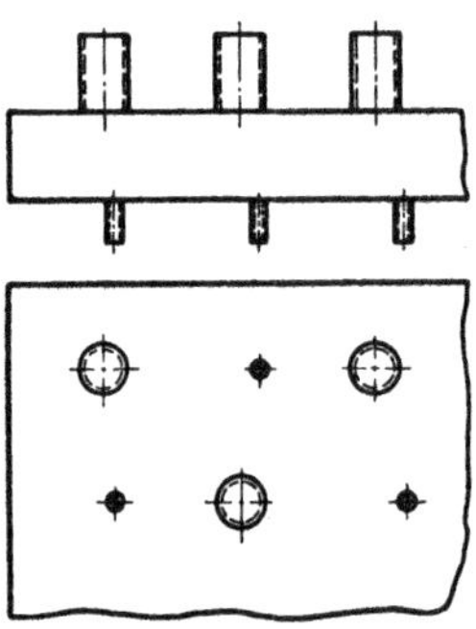

Abb. zu 668.

668. Wie schweißt man einen dünnen Gegenstand an einen dicken?

Man wärmt zunächst dicke Platte vor, weil diese nicht genügend warm werden würde, während dünnwandige Aufsätze bereits verbrennen würden.

669. Wie schweißt man einen Winkel an eine Platte fest?

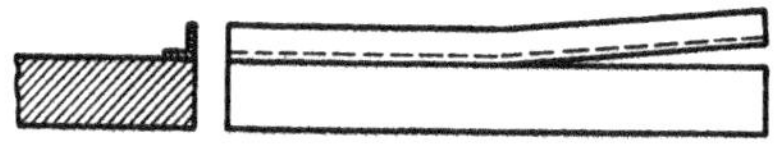

Abb. zu 669.

S. Abb. Winkel biegt sich ab, da angeschweißter Schenkel gestreckt wird, während abliegender Schenkel kurz bleibt. Daher abwechselndes Erwärmen von abliegendem und anliegendem Schenkel notwendig.

670. Wie kann man ein dünnes, glattes Blech so anschweißen, daß es sich nicht wirft?

Indem man die erzeugte Wärme durch ein dicht neben der Schweißnaht aufgelegtes dickes Blech ableitet.

671. Wie schweißt man einen Flachbohrer auf?

Keilförmig, s. Abb., um möglichst lange Schweißnaht zu schaffen.

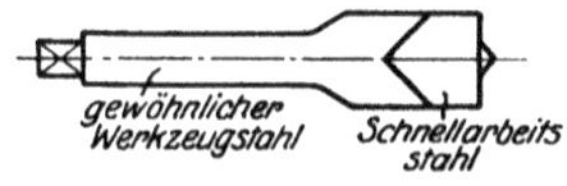

Abb. zu 671.

672. Man nenne einige Beispiele, wo durch Benutzung der Schweißung wesentlich an Arbeit gespart wird?

1. Durch Anschweißung von Gewindeenden an gekrümmte Rohre. Abb. 672^{1}.

2. Durch Schweißen der Schnittkante eines im spitzen Winkel umgelegten Winkeleisens. Abb. 672^{2}.

Abb. zu 672^{1}.

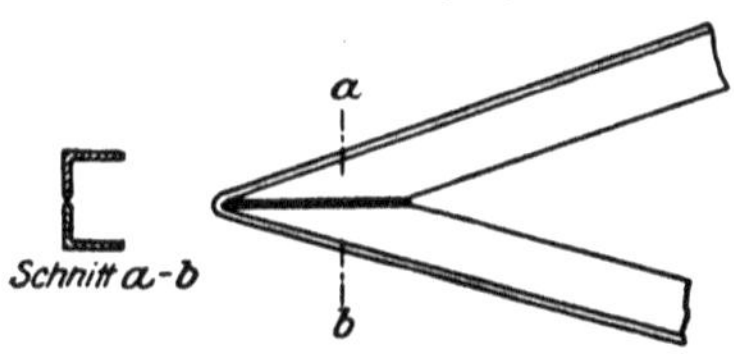

Abb. zu 672^{2}.

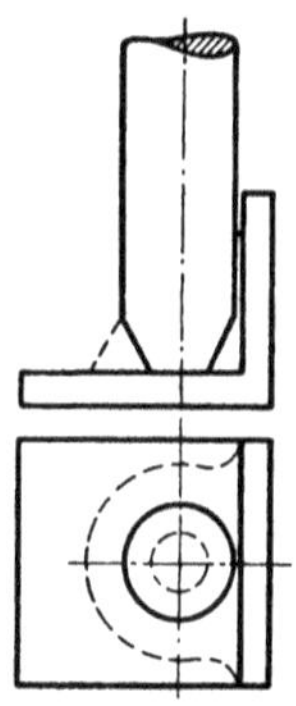

Abb. zu 672^{3}.

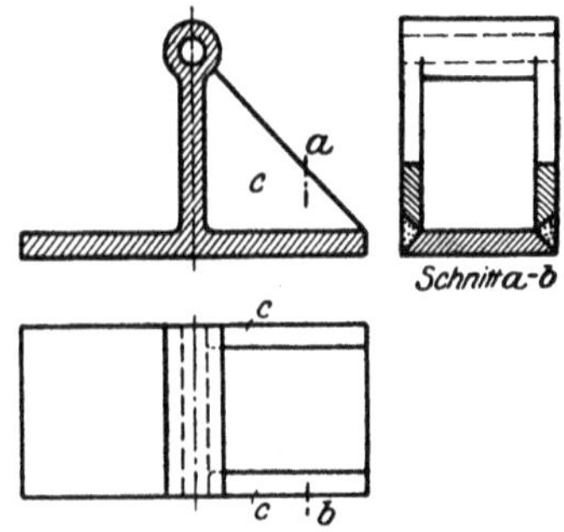

Abb. zu 672^{4}.

3. Durch Aufschweißen einer Säule auf den dazugehörigen Winkelfuß. Abb. 672^{3}.

4. Durch Anschweißen anstatt Ausschmieden der Stützdreiecke in nebenstehenden Bock. Abb. 672^{4}.

5. Durch Einschweißen des Steges in nebenstehenden Deckel. Abb. 672^{5}.

6. Durch Einschweißen der Stütze in den Flansch. Abb. 672^{6}.

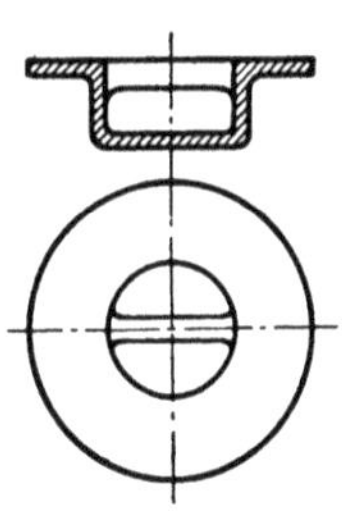

Abb. zu 672^{5}.

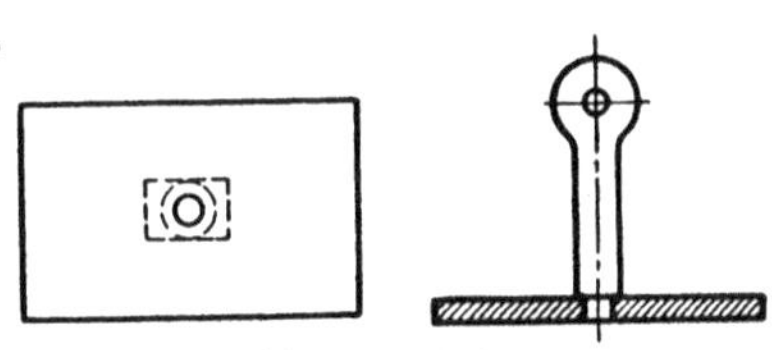

Abb. zu 672^{6}.

7. Durch Zusammensetzen umstehenden schmiedeeisernen Ventils durch Schweißarbeit. Abb. 672^{7}.

Die Teile 1 und 4 werden durch Drehen, Teil 2 durch Pressen, Teil 3 als abgeschnittenes Rohr, Teil 5 als Schweißteil hergestellt und zusammengeschweißt.

8. Durch Anschweißen der Flanschen an umstehenden Kasten mit ungleichschenkligem U-Profil. Abb. 672^{8}.

9. Durch Aufschweißen der Verstärkung auf umstehenden Deckel. Abb. 672^{9}.

10. Durch Aufschweißen der geschmiedeten Ohren auf eine bereits gestoßene und gebohrte Platte. Abb. 672^{10}.

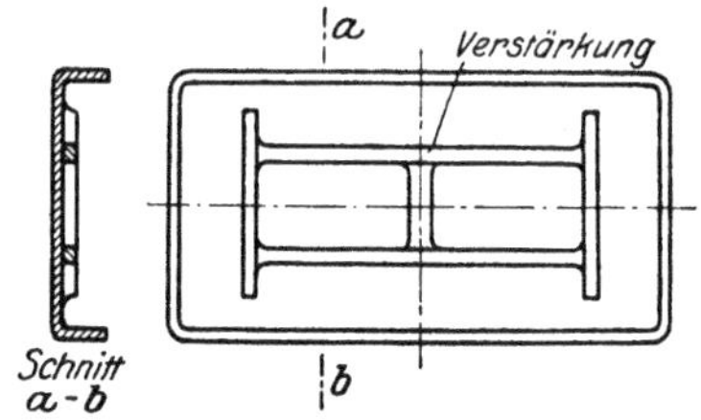

Abb. zu 672^{9}

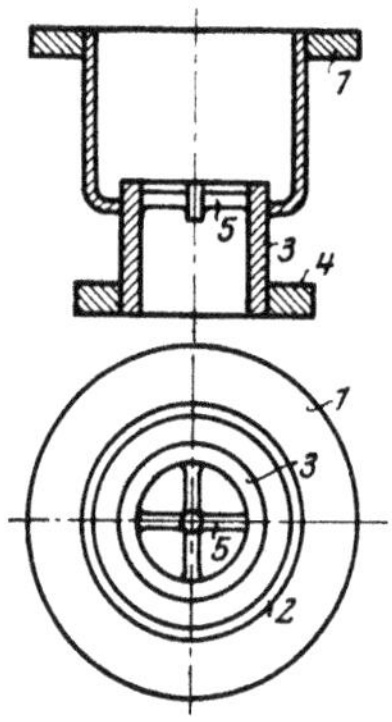

Abb. zu 672^{7}.

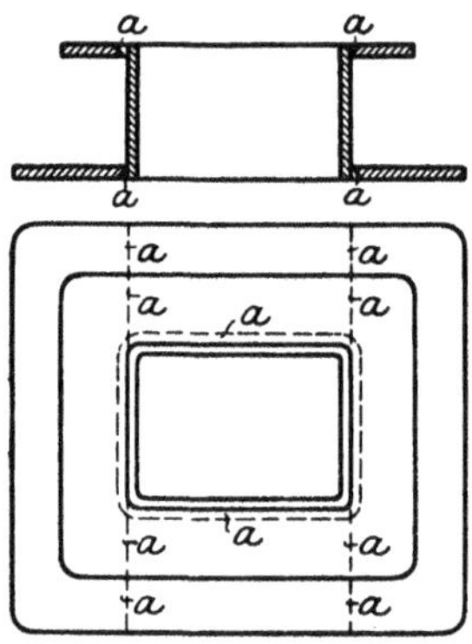

Abb. zu 672^{8}.

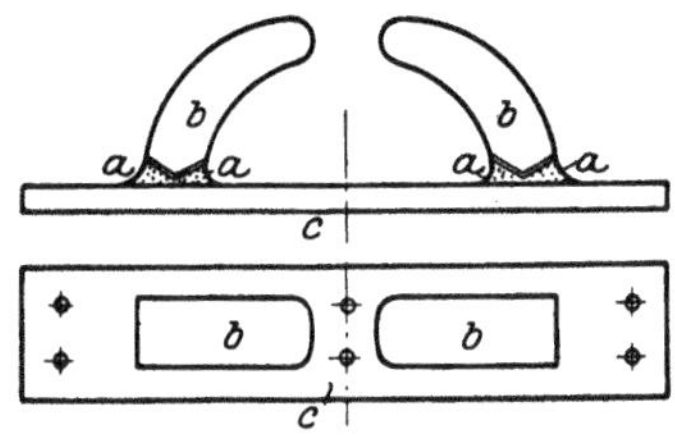

Abb. zu 672^{10}.

673. **Man nenne einige Beispiele, bei denen durch Benutzung der Schweißung wesentlich an Material gespart wird.**

1. Durch Anschweißung des gedrehten Griffes an die Stange, anstatt das Ganze aus dem Vollen zu drehen.

Abb. zu 673^{1}. a = Schweißstelle.

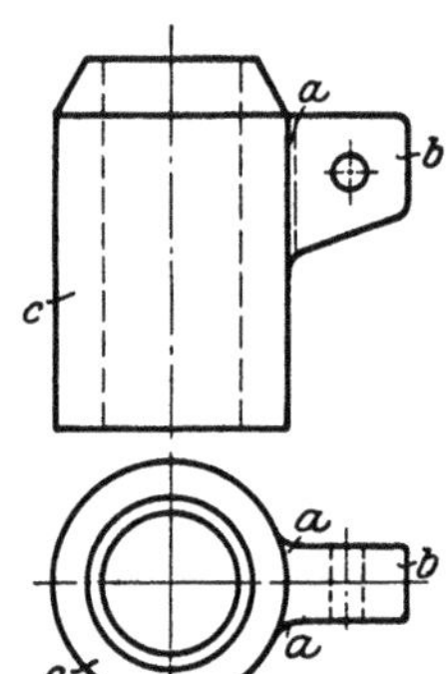

a = Schweißstelle, b = Ohr, c = Kappe.
Abb. zu 673^{4}.

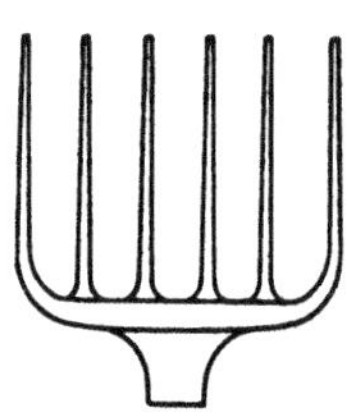

Abb. zu 673^{3}.

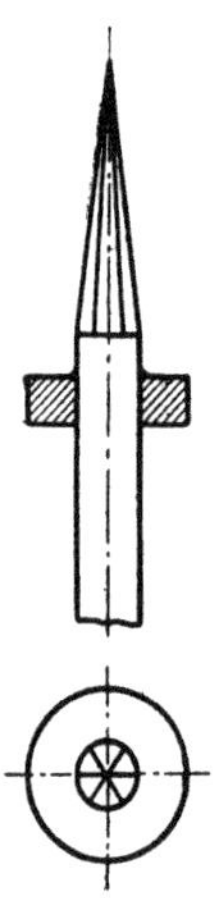

Abb. z. 673^{2}

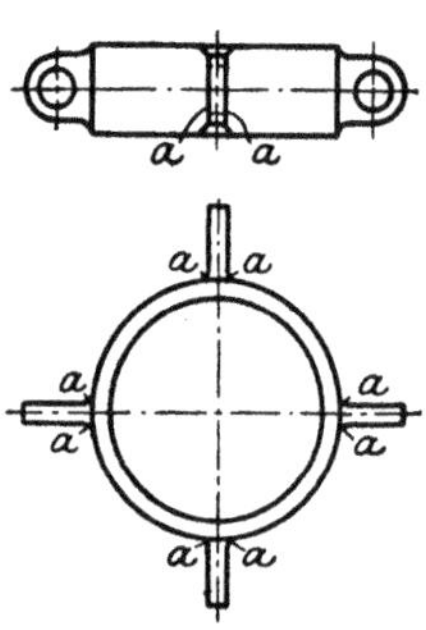

Abb. zu 673^{7}.

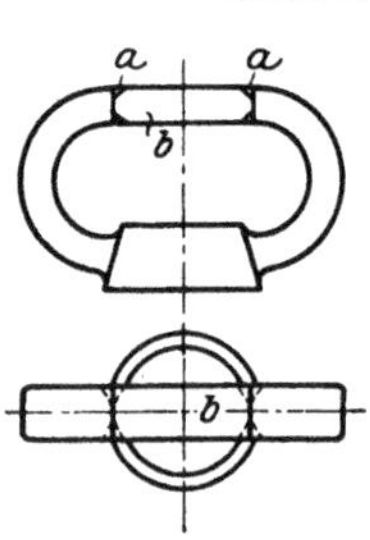

Abb. zu 673^{5}.

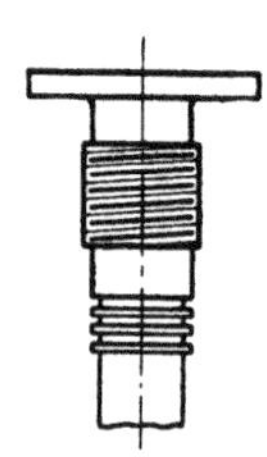

Abb. zu 673^{6}.

2. Durch Aufschweißen des Bundes als Ring auf die Spitze.
3. Durch Anschweißung von Zinken und Stiel.
4. Durch Anschweißen des Ohrs an die Kappe.
5. Durch Einschweißen des Zwischenstücks *b* in die Korbmutter.
6. Durch Aufschweißen des stark ausladenden Flansches auf das Gewindestück.
7. Durch Anschweißen der Ohren an den Mastbeschlag.

674. Wie füllt man einen großen Riß, den man nicht direkt zuschweißen kann, mit Hilfe des Schweißbrenners aus?

S. Abb. Die Lücke *b* soll zugeschweißt werden, ist hierzu zu breit. Draht *c* wird bei *a* angeschweißt, bei *e* und *f* nacheinander erwärmt, mit der Hand in Kurve gebogen und auch in dieser angeschweißt, schließlich bei *g* abgeschmolzen. Wenn notwendig noch zweiten Draht in ähnlicher Weise anbringen, dann Lücke über den Drähten zuschweißen.

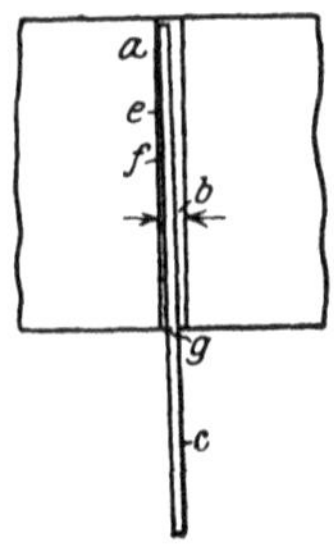

Abb. zu 674.

675. Wie schweißt man großen schmiedeeisernen Kasten für Verzinkerei?

S. Abb.

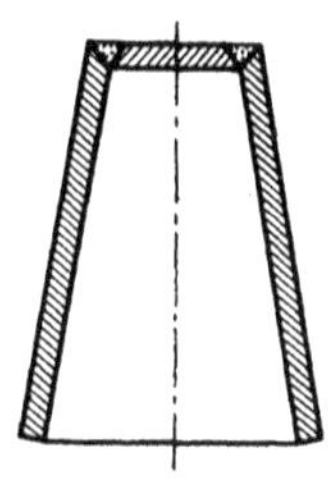

Abb. zu 675.

676. Kasten, Frage 675, verzieht sich wie Skizze. Wie gerade zu richten?

An Stelle *a* stark bis zur Glut erhitzen, und schnell mit Wasser abschrecken. Hierdurch wieder gerade zu ziehen.

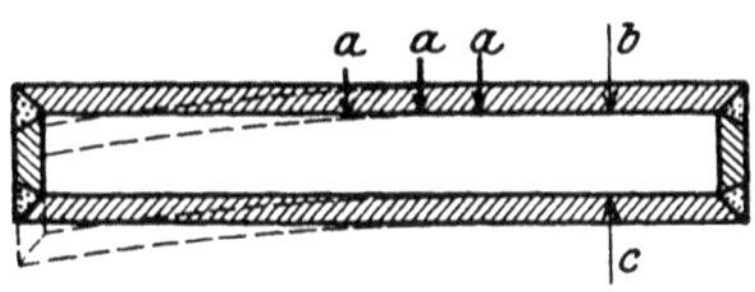

Abb. zu 676.

Verziehen kann vermieden werden, wenn Nähte *b* und *c* von zwei gleichguten Schweißern gleichmäßig vorgetrieben werden. Verziehen tritt ein nach der Seite, die zurückbleibt.

677. Wie richtet man mittels Schweißbrenner verbogene Schiffssteven gerade?

Drei häufigst vorkommende Fälle.

1. Steven ist verdreht, s. Abb.

I-Eisen *a* aufspannen, Steven mit großen Autogenapparaten bei *c* und *e* anwärmen, mit Flaschenzug *b*, der an Festpunkt angeschlagen, herumholen. Punkt *d* ist durch Einnietung abgestützt.

2. Steven seitlich ausgebogen, s. Abb.

Abstützen bei *a*, Erhitzen durch Schweißbrenner bei *c* und *c*, mit Winde oder hydraulischem Bock und Balken *b* wieder in alte Lage drücken

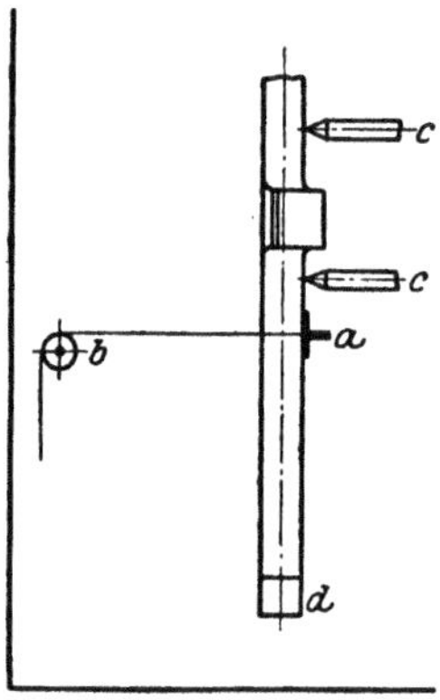

Abb. zu 677[1]

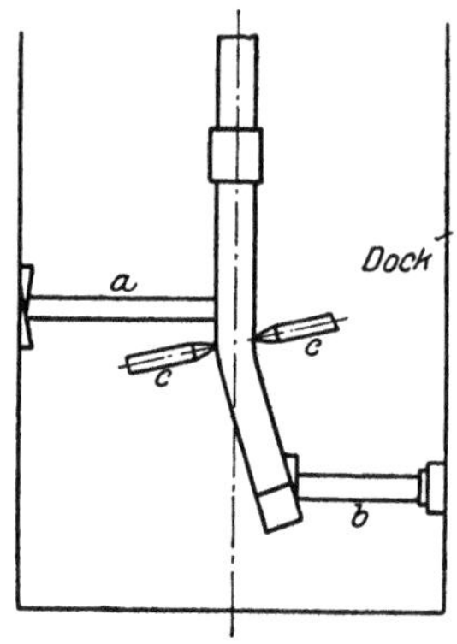

Abb. zu 677[2].

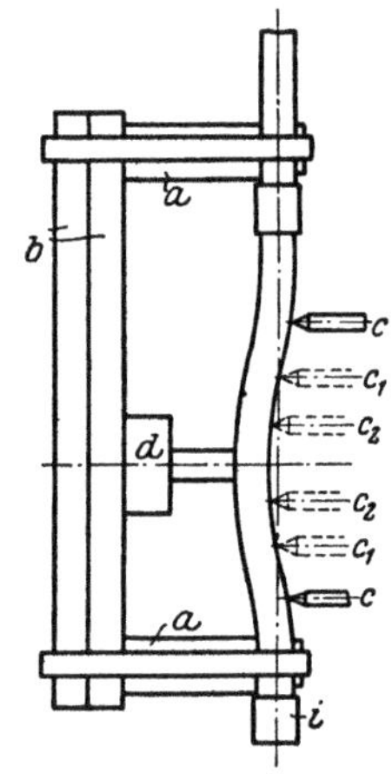

Abb. zu 677[3].

3. Verbogen, s. Abb.

Gegenlager bei *a* mittels schweren Stahlbalken bei *a* und *a* ansetzen. Zunächst bei *c* und *c* vorwärmen und mittels hydraulischem Bock *d* vordrücken. Dann *c* abkühlen und weiter nacheinander bei c_1, c_2 sofort vorwärmen, durchdrücken und abkühlen. Punkt *i* wird dabei etwas sinken.

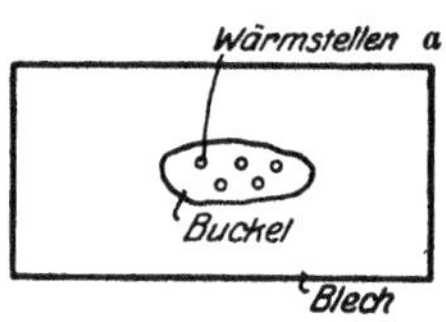

Abb. zu 678.

678. Wie richtet man verbeulte Platte gerade?

Buckel an Stellen *a* erwärmen und mit Hammer niederstauchen, dann sofort durch aufgegossenes Wasser abkühlen. Auf gleiche Weise ohne Stauchung können gerade Bleche krumm gezogen werden.

679. Wie schweißt man zerbrochene gußeiserne Teile?

Bei kleinen und mittleren Teilen ganzes Stück im Holzkohlenfeuer auf Rotwärme bringen. Erwärmtes Stück mittels gußeisernen Zusatzmaterials wie Schmiedeeisen schweißen, Schweißstelle gut durchrühren. Mit Holzkohlenfeuer in der Asche oder im Glühofen langsam abkühlen lassen.

Große Teile wenigstens in großem Umfang neben der Schweißstelle erhitzen und ebenso behandeln.

Ausgesprungene Ecken und faustgroße Ausbruchstücke kann man auch, wenn Gußeisenbruchstück nicht vorhanden, durch Einschweißen schmiedeeisernen Ersatzstückes wieder herstellen.

680. Sind beim Gußeisenschweißen die Schweißstäbe von gleicher Zusammensetzung wie das zu schweißende Stück zu wählen?

Nein, Zusatzmaterial muß größeren Siliziumgehalt haben als Werkstück, da beim Schweißen Silizium und auch Kohlenstoff ausbrennt.

681. **Worauf beruht der Vorgang des Flammenschneidens?**

Auf der Eigenschaft, daß glühende schmiedbare Eisensorten unter Zusatz von Sauerstoff an der Luft verbrennen.

682. **Wie wird Flammenschneiden durchgeführt?**

Glühendmachen des zu schneidenden Eisenteils mittels Wasserstoff-Sauerstoff- oder Azetylen-Sauerstoff-Flamme. Dann Aufblasen von reinem Sauerstoffstrahl zum Verbrennen und Herausschleudern des Eisens aus der Schnittfuge. Daher immer von Kante oder von Loch aus schneiden, um Herausschleudern glatt möglich zu machen.

683. **Wie sieht Apparat zum Flammenschneiden aus?**

S. Abb.

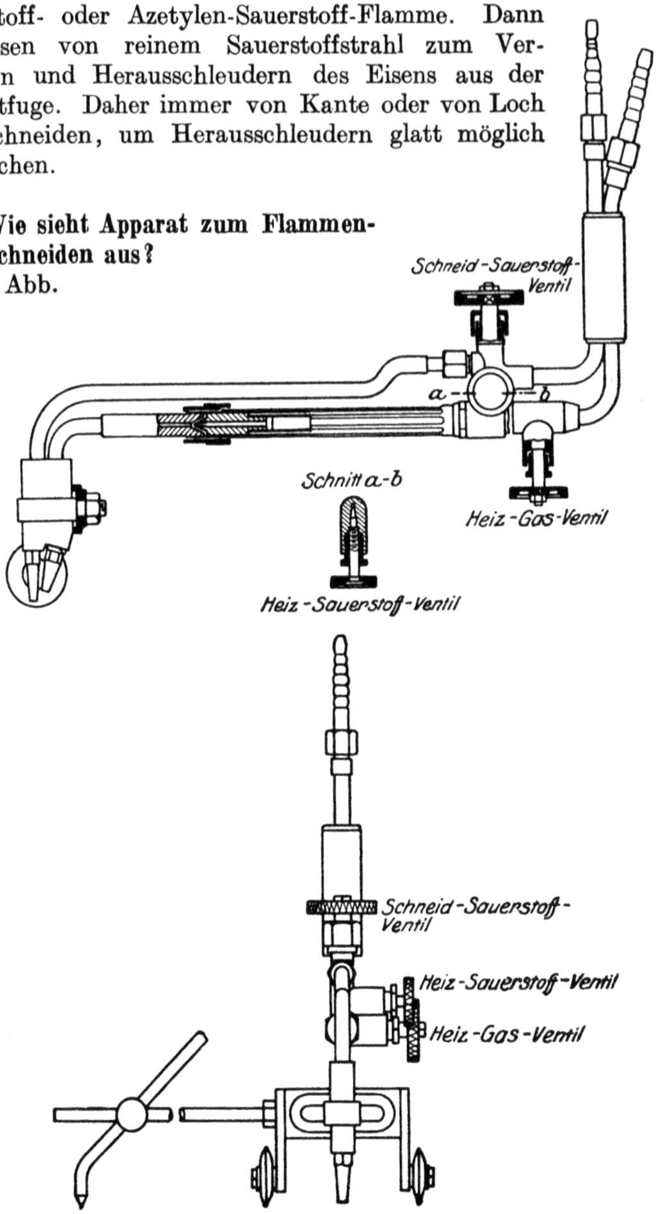

Abb. zu 683. (Messer, Frankfurt a. Main).

684. Welche Sorten unterscheidet man von diesen Apparaten?

Zweischlauch- und Dreischlauch-Apparate. Letztere führen den Schneidsauerstoff gesondert zu, während er bei ersteren (den schwächeren) aus Zuleitungsrohr für den Mischsauerstoff der Anwärmeflamme entnommen wird.

685. Welche Metalle lassen sich durch Flammenschneiden bearbeiten?

Mit Vorteil nur Schmiedeeisen und Stahl, in Stärken von 400 mm bis zu den geringsten.

686. Worauf muß beim Flammenschneiden besonders geachtet werden?

Auf ruhige gleichmäßige Führung der Schneidflamme, da Schnitt sonst unscharf und häufig unterbrochen. Zur Unterstützung dienen hie Führungsapparate, Wagen usw.

687. Wie verwendet man das Flammenschneiden bei unter Wasser befindlichen Eisenteilen?

Ein dem normalen Schneidapparat ähnlicher Wasserstoff-Sauerstoff-Schneidapparat wird mit Ringdüse umgeben, durch die Preßluft unter regulierbarem Druck ausströmt. Die Luftglocke schützt Schneidflamme unter Wasser vor Erlöschen und Werkstück vor zu starker Abkühlung, daher Schneiden wie über Wasser.

Besser und billiger arbeiten Apparate mit Azetylen-Sauerstoff und kleiner Sauerstoffschutzglocke, die sich auch gut unter Wasser zünden lassen.

688. Wie trennt man Bronze- und Metallblöcke mittels Flamme?

Flammenschneiden der üblichen Art hier nicht anwendbar, aber Auseinanderschmelzen mittels Schweißapparat, am besten unterstützt durch gleichzeitiges Mitschmelzen eines Eisenstabes, der Wärmeträger bildet und durch Lücke durchfließt, möglich. Schnitt wird unsauber. Verfahren bei Abbrucharbeiten gebraucht.

689. Wie kann man starke stählerne Platten bis 400 mm, z. B. Panzerplatten, mittels Gas durchbohren?

Man wärmt mit Schweißbrenner kleine Stelle vor und bläst auf diese durch eisernes Rohr von 5 bis 10 mm lichte Weite, in das Eisenstab von 3—5 mm Durchmesser eingelegt ist, Sauerstoffstrahl von 20 bis 30 Atm. auf. Es bildet sich in wenigen Sekunden auch in gehärtetem Material ein ziemlich glattes Loch. Verbranntes Material fliegt nach vorn, also gegen den Apparat zurück. Arbeiter muß gegen flüssigen Materialstrahl geschützt werden. Sauerstoffzuführungsrohr verbrennt schnell mit, noch schneller wenn Eisenstabeinlage fehlt. Sauerstoffdruck bei starken Dicken nur zu sichern, wenn 5 bis 6 Sauerstoffflaschen gekuppelt werden.

690. Auf welchen Erscheinungen beruht das Thermitschweißen?

Thermitschweißen ist ein Schweißverfahren im flüssigen Zustand bei hoher Temperatur. Diese wird erzeugt durch die Eigenschaft des Aluminiums, sich nach Erwärmung in Pulverform mit dem Sauerstoff beigemischter Metalloxyde unter Erzeugung einer sehr hohen Temperatur zu verbinden (3000°). Man gewinnt dadurch z. B. bei Mischung von Eisenoxyd mit Aluminiumpulver reines Eisen und Aluminiumoxyd. Beides von sehr hoher Temperatur, das zu Schweißzwecken benutzt wird.

691. **Welche üblichen Verfahren der Thermitschweißung kennt man?**

1. Ausnutzung der Wärme der Aluminiumoxydschlacke. Diese schwimmt im Mischtiegel oben, wird von oben abgegossen, umhüllt die zu schweißenden Stümpfe (daher Stumpf-Schweißverfahren) und erhitzt sie sehr hoch. Sie werden dann zusammengedrückt und backen aneinander. Umhüllendes Aluminiumoxyd durch Hämmern entfernt.

2. Tiegel wird nicht oben abgegossen, sondern am Boden geöffnet. Daher fließt hochüberhitztes Eisen zuerst aus in eine Form, die um die zu schweißenden Enden herumgebaut ist (daher Umgießverfahren). Dieses Eisen verbindet sich dann mit den zu schweißenden Enden. Aluminiumoxyd gibt meist noch Verstärkungsring. Schweißstelle sehr hart.

3. Öffnung des Tiegels wieder von unten wie vorher, Verteilung so, daß ein Teil der Form, z. B. Schienenfuß nur vom Eisen, Schienenkopf nur von Aluminiumoxyd umgeben wird (daher kombiniertes Verfahren). Schienenfuß schweißt in diesem Fall mit nächstem durch dazwischengegossenes Eisen. Schienenköpfe werden nur stark erhitzt und backen zusammen.

Ziehen, Drücken, Prägen, Stanzen.

692. **Worin besteht die Ähnlichkeit und der Unterschied zwischen Ziehen, Drücken und Prägen?**

Alle drei Verfahren können angewandt werden, um glatten Blechen gewünschte Formen zu geben.

Beim Ziehen kann man symmetrische und unsymmetrische Formen erzeugen.

Beim Prägen ebenso, beim Drücken nur symmetrische Formen.

Beim Ziehen sind nur kegelförmige oder zylinderförmige, nicht unterschnittene Formen möglich, ebenso beim Prägen; beim Drücken auch unterschnittene Formen. Beim Ziehen und Prägen unregelmäßige Kanten und Konturen erzielbar, beim Prägen schärfere. Beim Drücken zwar scharfe, aber nur auf einem Zylinder liegende Kanten ausführbar.

693. **Wie geschieht das Ziehen?**

Es geschieht mittels Maschinen, und zwar entweder in vertikaler oder horizontaler Richtung. Man legt ein Blech in Anlage an bestimmte Anschläge über eine Vertiefung, Matrize genannt, und drückt es mittels eines Stempels (Patrize), der entsprechend der Matrize geformt ist, in diese hinein.

694. Welche Materialien lassen sich zum Ziehen verwenden und Eignung derselben?

In der Hauptsache Eisenblech, Aluminiumblech, Kupferblech, Messingblech. Letzteres am günstigsten.

695. Wie werden die zum Ziehen verwendeten Bleche vorbereitet?

Die Bleche werden sehr glatt gewalzt und entzundert und gefettet, um Reibung beim Einziehen in die Matrize gering zu halten. Ferner werden sie in Formen zugeschnitten (meist rund, sog. Blanketts), die der Größe und Form des auszuführenden Stücks entsprechen.

696. Es ist ein Ziehwerkzeug zu erklären und zu skizzieren.

Ein Ziehwerkzeug besteht meist aus Stahl und setzt sich aus drei Teilen zusammen.

1. Die Matrize (1) ist eine Hohlform, die auf ihrer oberen Fläche eine Vertiefung für Einlage des Blanketts oder Anlagestifte für das Blech hat. Sie ist meist von unten durchbohrt, zum Entweichen der Luft und zum Durchtritt eines Auswerfers. Sie stellt die äußere Form des zu ziehenden Werkstückes dar.

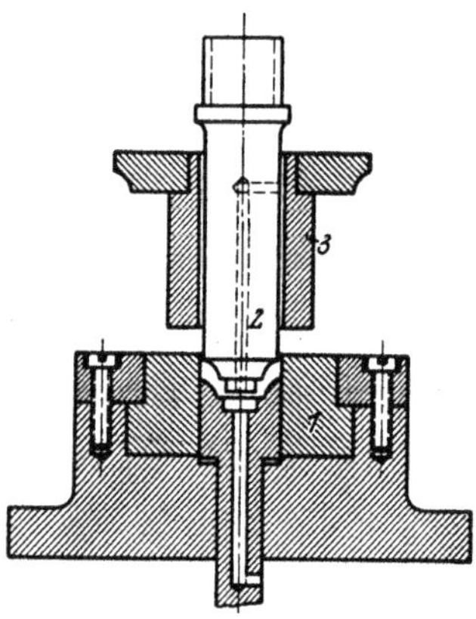

Abb. zu 696.

2. Die Gegenform bildet die Patrize (2), die das Blech in die Matrize hineindrückt; sie stellt die innere Form des herzustellenden Werkstückes dar, und ist zum Entweichen der Luft auch durchbohrt. Die Patrize ist um 2,4 mal der einzuziehenden Blechstärke enger als die Matrize gehalten.

3. Der Faltenhalter; (3) ist dem Rand der Matrize nachgebildet, und drückt das Blech in einer Breite die sich nach der Tiefe der zu ziehenden Form richtet, auf dieser fest.

697. Welchen Zweck hat der Faltenhalter?

Er soll die durch die Patrize in die Matrize hineingedrückte Platte an den Rändern so festhalten, daß sie keine Falten bilden kann. Er muß ihr aber so viel Lose geben, daß sie unter ihm weggleiten kann.

698. Es ist ein Stoßwerk zu erklären und zu skizzieren.

Ein Stoßwerk ist eine Maschine zum Ziehen von Blechen, die in horizontaler Lage arbeitet. Sie wirkt meist durch Kurbel oder Exzenter und gestattet nur gerade Bleche, nicht bereits vorgezogene Körper einzulegen (s. Abb.).

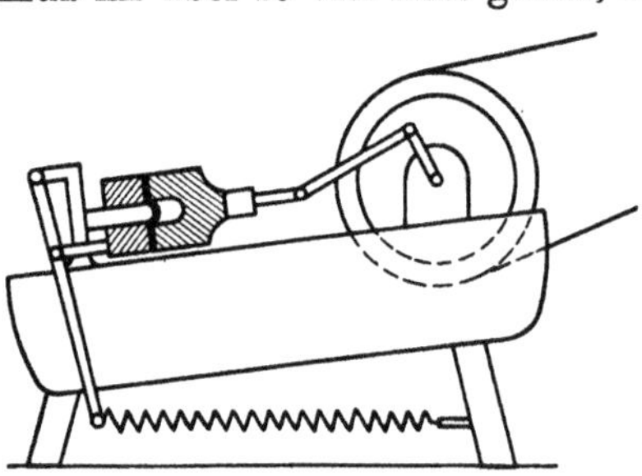
Abb. zu 698.

699. Es ist ein Ziehwerk zu skizzieren und zu erklären.

Das Ziehwerk arbeitet in der gleichen Art wie das Stoßwerk, nur senkrechter Richtung. Bei ihm ist das Einlegen bereits vorgezogener Körper leicht möglich (s. Abb.).

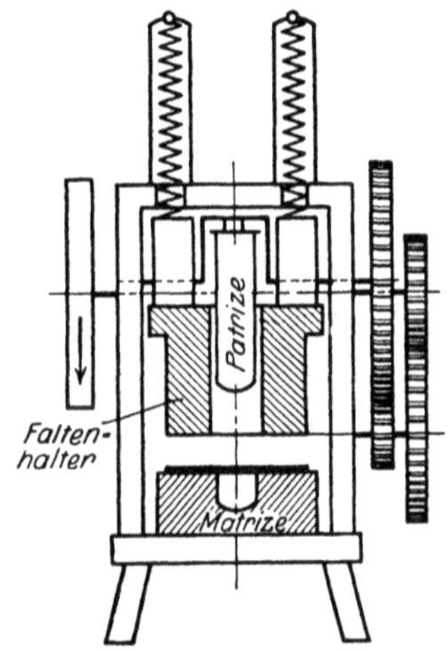

Abb. zu 699.

700. Was ist über die Materialbeanspruchung bei Ziehwerk und Stoßwerk zu sagen?

Die Materialbeanspruchung ist bei normalem Stoßwerk eine größere, weil der Faltenhalter hier mit dem Stempel gemeinsam vorgeht und durch Federn angedrückt wird. Federspannung wird daher beim Weitervorgehen des Stempels stärker, folglich auch der Anpressungsdruck des Faltenhalters. Bei Ziehpresse wird Faltenhalter durch besondere Kurven geführt. Randdruck bleibt daher immer gleich.

701. Leistungsvergleich zwischen Stoßwerk und Ziehpresse.

Stoßwerk ist wesentlich leistungsfähiger, arbeitet auch mit höheren Geschwindigkeiten, kann aber wegen Einlegeschwierigkeiten nur für den 1. Zug benutzt werden. Abb.: Leistungsvergleichskurve nach Brasch.

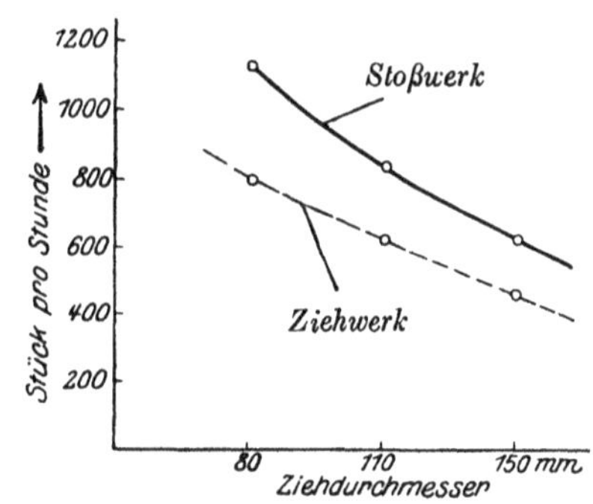

Abb. zu 701.

702. Kann man jede Form mit einem Zug herstellen?

Nein, Material wird durch Ziehprozeß zu hart und reißt.

703. Wovon hängt die Zahl der Züge beim Ziehprozeß ab?

1. Von dem Verhältnis des Durchmessers zur Ziehtiefe.
2. Von der Blechbeschaffenheit.
3. Von der Blechstärke.
4. Von der Ziehgeschwindigkeit.
5. Von der endgültigen Form des herzustellenden Körpers.

704. Welches sind die wesentlichen Bedingungen für einen sachgemäßen Ziehprozeß.

1. Wahl des richtigen Materials.
2. Wahl des richtigen Schmiermittels.
3. Wahl der richtigen Glühung vor den weiteren Zügen.

4. Wahl der richtigen Ziehgeschwindigkeit.
5. Wahl des richtigen Faltenhalterdruckes.
6. Wahl des richtigen Größenverhältnisses zwischen Patrize und Matrize.
7. Wahl der richtigen Formgebung, die die weiteren Züge richtig vorbereitet.

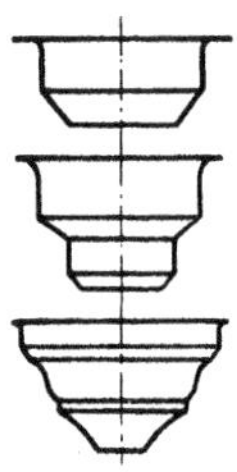

Abb. zu 705.

705. Ein Beispiel für die verschiedenen Übergänge ist anzugeben.

Abb.

706. Ein Beispiel für eine auf zwei verschiedenen Wegen erreichte Ziehform ist anzugeben.

Abb.

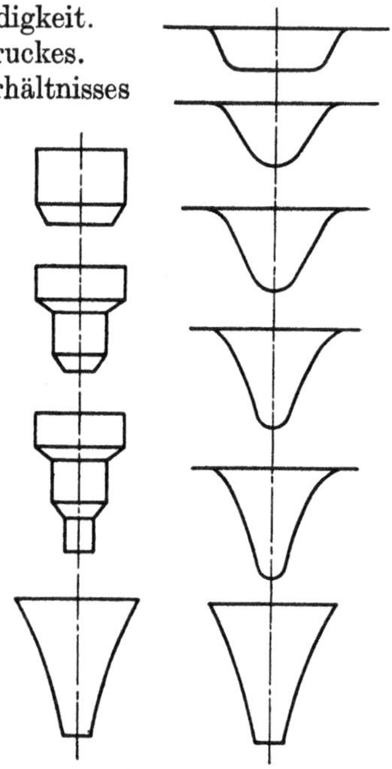

Abb. zu 706.

707. Herstellung einer Aluminiumflasche.

Zunächst Ziehpresse mehrere Gänge, Abb. 707. Dann am Ende fassen, auf Drückbank Hals einziehen (Abb.). Kopf glatt schneiden. Kopf umlegen, Holzring einlegen, Umlage fest andrücken. Flasche noch zylindrische Form. Diese mit Silbersand füllen, auf Spindelpresse in endgültige Form flach drücken.

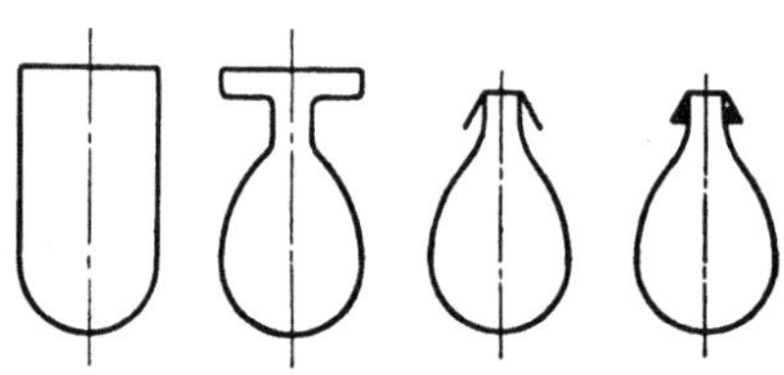

Abb. zu 707.

708. Was versteht man unter Metalldrücken?

Formveränderung eines kreisrund ausgeschnittenen Metallbleches dadurch, daß man es gegen eine schnellrotierende Holz- oder Metallform (Futter) festschraubt oder festdrückt und es mittels verschieden geformter Stähle gegen diese Metallform andrückt, so daß es sich der Gestalt der Form anschmiegt.

709. Wie sieht eine Drückbank aus?

Ähnlich wie eine Holzdrehbank mit schnellrotierender Spindel. An der Bank sind Haken angebracht, in die der Drücker einen Riemen, gegen den er sich beim Drücken stützt, einhakt. Die Auflageschiene für das Werkzeug zeigt verschiedene Löcher, in die ein Stift eingesteckt werden kann, gegen den sich das Werkzeug abstützt. Dadurch kann das Werkzeug in Gegenstellung zu den verschiedenen Teilen des Futters und des ausweichenden Bleches gebracht werden.

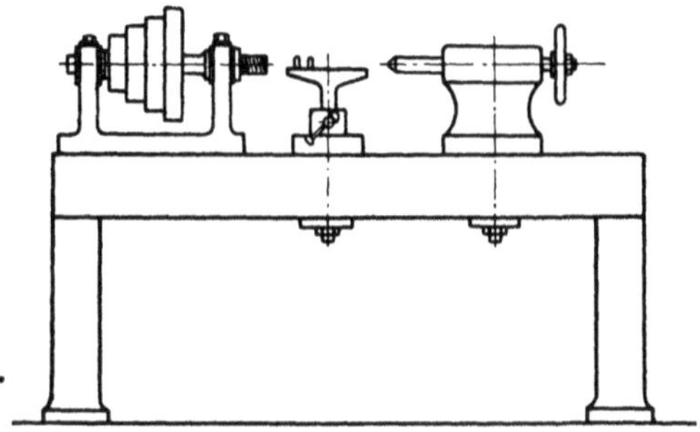

Abb. zu 709.

710. **Welche Werkzeuge braucht der Drücker?** Polierte Stähle mit verschiedenen Rundungen an der Spitze, zum Teil auch in einem Stahlschaft laufende Rädchen.

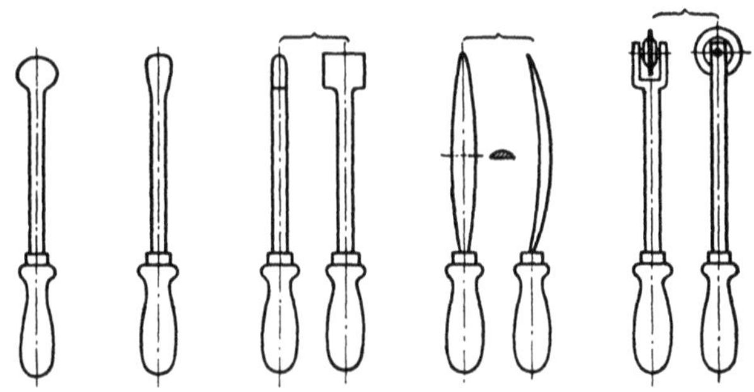

Abb. zu 710.

711. **Welche Teile stellt man auf der Drückbank her?**
Solche Blechkörper, die zu scharfe und komplizierte Form haben, um sie noch im Ziehprozeß mit Vorteil herstellen zu können. Ferner unterschnittene Blechkörper. Körper müssen aber Drehkörper sein.

712. **Kann man alle Druckkörper in einem Bearbeitungsgang herstellen?**
Nein, bei starker Formveränderung sind Zwischenformen, Ausglühen und Beizen wie beim Ziehen erforderlich.

713. **Wie stellt man unterschnittige Teile her?**
Indem man das Futter so teilt, daß es aus der fertig unterschnittig gedrückten Form in Einzelteilen noch herausgenommen werden kann. Unterschnittige Formen sind nur möglich in mehreren Arbeitsgängen, weil der erste Arbeitsgang zunächst einmal eine Hohlform schaffen muß, die das geteilte Futter aufnimmt.

714. **Wie sieht ein gewöhnliches Futter und ein Teilfutter aus?**
Abb.

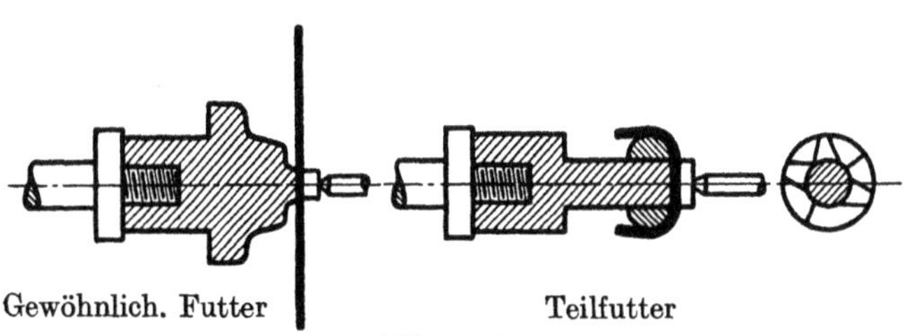

Gewöhnlich. Futter

Teilfutter

Abb. zu 714.

715. Wann verwendet man Holz- und wann Eisenfutter?

Normal Holzfutter angewandt, da billiger. Wenn größere Haltbarkeit verlangt wird bei großen Mengen gleicher Teile, oder scharfe Kanten zu drücken sind, muß Eisenfutter genommen werden.

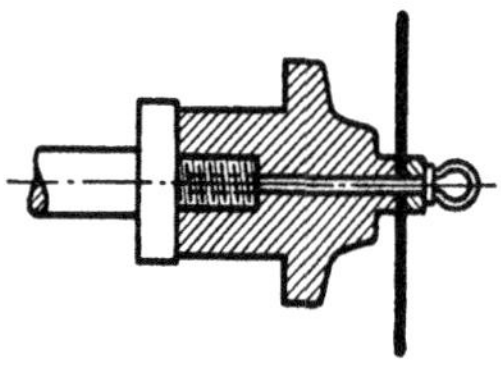

Abb. zu 716[1].
Befestigung des Bleches mittels Schraube.

716. Wie drückt man eine Blechplatte gegen die Form an?

1. Wenn durchbohrt, mittels Schrauben.
2. Wenn nicht durchbohrt, mittels laufender Reitstockspitze (ähnlich wie Abb. 714).

717. Was versteht man unter Druckpolieren? Kann man das Druckpolieren auch rein maschinell und ohne Zuhilfenahme von Wasser ausführen?

Eine Kombinierung zwischen Zieh- und Drückverfahren. Die Hohlkörper bekommen ihre Form soweit als möglich auf der Ziehpresse, werden dann auf die Druckbank über ein Futter genommen und erhalten dort unter fortwährendem Beträufeln mit Seifenwasser oder Wasser ihre endgültige kantige Form. — Ja. Kleine einfache Teile, die in sehr großen Mengen hergestellt werden, können in der Maschine mittels besonders geführter hochpolierter Stahlrädchen nachgeformt und poliert werden. Sie werden nicht so sauber als wie nach dem vorher genannten Verfahren polierte Körper.

718. Wie erreicht man Herstellung scharfer und unregelmäßiger Kanten und Formen bei Blechen?

Durch eine schlagartige, meist mittels Spindelpresse erzielte Zusammendrückung zweier ineinander passender gravierter Stahlformen, zwischen die das Blech geschoben wird.

719. Wie sieht solche Prägepresse aus? — Kann man auch runde Körper wie Becher, Lampenringe usw. prägen und wie gegebenenfalls?

Meist als Spindel- oder Exzenterpresse und Kniehebelpresse ausgebildet. Siehe Abb. Spindelpresse und Exzenterpresse.

Ja, man hat den Träger der Prägematrize als Horn auszubilden, um das sich das betreffende runde Stück herumbewegen kann. Prägestempelmatrize, die innen an einem solchen Ringe anliegt, muß entsprechend der Rundung konvex, Patrize entsprechend konkav gearbeitet sein. Besondere Schwierigkeiten entstehen dadurch, daß sich Ringteile beim Prägen etwas dehnen, so daß das Muster, das in vielen einzelnen Schlägen geprägt wird, am Ende schlecht schließt. Es muß hier bereits bei den letzten Prägeschlägen auseinandergezogen oder leicht zusammengeschoben werden.

720. Wie erzeugt man bestimmte Muster in Blechen anstatt durch Hervorwölbung einzelner Flächen durch Auslochung solcher?

Durch Stanzen meist mittels Exzenterpresse. Skizze der Exzenterpresse siehe Aufg. 409.

721. Welcher Werkzeuge bedient man sich zum Stanzen?

Der sog. Schnitte. Diese sind zwei gehärtete Stahlplatten. In die untere ist das betreffende Muster eingearbeitet, die obere paßt in das Muster genau hinein, so daß Kante auf Kante schneidet. Es muß besonders darauf geachtet werden, daß die durch die untere Platte durchfallenden Blechabschnitte frei wegfallen können. Die Schnitte werden geschärft, indem man sie an ihrer Oberfläche leicht nachschleift.

722. Wie sichert man beim Stanzen den richtigen Abstand der Öffnungen voneinander, damit das Muster am Ende schließt?

Dadurch, daß man in die letzte bereits gestanzte Öffnung einen Anschlagstift einführt, der den Abstand sichert.

723. Durch welches Verfahren kann man Kupfer- und Messinggegenstände kantiger und runder Form, z. B. kleiner Geländerknöpfe, Flügelmuttern, die in großer Zahl gebraucht werden, herstellen?

Durch das Warmpreßverfahren.

724. Wie verfährt man beim Warmpreßverfahren?

Man arbeitet die zu pressende Form in zwei Hälften in je einen Stahlstempel aus, die man in eine Schlagpresse einspannt. Die durch Versuche genau festgestellte Masse des zu pressenden Materials wird je nach Zusammensetzung auf 700—900^0 erwärmt, in den unteren Stahlstempel eingelget, der obere Stempel wird schlagartig aufgedrückt, wodurch das betreffende Stück die gewünschte Form annimmt. Die Materialmenge muß sehr genau ausprobiert werden, damit die Form voll ausgefüllt wird, aber kein großer Grat entsteht.

725. Wie entsteht ein Eisendraht?

Durch Herunterwalzen eines Knüppels unter stetigem Kanten, siehe Abb. Das Kanten ist notwendig, weil Walzen nur senkrechten, nicht seitlichen Druck ausüben können. Nach dem Walzen erfolgt Ziehen auf Drahtzug durch Zieheisen.

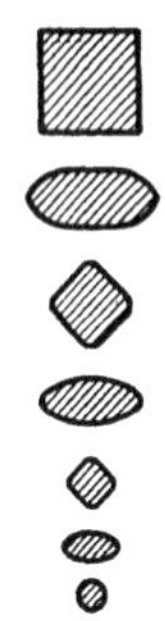

Abb. zu 725.

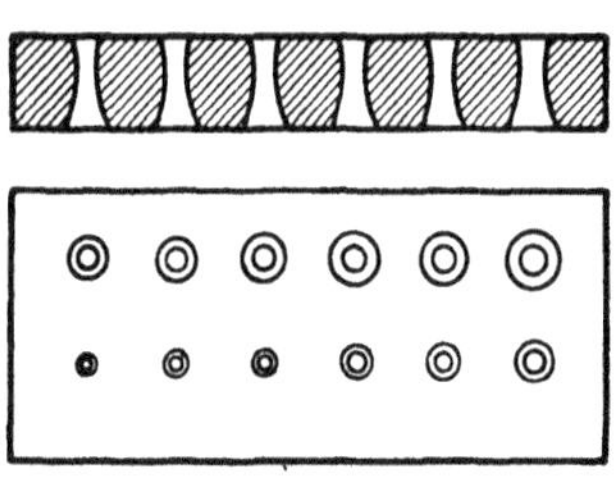

Abb. zu 726.

726. Wie sieht ein Zieheisen aus?

Das Zieheisen ist eine Platte mit einer oder mehreren verschieden großen Öffnungen, die entweder in naturharten Stahl getrieben sind oder durch Bohren und Fräsen in normales, später zu härtendes Material eingearbeitet werden. Die Öffnung des Zieheisens ist bei der Eintrittsseite weit, verengt sich düsenartig und sind beim Austritt stark abgerundet, so daß das Eisen an keiner Stelle schabt, sondern immer nur drückt. Abb.

727. **Wie ist der Ziehvorgang?**

Skizziere Schleppzange des Drahtzuges.

Der vorgewalzte Draht wird mittels Walze oder rotierender Messer angespitzt, durch das Zieheisen durchgesteckt, mittels Schleppzange, s. Skizze, gefaßt und auf eine sich unter Kraft drehende Ziehtrommel aufgewickelt. Die Drahtzüge sind so gebaut, daß die Ziehtrommeln sich drehen, solange Zugwiderstand von dem sich im Zieheisen befindlichen Draht erzeugt wird. Sobald Drahtende aus Zieheisen herausspringt, wird Verbindung von Antrieb und Ziehtrommel gelöst. Diese steht still.

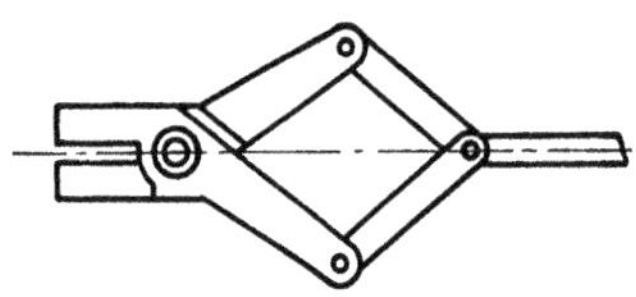

Abb. zu 727. Schleppzange.

728. **Skizziere eine einfache Ziehbank.**

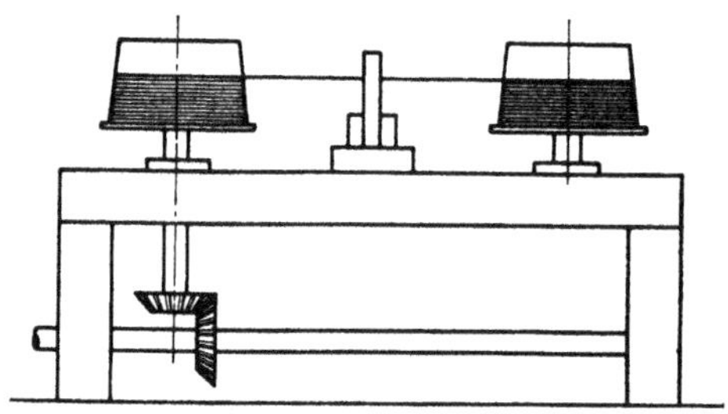

Abb. zu 728.

729. **Was ist beim Ziehen von Drähten zu beachten?**

1. Drähte müssen zunderfrei in das Zieheisen kommen, daher vorher beizen und gut abwaschen.

2. Verdünnung beim Ziehen nur in sehr geringem Maße möglich. Verhältnis der Durchmesser vor und nach dem Ziehen etwa 0,9.

3. Draht wird durch Ziehen fester, glatter und spröder, dehnt aber schlechter, muß daher zwischen je zwei Zügen ausgeglüht und wieder gebeizt werden.

730. **Wie entsteht Messingdraht?**

Mehrere Verfahren:

1. Messingplatte, ca. 40 mm Dicke, wird gegossen und nach Abhobeln der Gußhaut auf 20 mm niedergewalzt. Platte wird auf Schneidwerk gesteckt und hier spiralförmig in Vierkantdraht aufgeschnitten. Dieser Vierkantdraht wird wie vorgewalzter Eisendraht auf Ziehbank weiter verarbeitet.

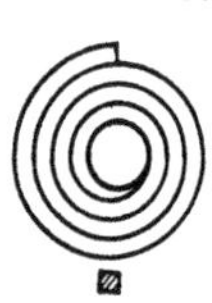

Abb. zu 730[1].

2. Der Draht von 8—10 mm Stärke in runder Form wird nach dem Verfahren von Dick gedrückt. Das Verfahren besteht darin, daß ein glühender Messingblock in einen Zylinder eingesetzt wird, in dessen Kopf ein Mundstück verkeilt wird. Der glühende Block wird dann mittels eines hydraulisch angetriebenen Kolbens mit 200—300, in neuerer Zeit bis zu 600 Atm.

durch das vorgesetzte Mundstück herausgetrieben, wodurch sich die gewünschte Form ergibt. Dieser vorgepreßte Draht wird wie oben weitergezogen.

731. Wie werden Profile beliebiger Form hergestellt?

Mittels des Preßverfahrens, Frage 730, kann man durch Vorsetzen geeigneter Mundstücke beliebige Profile erzeugen, die dann ähnlich wie Draht durch Zieheisen, in die statt des Loches die Profilform eingearbeitet ist, nachgezogen werden.

732. Wie zieht man sehr feine Drähte?

Das Ziehloch in dem Zieheisen besteht in diesem Falle aus Diamant, Korund oder Achat, der in Messingscheibchen gefaßt ist.

733. Wie zieht man ganz feine Platindrähte?

Will man Platindrähte so fein ziehen, daß ihre Längsfestigkeit den Ziehvorgang nicht mehr aushält, so umgibt man den Platindraht mit einem Silbermantel und zieht nun den dickeren zusammengesetzten Silber-Platindraht weiter. Schließlich beizt man Silbermantel mittels Scheidewasser ab. Feinster Platindraht bleibt zurück.

Drehen.

734. Was bezweckt das Drehen und worauf beruht es?

Man will durch Drehen Körpern mit überall kreisförmigem Querschnitt bestimmte Formen geben. Es beruht darauf, daß man das Stück selbst entweder zwischen zwei Spitzen oder in Futtern faßt, und um seine Achse dreht, während man durch einen feststehenden, aber in mehreren Richtungen verschiebbaren Stahl Metallspäne abschält. Man kann auf diese Weise zylindrische Formen jeder Art, eventuell auch konische Gegenstände einfach herstellen.

735. Welche Formen hat der Drehstahl und was muß bei seiner Formung besonders beachtet werden?

Der Drehstahl wird in den verschiedensten Formen hergestellt, je nachdem er vorn, seitlich, rechts, links, innen, außen, überdrehen oder abstechen soll. Wichtig sind bei allen Stählen die Formen der Schneide, die in bestimmten Winkeln gegen das Stück angestellt und geschliffen werden muß. Die Benennung der Winkel ist folgende:

1 = Anstellwinkel,
2 = Keilwinkel,
3 = Brustwinkel,
4 = Schnittwinkel.

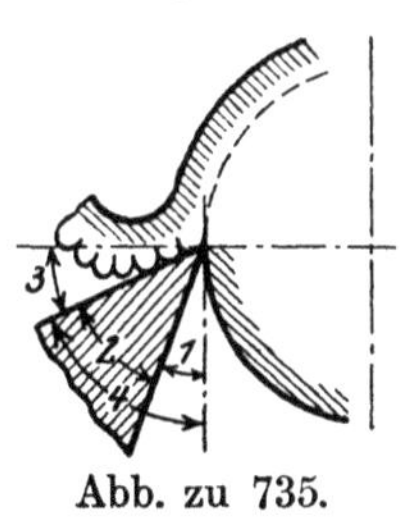

Abb. zu 735.

736. Wie groß sind die genannten Winkel bei den einzelnen Materialien zu wählen?

Hier ist zu unterscheiden zwischen groben Arbeiten: Schruppen, und feinen Arbeiten: Schlichten, und zwar werden folgende Winkel verwandt (nach Schuchardt und Schütte, Hilfsbuch):

Material	Anstellwinkel 1		Keilwinkel		Schnittwinkel	
	Schruppen	Schlichten	Schruppen	Schlichten	Schruppen	Schlichten
Flußeisen und weicher Stahl	6—12°	bis 6°	54—68°	bis 70°	< 90°	< 90°
Gußeisen und harter Stahl	5—10°	bis 5°	66—75°	bis 90°	< 90°	≦ 90°
Hartguß	3—6°	bis 3°	85—90°	bis 100°	⋛ 90°	⋛ 90°

737. Welche Kräfte wirken auf den Stahl?

1. Eine Kraft 1, die den Stahl nach unten oder oben, und zwar in der Drehrichtung des Werkstückes wegdrücken will. Sie muß aufgenommen werden durch die Auflage des Stahls, sog. Support, und muß erzeugt werden durch das Drehmoment der Drehbankspindel.

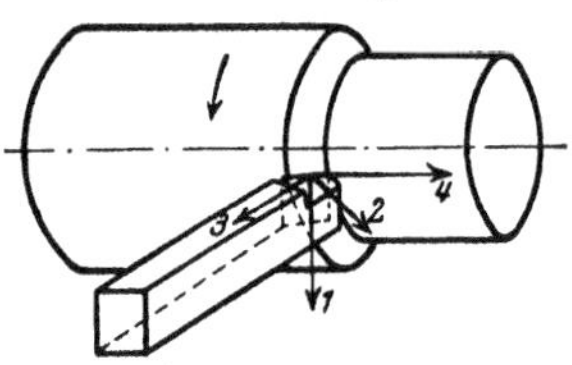

Abb. zu 737.

2. Eine Kraft 2, die den Stahl in schräger Richtung seitlich zum Ausweichen bringen will. Sie zerlegt sich praktisch in zwei Kräfte, deren eine 3 den Stahl direkt in seiner Achse zurückzudrücken bestrebt ist. Diese muß aufgenommen werden durch den Support und die Klemmvorrichtung des Stahles. Die zweite Komponente 4, die den Stahl rechtwinklig zu seiner Achse zum Ausweichen bringen will, muß durch das Vorschubgetriebe überwunden werden.

738. Woraus werden die Stähle hergestellt?

Man nimmt eine Stange Werkzeugstahl oder Schnelldrehstahl, die in ihrem Querschnitt bereits die Hauptabmessungen des herzustellenden Drehstahls aufweist. Durch Einkerben kann man, meist kalt, die gewünschte Stahllänge abtrennen. Dann wärmt man das abgetrennte Stück langsam vor und bringt es möglichst schnell auf Schmiedehitze. Diese liegt bei Werkzeugstahl bei 900 und 700°, bei Schnelldrehstahl zwischen 900 bis 1250°. Die gewünschte Schnittform wird dem Stahl durch ein paar schnelle kräftige Schläge gegeben. Unter der Mindesttemperatur darf man nicht schmieden, weil der Stahl dann reißt. Nach Schablone wird die Schneide dann angeschliffen und der Stahl gehärtet.

739. Welche Arten der Dreharbeit unterscheidet man in der Hauptsache?

1. Langdrehen, das ist das Drehen in der Längsachse des Werkstückes, wobei der Durchmesser dieses verkleinert wird.

2. Plandrehen, das ist das Drehen senkrecht zur Längsachse, wodurch das Werkstück gekürzt wird, und eine glatte Kopffläche erhält.

3. Abstechen, das ist ein Drehen senkrecht zur Achse wie bei 2, jedoch mit dem Unterschied, daß nicht an der Kopffläche abgedreht wird, sondern mittels eines schmalen Stahls in das Werkstück eingestochen, wodurch ein Teil desselben abgetrennt wird.

4. Das Ausdrehen, das ist ein Längsdrehen innerhalb einer Bohrung.

Außer bei 3 unterscheidet man bei diesen Dreharten noch Schruppen und Schlichten. Ersteres ist grobe, kräftige Materialabnahme, ergibt rauhe Oberfläche. Letzteres Abnahme des letzten feinen Spanes, gibt saubere Oberfläche.

740. Es sind verschiedene Formen von Schruppstählen zu skizzieren.

Hiervon wird der Taylorstahl (1) die höchsten Leistungen aufweisen, weil eine große Schneidkante anliegt und daher die Entwicklung der Arbeitswärme auf großer Fläche stattfindet und günstige Wärmeableitung gesichert ist. Ungünstig in dieser Beziehung ist der durch Schleifen hergestellte Stahl (2), an dessen Spitze namentlich Wärmestauungen auftreten. Er ist aber leicht herzustellen.

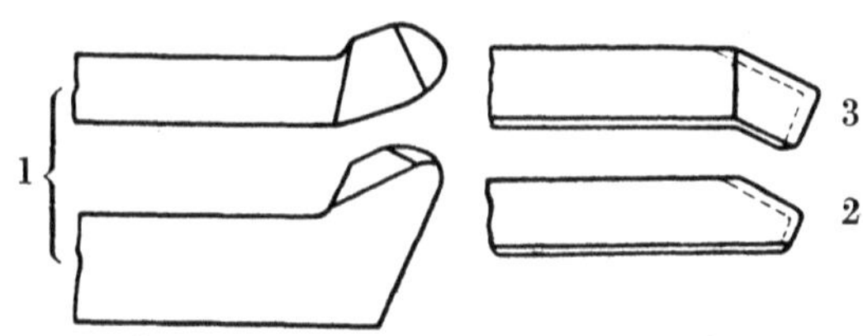

Abb. zu 740.

741. Wie stellt man einen Schruppstahl ein?

Etwas über der Mitte des Werkstückes. Der Span wird hierbei nicht so stark abgebogen, so daß größere Leistung möglich wird. Allerdings Gefahr des Einhakens.

742. Mit welchen Schnittgeschwindigkeiten rechnet man bei Verwendung von Schnelldrehstahl?

Bei Schruppen von Maschinenstahl 16—20 m/min; Schlichten 18 bis 28 m/min.

Bei Schruppen von Gußeisen 9—18 m/min; Schlichten 18—24 m/min.

Bei Schruppen von Temperguß 12—22 m/min; Schlichten 18—28 m/min.

Bei Schruppen von Stahlguß 10—18 m/min; Schlichten 16—25 m/min.

Bei Schruppen von Bronze, Messing 20—40 m/min; Schlichten 40 bis 70 m/min.

Die niederen Werte gelten hierbei bei härterem Material und bei größerer Spantiefe; die höheren bei weicherem Material und geringerer Spantiefe.

743. Es sind verschiedene Formen von Schlichtstählen zu skizzieren.

Am meisten zu empfehlen ist hierbei der Schlichtstahl mit dem breiten Kopf (2). Wenn er richtig, d. h. etwas unter Mitte, eingestellt ist,

ist ein leichtes Federn auch unbedenklich, andernfalls muß man ihn als Schwanenhals (3), ausarbeiten, die ein reichliches Ausfedern gestattet.

744. Es ist ein Abstechstahl zu skizzieren.

Hierbei ist besonders zu berücksichtigen, daß der Stahl sehr hoch sein muß, damit er bei seiner geringen Breite nicht

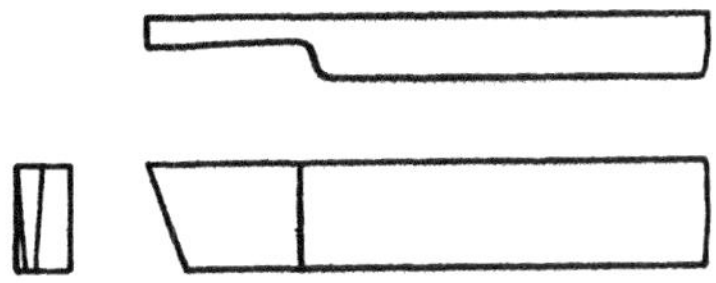
Abb. zu 744.

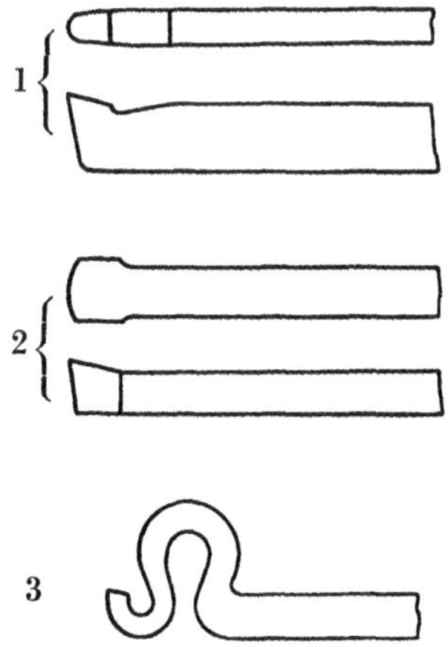

Abb. zu 743.

federt. Außerdem muß er gut unterschnitten sein, damit er seitlich nicht quetscht, weil er sehr tiefe Rillen schneidet.

745. Auf welche Weise kann man bei der Herstellung von Drehstählen Material sparen?

1. Durch Aufschweißen eines Blättchens Schnelldrehstahl auf einen Stahl aus Werkzeugstahl. Das Blättchen wird am besten, wie Abb. zeigt, aufgesetzt. Es kann autogen, elektrisch oder mit Hilfe von Schweißmitteln aufgesetzt werden.

Abb. zu 745[1].

2. Durch Benutzung von Stahlhaltern. Diese sind starke drehstahlartige Werkzeuge, die nach der Art des Stahls in den Support eingesetzt werden und ihrerseits wieder den Stahl mittels Schrauben oder Einlegerillen festhalten.

Abb. zu 745[2].

Bedingung bei Konstruktion dieser Stähle ist, daß sie den Drehstahl sicher festhalten und am besten bereits durch die Art der Einstellung den richtigen Anstellwinkel sichern.

3. Besonders geformte Profilstähle, z. B. Jägerstahl, die mehrere Schneiden haben, und bei denen erst sämtliche Schneiden abgenützt sein müssen, bevor man nachschleift. Man legt die Stähle jeweils mit einer Kante nach oben bis diese abgenutzt ist, und legt dann die nächste Schneide in die Schneidelage.

Abb. zu 745[3]. Jägerstahl.

4. Zu diesen Stählen gehören auch die runden Formstähle, die auf einem Zapfen drehbar aufgespannt sind und so lange nachgeschliffen werden können, bis sie fast vollständig verbraucht sind.

Abb. zu 745[4].

746. Wie kann man die Herstellung komplizierter Radien und Ecken vereinfachen?

Indem man die betreffende Profilform nicht durch Vorbeiführen eines schmalen Stahles an der Form herstellt, sondern diese in einen breiten Stahl von vornherein einschleift.

Die Herstellung eines solchen Stahles lohnt sich nur, wenn das gleiche Profil häufiger vorkommt. Bei seiner Benutzung muß Vorsicht

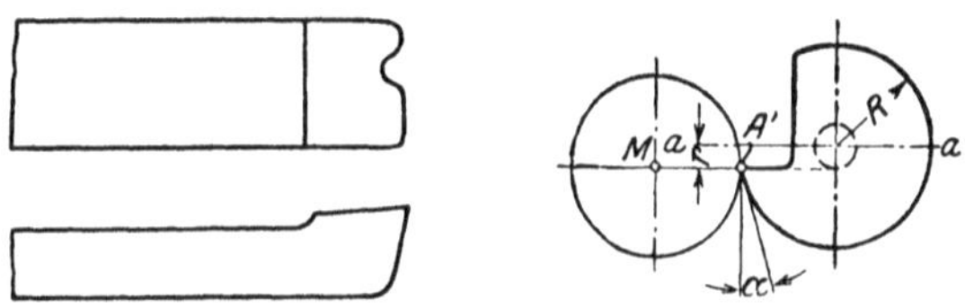

Formstahl.

Abb. zu 746.

angewandt werden, weil er durch seine Breite erheblich größeren Drehwiderstand ergibt, leicht federt und durch seine Profilierung mit verschiedenen Drehgeschwindigkeiten arbeitet. Vorschübe müssen daher gering sein. Zu beachten ist noch die Profilverzerrung durch den Anstellwinkel, die bis 5^0 etwa vernachlässigt werden kann, dann aber bedeutender wird.

747. Wie schneidet man auf der Drehbank Gewinde?

Indem man einen dem zu schneidenden Gewinde in den Flanken angepaßten Stahl mit einer Geschwindigkeit, die der Steigung des Gewindes pro Umdrehung entspricht, in der Längsachse des Werkstückes durch die Leitspindel vorwärtsbewegt. Gewinde werden nicht auf einen Gang geschnitten, sondern der Stahl wird wieder in die Anfangsstellung zurückgekurbelt, etwas tiefer angestellt und wieder durchgezogen, so daß er das Gewinde in der Tiefe immer weiter ausarbeitet. Es kommt hierhierbei auf folgendes an:

1. Genaue Einstellung beim Ansetzen des Stahles.
2. Sehr genaue Führung und Vorwärtsbewegung während des Schnittes.
3. Schnelles Herausheben des Stahles aus dem Gewinde an der Stelle, wo es endet.

An Stelle eines Zahnes kann man auch breitere Stähle mit mehreren Zähnen, die in der Form des zu schneidenden Gewindes schräg gestellt sind, anwenden. Diese nennt man Strehler. Man hat auch Handstrehler, d. h. solche, die nur mit der Hand geführt werden, und sich durch die Schrägstellung ihrer Gewindezähne selbst führen. Die Gewinde werden hierbei nicht so genau.

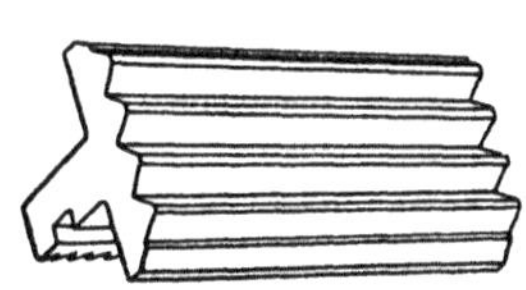

Abb. zu 747[3].

748. Wie kann man auf der Drehbank ein Loch herstellen?

Man spannt das zu bohrende Stück auf die Planscheibe und läßt es rotieren. Den Bohrer kann man in den Werkzeugträger einspannen und gegen das Stück gegenkurbeln. Bei nicht zu langen Löchern kann der Bohrer auch in den Reitstock eingesetzt werden und mittels Handrad und der Pinole vorgeschoben werden.

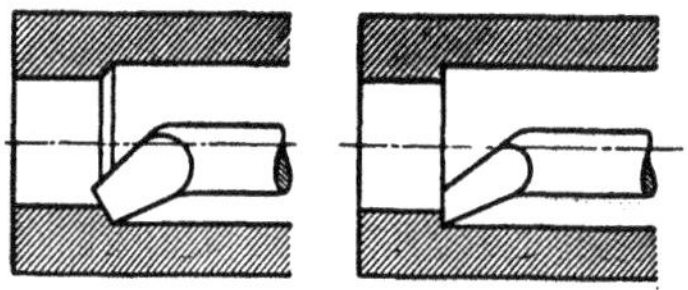

Abb. zu 748.

Will man ein so gebohrtes Loch erweitern, spannt man einen Innenstahl auf den Support und kurbelt diesen durch das vorgebohrte Loch.

Der Vorteil des auf der Drehbank gegenüber des auf der Bohrmaschine gebohrten Loches liegt darin, daß es genau zentrisch wird und nicht schlägt.

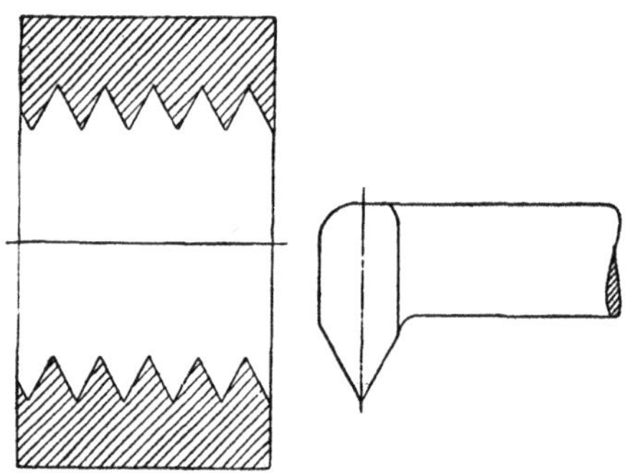

Abb. zu 749.

749. Wie schneidet man auf der Drehbank Innengewinde?

In derselben Form wie Außengewinde, nur hat der Innenstahl eine hakenförmige Form, damit er in das aufzuschneidende Loch eingeführt werden kann. An- und Absetzen ist noch schwieriger, weil man das Gewinde nicht übersieht. Beim Gewindeauslauf wird hier meistens ein kräftiger Einstich gemacht, so daß der Stahl frei wird.

750. Wie sehen die Drehspäne bei Stahl, Gußeisen, Bronze aus?

Der Drehspan des Stahls bildet langaufgewickelte Locken. Der Durchmesser dieser Locken wird um so größer, je größer der Brust- oder Spanwinkel des Schneidstahles wird. Die Spanlocken werden um so länger, je zäher das zu schneidende Material wird.

Beim Gußeisen bilden sich kurze abgebrochene zusammengestauchte Flocken, meist von der Breite der schneidenden Fläche. Bei sehr hartem Gußeisen ist die Breite geringer, weil der Span in sich wieder zersplittert.

Die Bronzespäne liegen in ihrer Form meist zwischen Gußeisen- und Stahlspänen. Sie bilden entweder kurze Locken oder einfach aufgerollte Spänchen von der Breite der Stahlschneide.

751. Wie spannt man lange zylindrische Stücke auf der Drehbank auf?

Man schlägt mittels eines Körners zwei Vertiefungen in der Mitte der beiden Stirnflächen ein und klemmt das Stück in diesen Vertiefungen zwischen zwei Spitzen. Die eine von diesen ist in der Spindel, die andere im Reitstock gelagert. Die Drehung wird dadurch erzeugt, daß man ein Mitnehmerherz, siehe Frage 755, über das Stück schiebt und festschraubt,

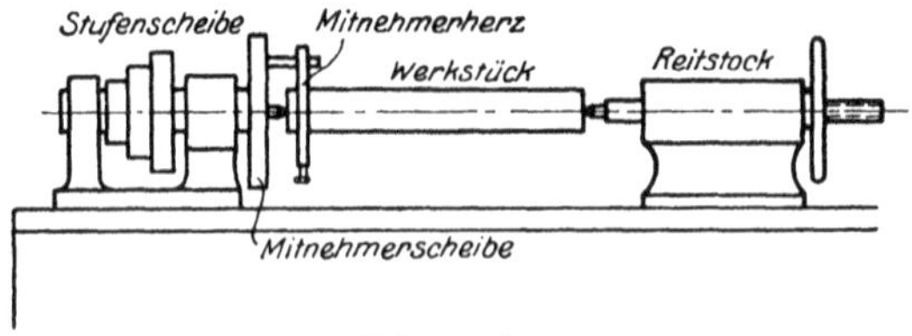

Abb. zu 751.

das gegen einen Stift der sich drehenden Mitnehmerscheibe anliegt. Diese ist mit der Spindel fest verbunden.

752. **Wie spannt man zylindrische längsdurchbohrte Stücke auf der Drehbank auf?**

Das durchbohrte Stück wird auf einen Drehdorn aufgekeilt, der in seine Bohrung stramm hineinpaßt. Dieser wird genau wie das zylindrische Stück bei Frage 751 eingespannt und mitgenommen.

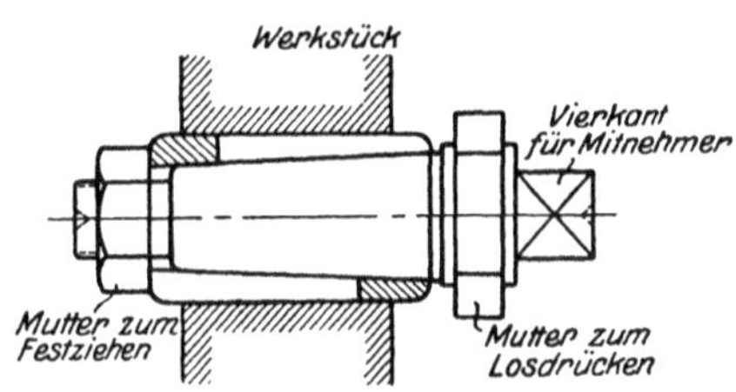

Abb. zu 752.

Neuerdings nimmt man vielfach federnde in ihrer Stärke nachstellbare Dorne, die aus einer mehrfach geschlitzten Hülse bestehen, in die ein Konus mehr oder weniger tief eingeschraubt werden kann. Hierdurch kann die Anlage des Drehdornes in der Höhlung des Stückes gesichert werden, ferner ist der Dorn für Stücke mit verschiedenen Bohrungen, deren Durchmesser nicht weit voneinander liegen, zu gebrauchen.

753. **Kann man bei schweren Stücken anstatt des Ankernens auch maschinelle Einrichtungen benutzen?**

Ja; man faßt das Stück derartig mittels Zangen, daß seine Mitte in der Höhe eines schnellumlaufenden spitzen Bohrers liegt und führt dann entweder das Stück gegen den Bohrer oder den Bohrer gegen das Stück. Hierdurch wird es mit einer etwas größeren zentrischen Vertiefung als der durch Körner erzeugten versehen.

754. **Wie spannt man ein Rohr auf?**

1. Wenn es nicht zu lang ist, auf Drehdorn.

2. Wenn es lang ist, faßt man es auf der einen Seite in das Dreibackenfutter, auf der anderen Seite keilt man kurzen konischen Dorn ein, den man ankörnt.

3. Man keilt auf beiden Seiten kurze Dorne ein und spannt auf wie Frage 751.

755. Wie sieht ein Drehherz aus und wie wirkt es?

Normalerweise nimmt man für kleinere Stücke Drehherzen nach Abb. 755[1], die man vor dem Einspannen über das Stück schiebt. Die Schraube drückt mit der Spitze das mitzunehmende Stück in den Grund des Herzens ein. Bei großen Stücken nimmt man Konstruktion nach Abb. 755[2], etwa eine Schelle mit verlängertem Arm, die an dem betreffenden Arbeitsstück seitlich festgeschraubt wird, nachdem es bereits in den Spitzen eingesetzt ist. Die Reibung zur Mitnahme wird hier durch Zusammenziehen der Schellen *d* erreicht. Das Ende *c* liegt gegen einen Mitnehmerstift *e* an, der in der Mitnehmerscheibe *f*, die auf der Spindel aufgeschraubt wird, befestigt ist.

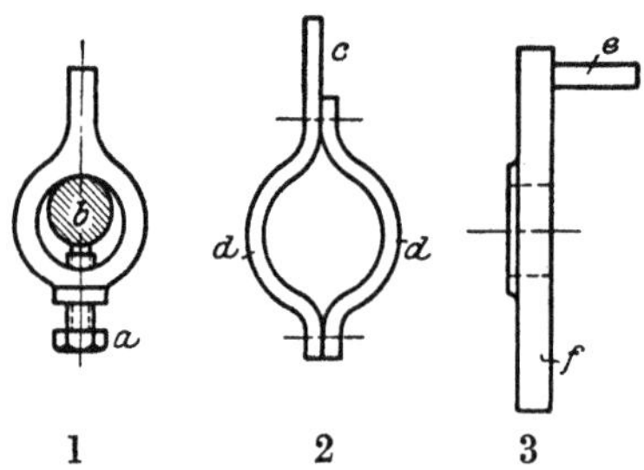

Abb. zu 755.

756. Kann man auch ohne Ausnutzung der Spitzen auf den Dorn aufspannen?

Ja; man benutzt hier den fliegenden Dorn, der in ein Futter, das auf der Spindel aufgesetzt ist, eingespannt wird. Fliegende Dorne werden meistens als verstellbare Dorne ausgeführt, in ihren geschlitzten Mantel wird ein Konus eingeschraubt. Sie werden benutzt zum Einspannen flacher Teile, wie Unterlegscheiben u. dgl., deren Einspannung mittels Backen zu schwierig sein würde, oder bei denen wegen ihrer geringen Dicke Verspannung zu befürchten ist. Ferner bei Teilen von großen Durchmessern mit Bohrungen, die zentrisch eingespannt werden sollen, und außen der Bearbeitung wegen schlecht zu fassen sind. Hierbei darf aber der ungünstigen Hebelarme wegen kein großer Spandruck auftreten.

757. Wie spannt man Stücke mit großem Durchmesser und geringer Länge auf?

Mittels Backen auf einer Planscheibe. Letztere ist ähnlich wie die Mitnehmerscheibe gebaut und wird auf die Spindel aufgeschraubt. Sie ist jedoch wesentlich größer im Durchmesser und hat je nach Art der arbeitenden Backen zwei bis vier und mehr Schlitze zur Führung für diese. Die Schlitze in der Planscheibe dienen zum Festhalten vorstehender Schrauben soweit die Backen nicht genügen; ebenso zur Anbringung von Gegengewichten für einseitig unsymmetrische Teile. Außerdem machen sie die Planscheibe leicht.

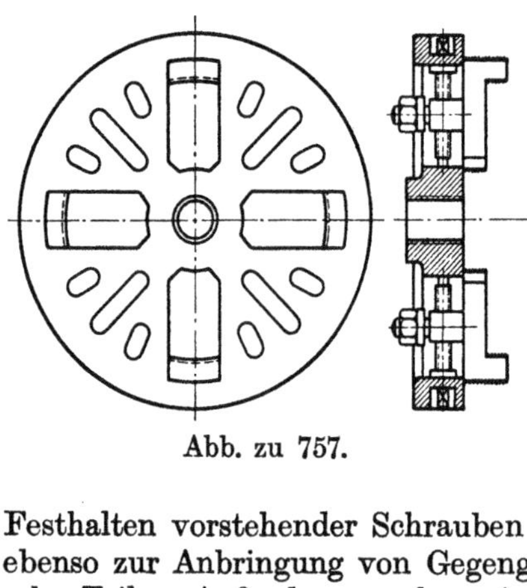
Abb. zu 757.

758. Welche Arten von Einspannbacken gibt es, und wie sehen diese aus?

Man unterscheidet gewöhnliche Zwei-, Drei- und Vierbackenfutter, je nach Anzahl der spannenden Backen. Die Futter sind konzentrisch um die Spindelmitte gestellt und werden mittels Schraubenschlüssel und Gewinde auf die Mitte zugeschoben. Die Zustellung erfolgt entweder bei jeder Backe einzeln, so daß man das Stück mittels der Backen zentriert, oder bei Stücken mit zentrischem Außendurchmesser durch gemeinsames zentrisches Vorstellen der vorhandenen Backen, so daß das Arbeitsstück von vornherein zentriert ist. Zweibackenfutter sind meist zentrisch ausgeführt. Sie werden hauptsächlich verwandt für Massenfabrikation und schwer einzuspannende Teile. Die Außenform des einzuspannenden Stücks ist in diesem Falle in den beiden Backen so eingearbeitet, daß das Arbeitsstück gut einliegt.

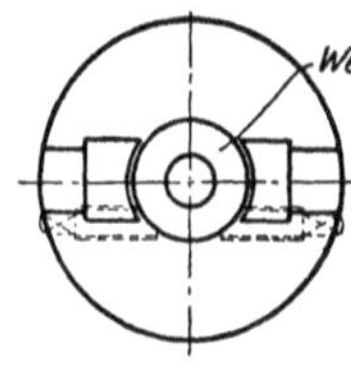

Zweibackenfutter

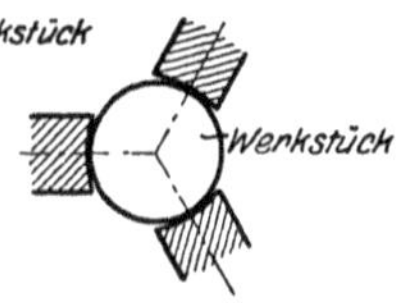

Prinzip des Dreibackenfutters

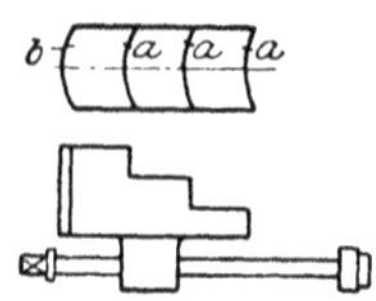

Abb. zu 758.

Bei den Mehrbackenfuttern dreht man gewöhnlich die Greiffläche *a* mit einem gewissen Durchmesser aus, so daß sie wenigstens mit einer größeren Fläche angreift wie eine gerade Backe. Wenn man ein hohles Stück von innen fassen will, so hat man auch die Flächen *b* abgerundet. Man spricht im letzteren Falle von Drehfutter, in ersterem von Bohrfutter.

759. Wie spannt man zylindrische Teile ohne Benutzung von Spitzen ein, wenn sie für das Einspannen in der Planscheibe zu dünn sind?

Mittels des Achtschraubenfutters, s. Abb. Man kann hier durch Anziehen der vorderen Schrauben das Stück zunächst fassen und das Stück durch Anziehen der hinteren Schrauben richten.

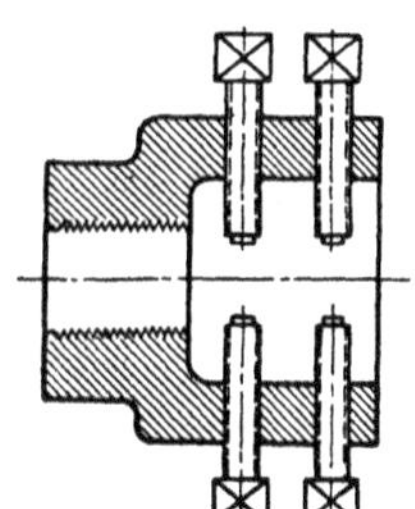
Abb. zu 759.

Abb. zu 760.

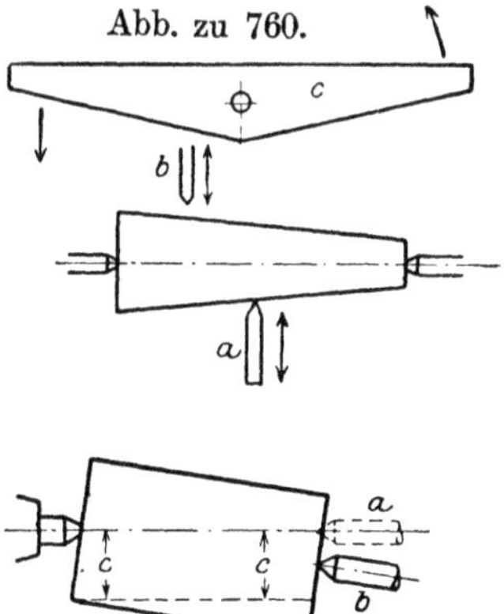

760. Wie kann man auf der Drehbank einen Konus bearbeiten?

Zwei Möglichkeiten:

1. Das Stück wird normal zwischen Spitzen eingespannt und der Stahl in konischer Linie geführt. Dies geschieht dadurch, daß man den Werkzeugträger (Support) von der Spindel löst und ihn durch ein schräg angesetztes Lineal *c*, an dem ein Leitstift gleitet, in schräger Rich-

tung wegdrückt. Das Leitlineal kann auch auf dem Support selbst sitzen und nur den Oberteil desselben verschieben. In neuerer Zeit hat man Doppellineal, s. Abb., das nach zwei Seiten konisch ist und bei Beendigung des Konus durch den einen Stahl *a* umgestellt wird. Es tritt dann von hinten ein zweiter Stahl *b* an den Konus heran, der beim Rückgang das Schlichten übernimmt. Auf diese Weise kann man mit einem Doppelwege des Supports einen fertig geschlichteten Konus herstellen.

2. Konischdrehen auch möglich durch Schrägstellen der Reitstockspitze. *a* gerade Stellung, *b* ausgeschwenkte Stellung. In dem Falle macht der Stahl einen Weg *c*, welcher der Drehbankachse parallel ist. Der Konus des Stücks wird durch Schrägstellung desselben erzeugt.

761. Wie rauht man die Oberfläche eines Gegenstandes auf, und wie nennt man diese Arbeit?

Man drückt anstatt des Stahles ein hartes Laufrädchen mit gerauhter Oberfläche gegen das sich drehende Werkstück. Diese Oberfläche drückt sich in letzteres ein, wodurch eine Aufrauhung entsteht. Die Formen der Aufrauhung sind vom Normenausschuß des V. D. I. genormt. Die Arbeit selbst nennt man „rändern“.

762. Es ist eine Drehbank zu beschreiben.

Eine Drehbank besteht aus dem Bett, das auf Füßen ruht, Spindelstock 2, von dem aus der Antrieb erfolgt, Reitstock 5, der die Gegenspitze zum Einspannen längerer Teile hält, der Schloßplatte 6, in der die Antriebsvorrichtung für den Support 4 gelagert ist. Der Support 4

1. Wechselräder. 2. Spindelstock mit Stufenscheibe. 3. Mitnehmerscheibe. 4. Support. 5. Reitstock. 6. Schloßplatte. 7. Leitspindel. 8. Zugspindel.

Abb. zu 762.

trägt den Drehstahl. Bemerkenswert sind noch die beiden Spindeln 7 und 8, welche die Vorschubbewegung zum Werkzeugträger umleiten.

763. **Welche Hauptantriebe einer Drehbank unterscheidet man?**

1. Stufenscheibenantrieb.

Besteht aus mehreren in ihrem Durchmesser abgestuften Scheiben, auf die ein Riemen von einem Vorgelege über eine in umgekehrten Stufen ausgebildete Scheibe die Kraft überträgt. Durch die Scheiben verschiedener Durchmesser erhält die Drehbank verschiedene Drehgeschwindigkeiten.

2. Einscheibendrehbänke mit Räderkasten.

Hier wird die Kraft auf eine breite Riemenscheibe übertragen. Die verschiedenen Geschwindigkeiten werden durch Zahnräder verschiedenen Durchmessers, die im Spindelstock gelagert sind und abwechselnd eingerückt werden können, hervorgerufen.

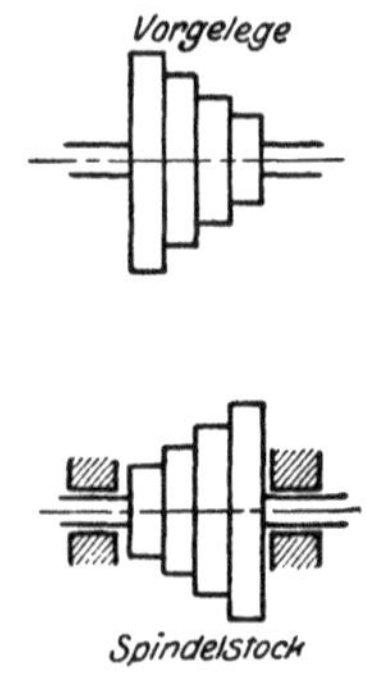

Abb. zu 763[1].

764. **Welche Vorschubarten des Werkzeugstahles kommen bei der Drehbank vor und zu welchen Arbeiten werden sie verwandt?**

1. Andrücken des Stahles von Hand. Als Widerlager wird eingesteckter Stahlstift benutzt. Nur bei ganz kleinen leichten Bänken, meistens für Armaturen verwandt. Ferner für Holzdrechslerei.

2. Vor- und Seitwärtskurbeln des Werkzeugträgers durch Spindel und Mutter und mittels Handkurbeln. Für kleinere und einfache Bänke und alle Arten von Arbeiten, zumal für Profildrehen.

3. Vor- und Seitwärtsbewegen des Werkzeugträgers durch Spindel, sog. Zugspindel. Diese ist eine genutete, am Drehbankbett gelagerte Welle, die eine Drehbewegung vom Spindelstock aus erhält. Sie überträgt ihre Bewegung einmal über Zahnrad auf Zahnstange, die am Drehbankbett festliegt. Dann wird der Drehstahl in Längsrichtung des Drehbankbettes vorgeschoben. Es kann auch durch Zahnräder die Drehbewegung der Zugspindel auf die Spindel des Supports übertragen werden. Dadurch wird der Drehstahl quer zur Längsrichtung des Drehbankbetts bewegt.

4. Einleiten der Vorschubsbewegung des Werkzeugträgers durch Welle mit aufgeschnittenem Flachgewinde, sog. Leitspindel, die ihre Bewegung wie Zugspindel vom Spindelstock erhält. Seitliche Bewegung des Werkzeugträgers hierbei durch geteilte Mutter, sog. Schloßmutter, die Leitspindel umfaßt. Vorzüglich verwandt für Gewindeschneiden, da Seitenbewegung sehr genau.

765. **Was versteht man unter Spitzenhöhe und Drehlänge einer Drehbank?**

Spitzenhöhe ist die Höhe der Spindel und Reitstockspitze über der Gleitfläche des Drehbankbettes in Millimeter. Drehlänge ist die größte

Länge eines Arbeitsstückes, die auf der betreffenden Bank noch bearbeitet werden kann, in Millimeter. Sie ist abhängig von der Länge des Drehbankbettes, jedoch entsprechend geringer als diese, weil der Reitstock und Spindelstock auf diesem noch Platz finden muß.

766. Welche verschiedenen Bauarten von Langdrehbänken unterscheidet man?

1. Allgemeine Drehbänke.

Leicht, zum Lang-, Plandrehen und Gewindeschneiden eingerichtet. Hat daher Leit- und Zugspindel. Viele Geschwindigkeiten, um sie verschiedenen Zwecken anzupassen. Für Schnelldrehstähle zu leicht.

2. Schnelldrehbänke.

Wesentlich schwerer gebaut wie 1, sonst wie diese. Kann Festigkeit der Schnelldrehstähle gut ausnutzen.

3. Schruppdrehbänke.

Sehr kräftig gebaut, nur wenige Drehgeschwindigkeiten, da nur für bestimmte Durchmesser ausnutzbar. Spitzenhöhe möglichst niedrig, um bei hohen Beanspruchungen günstige Hebelarme zu bekommen.

4. Großdrehbänke.

Für ganz besonders große Leistungen und schwere Gewichte, z. B. Turbinen. Spitzenhöhe bis 3 m. Entsprechend der verschiedenen zu bearbeitenden Durchmesser viele verschiedene Geschwindigkeiten.

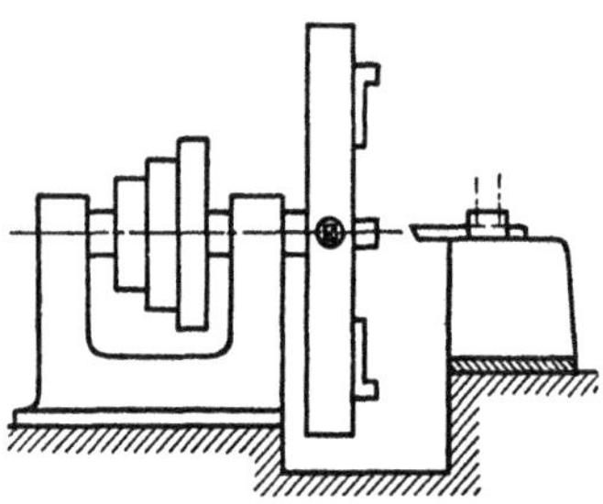
Abb. zu 767.

767. Was versteht man unter einer Plandrehbank?

Eine solche, deren Planscheibe besonders groß ist, und die nur für Dreharbeiten in horizontaler Richtung benutzt wird. Es fehlt ihr der Reitstock. Bei sehr großen Bänken liegt die Planscheibe zum Teil in einer Grube, damit der Drehstahl nicht zu hoch aufgebaut zu werden braucht.

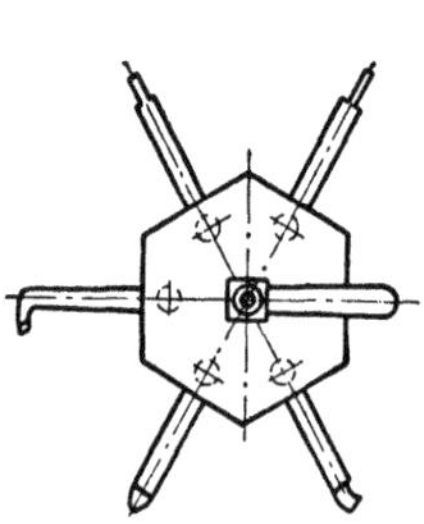

768. Was versteht man unter einer Karusselldrehbank?

Karusselldrehbank ist eine solche, deren Planscheibe horizontal, also auf vertikaler Achse ruht. Sie arbeitet meistens mit zwei oder mehreren Drehstählen, die an einer Brücke über der Planscheibe aufgespannt sind. Sie ist besonders leistungsfähig, da Gewicht von Planscheibe und Arbeitsstück in Gleitbahnen abgefangen werden kann.

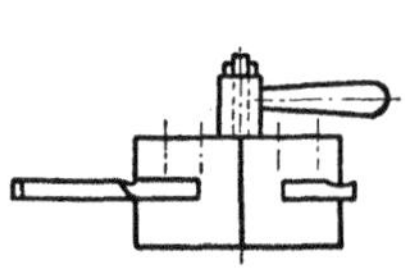
Abb. zu 769.

769. Was versteht man unter einer Revolverdrehbank?

Eine Drehbank, deren Werkzeugträger so eingerichtet ist, daß er mehrere Stähle, die abwechselnd zur Wirkung kommen, lagern kann, und der durch revolverartiges Drehen nach Vollendung eines Arbeitsganges den nächsten Stahl vor das Arbeitsstück bringt (Revolverkopf) s. Abb.

770. Was versteht man unter einer Abstechbank?

Eine Drehbank zum Abstechen einzelner Stücke von langem Stangenmaterial. Sie hat die Eigentümlichkeit, daß ihre Spindel hohl ist, um das Material durch diese zuzuführen. Die Umdrehung der Bank ist nicht gleichmäßig, sondern nimmt zu, je mehr der Abstichstahl der Achse der abzustechenden Welle nähert. Die Bank ist also in ihrem Antrieb der Bearbeitung verschiedenster Durchmesser angepaßt. Sie wird meist in Stangenlagern verwendet.

Fräsen.

771. Wie geht der Arbeitsgang des Fräsens vor sich?

Das zu fräsende Werkstück wird gegen eine sich drehende gezahnte Walze geschoben. Die Walze dreht sich im gegenläufigen Sinne gegen das Werkstück. Hierbei heben die einzelnen Zähne Späne ab, deren Dicke kommaartig zunimmt. Bevor der Fräserzahn faßt, drückt er das Werkstück ein wenige weg, wobei leicht Wellen auf der gefrästen Oberfläche entstehen.

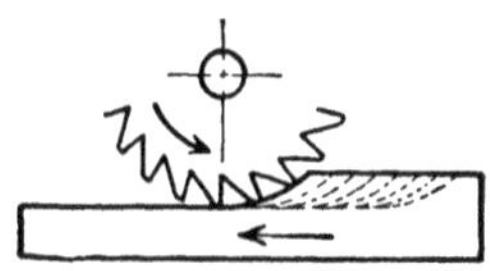

Abb. zu 771.

772. Warum läßt man den Fräser im gegenläufigen Sinne gegen das Werkstück laufen, und nicht umgekehrt?

Der Fräser bricht beim Gegenlaufen die zu bearbeitende Fläche von unten auf. Liefe er umgekehrt, so würde er auf die Guß- oder Walzhaut treffen und dadurch leichter verletzt werden.

773. Welche drei Hauptarten von Fräsern unterscheidet man?

1. Spitzgezahnte Fräser.

Hauptsächlich benutzt zum Fräsen ebener Flächen; Zahnform durch Fräsen erzeugt. Zähne am Rücken hinterschliffen für Freischnitt. Einfachste und billigste Art; Nachschleifen über Zahnrücken.

2. Hinterdrehte Fräser.

Benutzt für gekrümmte Flächen und Formflächen. Zahnform durch Fräsen und nachheriges Hinterdrehen hergestellt. Teuer, stets freischneidend, Nachschleifen nur an Zahnbrust; halten einmal hergestelltes Profil dauernd.

3. Messerköpfe.

Für große Flächen. Große Durchmesser. Werden dadurch erzeugt, daß in einen Drehkörper Messer oder Stähle eingesetzt werden. Nachschliff auf Messerrücken. Für ihre Größe verhältnismäßig recht billig herzustellen. Bei Bruch eines Messers, Fräser noch nicht unbrauchbar wie die anderen beiden Sorten.

774. Man nenne und skizziere und beschreibe einige spitzgezahnte Fräser.

1. Walzenfräser.

Walzenartig gebaut, mit spitzen, schrägen Zähnen. Zähne stehen deswegen schräg, damit Material allmählich abgehoben wird, wodurch Beanspruchung der Maschine und des Fräsers gleichmäßig bleibt. Andernfalls würde stoßweises Arbeiten des Fräsers auftreten.

2. Walzenstirnfräser.

Zähne sind auch über die Stirn des Fräsers hinweggezogen, man kann daher zwei zueinander senkrecht stehende Flächen auf einmal mit diesem Fräser bearbeiten.

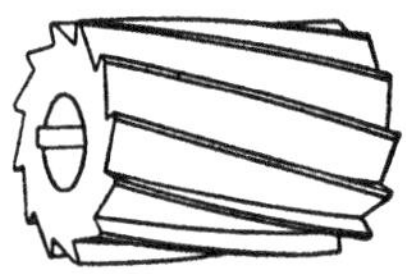
Abb. zu 774[1].

Abb. zu 774[2].

Abb. zu 774[3].

Abb. zu 774[4].

3. Winkelfräser.

Für gleichzeitige Bearbeitung zweier im Winkel stehender, sog. unterschnittener Flächen, ähnlich wie Stirnfräser. Nur für eine Winkelstellung benutzbar, und zwar die, für die der Fräser hergestellt ist.

4. Scheibenfräser.

Entweder nur auf dem äußeren Umfang mit Zähnen versehen, dann ist er ein schmaler Walzenfräser. Wird in diesem Falle häufig benutzt zum Fräsen von Profilen durch Zusammensetzen verschieden großer Fräser.

Ist der Scheibenfräser an den beiden Kopfenden auch mit Zähnen versehen, kann er zum Durchfräsen von Nuten, die seiner Breite entsprechen, verwandt werden.

5. Schaftfräser.

Für enge, tiefe durchgehende Nuten, ähnlich einem Walzenstirnfräser, jedoch mit geringerem Durchmesser; mit festem Schaft.

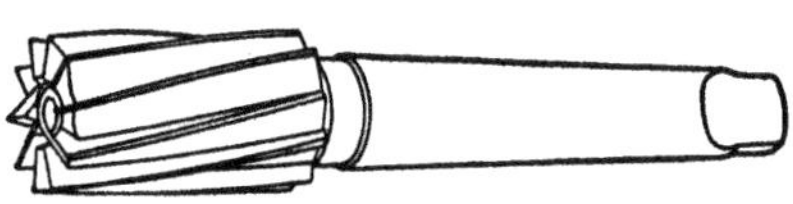
Abb. zu 774[5].

Abb. zu 774[6].

6. T-Nutenfräser.

Ähnlich dem Schaftfräser, nur ganz kurz und an verdünntem Hals angesetzt, damit er die breiten Nuten an Hobelbankbetten usw. ausfräsen kann.

775. Man nenne, skizziere und beschreibe einige hinterdrehte Fräser.

1. Abwälzfräser.

Fräser mit starkem Querschnitt für Abnehmen kräftiger Späne von ebenen Flächen. Für besonders starke Beanspruchungen geeignet.

2. Formfräser.

Etwa gebaut wie der Abwälzfräser mit besonders kräftigen Zähnen, die ein besonderes Profil ausschneiden. Zu diesen gehören auch solche

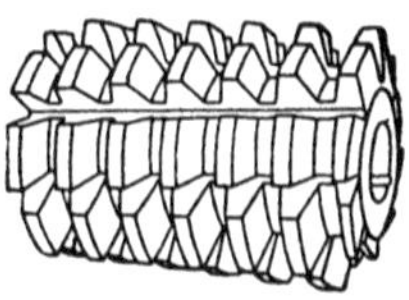

Abb. zu 775^1.

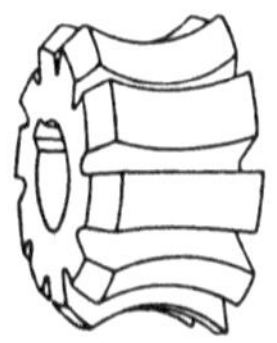

Abb. zu 775^2.

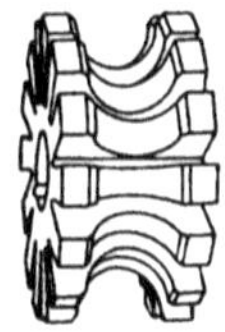

Abb. zu 775^2.

Abb. zu 775^2.

Formfräser, die in konvexen oder konkaven Radien ausgebildet sind und solche Formen herstellen.

3. Zahnformfräser.

Eine Art von Scheibenfräsern mit sehr kräftigen hinterschliffenen Zähnen, welche die Form von Zahnlücken der Zahnräder haben und zur Herstellung dieser gebraucht werden. Wenn ein solcher Formfräser durch die Zahnlücke hindurchgegangen ist, wird das Zahnrad um eine Teilung weitergedreht, und der Fräser fräst die nächste Zahnlücke.

Abb. zu 775^3.

776. **Man nenne, skizziere und beschreibe einige Messerköpfe.**

1. Messerkopf mit geraden, eingesetzten Messern.

Leicht herzustellen, Messer leicht einsetzbar und gut zu härten. Messer werden durch konische Stifte, die in Schlitze des Kopfes eingetrieben werden, durch Reibung gehalten.

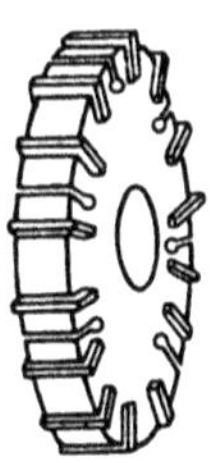

Abb. zu 776^1.

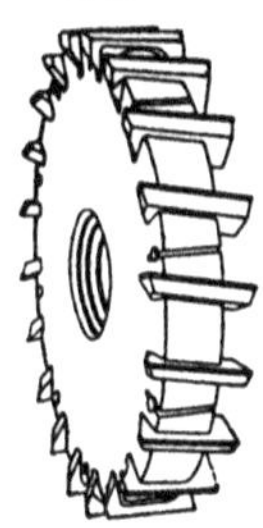

Abb. zu 776^2.

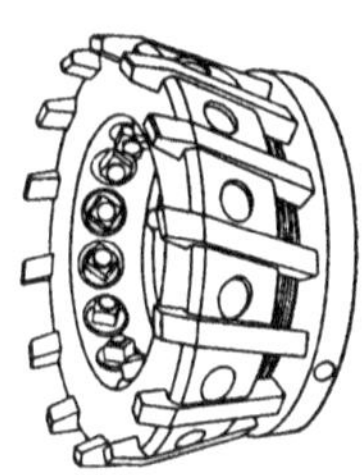

Abb. zu 776^3.

2. Messerkopf mit scheibenförmigen Messern.

Arbeitet wie Scheibenfräser. Festhalten der Messer wie zu 1. Härtung dann schwierig, wenn Messer schraubenförmig gebogen, was selten, aber für längere Fräser günstig.

3. Messerkopf mit schräg eingesetzten Vierkantstählen.

Sehr kräftig und leicht herstellbar. Für grobe Arbeiten.

777. **Ist grobe oder feine Zahnung vorteilhafter und für welche Art von Arbeiten wird jede von beiden gewählt?**

Grobe Zahnung gestattet großen Vorschub, gibt aber rauhe, wellige

Oberfläche. Feine Zahnung mit feinem Vorschub, erfordert verhältnismäßig größere Maschinenkraft, gibt aber sauberen Schnitt. Erstere wird daher zum Schruppen, letztere zum Schlichten benutzt.

778. **Kann man den schrägen Schub, den ein Walzenfräser durch die Schrägstellung seiner Zähne ausübt, verhindern?**

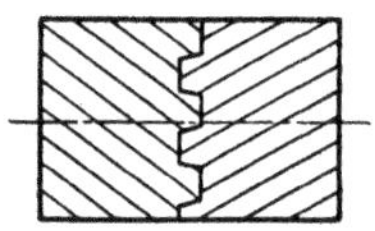
Abb. zu 778.

Ja; indem man der einen Hälfte des Fräsers rechtssteigende, der anderen linkssteigende Zähne gibt und die beiden Achsen kupplungsartig verhakt. Hierdurch hebt sich der Achsialdruck der beiden Fräserhälften gegenseitig auf.

779. **Wann ist ein Fräser rechts-, wann linksgängig?**

Rechtsgängig ist ein Fräser, wenn die Spirale nach Abb. 779 (1) bei aufgestelltem Fräser von links unten nach rechts oben verläuft. Linksgängig umgekehrt (2).

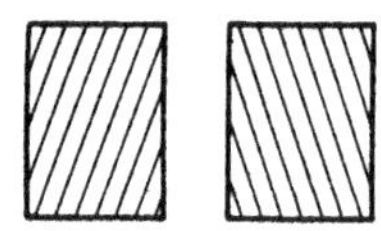
1 2
Abb. zu 779.

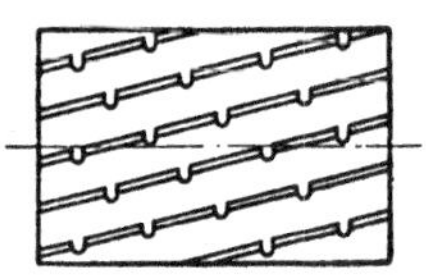
Abb. zu 780.

780. **Wodurch kann man die Bildung zu großer Späne verhüten, die sich in die Zahnzwischenräume nicht mehr hineinrollen?**

Durch Anbringen von Spanbrechernuten. Diese sind gegeneinander versetzt, so daß die Späne abwechselnd an dieser und jener Stelle getrennt werden. Man spart hierdurch erheblich an Maschinenkraft.

781. **Aus welchem Material werden die Fräser hergestellt?**

Entweder aus Kohlenstoffstahl oder aus Schnelldrehstahl. Der Schnellstahlfräser gestattet keine höheren Schnittgeschwindigkeiten. Er ist aber schneidhaltiger und gestattet auch bei stärkeren Zähnen größere Vorschübe.

782. **Mit welchen Schnittgeschwindigkeiten und Vorschüben arbeitet man?**

Schnittgeschwindigkeiten beim Schruppen		Schlichten
Schmiedeeisen . . .	12 m/min	16 m/min
Werkzeugstahl . . .	10 „	13 „
Bronze	16 „	30 „
Gußeisen.	12 „	15 „

Vorschub richtet sich ganz nach der Art der Aufspannung, der Härte und Art des Materials und nach der Kühlung. Muß in jedem Falle gesondert ausprobiert werden. Es ist nicht praktisch, mit der Schnittgeschwindigkeit zu hoch zu gehen, weil dadurch die Leistung nicht gesteigert wird.

783. Wie befestigt man einen Fräser in der Maschine?

Der Fräser ist meistens in der Mitte durchbohrt und wird hier auf einen Frädorn aufgesteckt. Dieser besteht aus einem Konus, der in die Fräserspindel eingesetzt wird, und aus einem zylindrischen Teil, auf den mehrere Ringe von verschiedener Breite aufgezogen sind. Diese Ringe können zum Teil entfernt werden, um dem Fräser Platz zu machen. Man kann dadurch den Fräser an jedem beliebigen Teil des Fräsdornes festlegen. Es gibt Fräsdorne mit (2) und ohne (1) Führungszapfen. Für leichte Arbeiten kann man ohne Führungszapfen aus kommen; für mittlere und schwere sind solche unbedingt notwendig, weil der Fräsdorn mit Fräser sonst wegfedert.

Abb. zu 783[1].

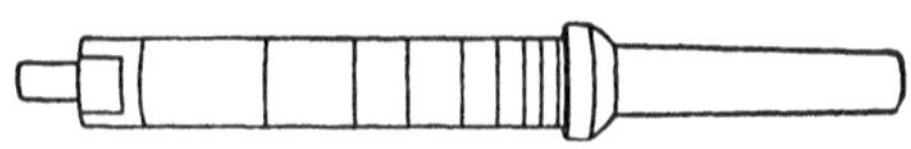

Abb. zu 783[2].

784. Wodurch wird das Ausweichen des Fräsdorns mit dem Fräser verhütet?

Durch Absteifen gegen einen Gegenhalter, der in der Fräsmaschine

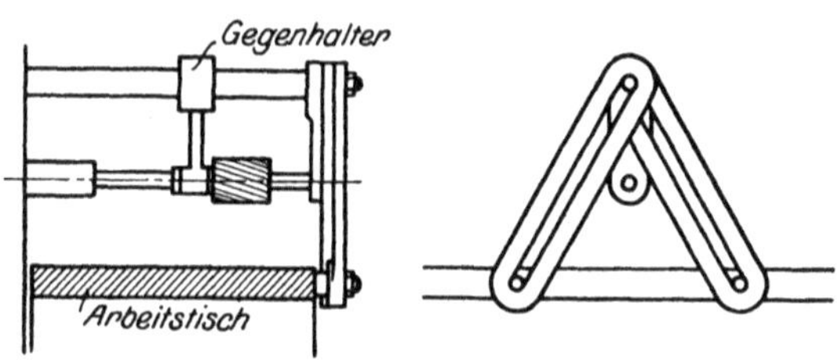

Abb. zu 784[1].

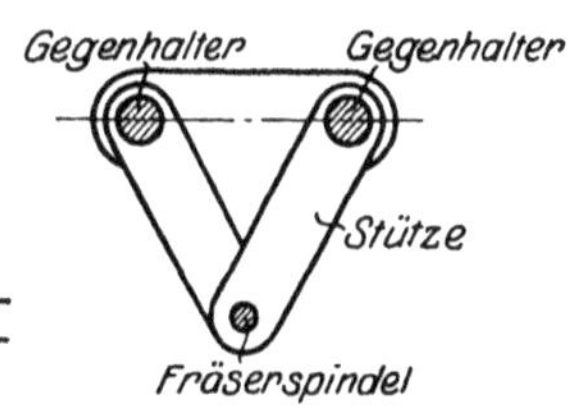

Abb. zu 784[2].

eingebaut wird. Der Gegenhalter wird wieder durch eine Gabel gehalten. Neuere Maschinen (2) wie die Maschine der Mammut-A.-G. Nürnberg haben anstatt eines Gegenhalters zwei solche, so daß der Fräserdruck senkrecht auf einen der Gegenhalter kommt und dieser vom anderen Gegenhalter mittels eines Joches mit unterstützt wird.

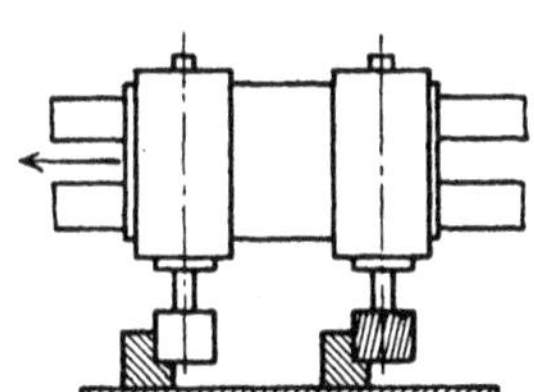

785. Wie fräst man in der Massenfabrikation Formstücke mit unregelmäßiger Kontur?

Nach dem sog. Kopierfräsverfahren. Man führt den Fräser hierbei auf einen Schlitten, den man mittels Gewicht oder Feder und einem Kopierrad hin und her schiebt. Das Kopierrad wird an dem

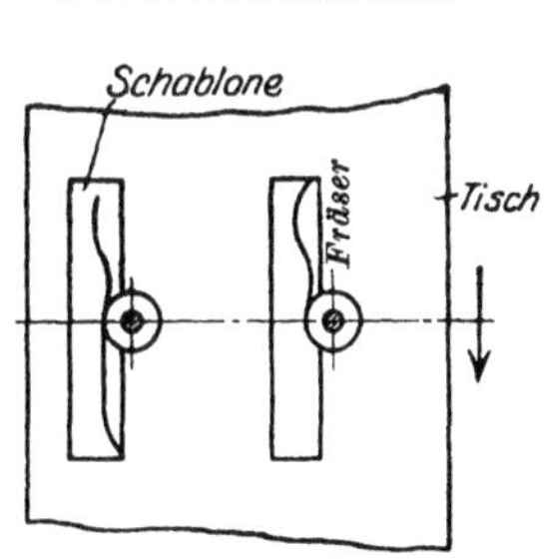

Abb. zu 785.

äußeren Umfang eines Arbeitsstückes, das genau so wie die endgültige Form des zu erzeugenden Stückes vorgearbeitet ist, entlang geführt. Dadurch, daß das Kopierrad mit dem Frässchlitten fest verbunden ist, zwingt es diesen, an seinen Bewegungen teilzunehmen.

Dasselbe Verfahren kann man auch in vertikaler Richtung durchführen, indem das Kopierrad oder der Kopierstift auf der Oberfläche des Musterstückes geführt wird und hierdurch den Fräserschlitten hebt und senkt. Das Fräsen wird hierbei meist mit einem schnellumlaufenden kleinen Schaftfräser vorgenommen und vorzüglich bei Holzarbeiten verwandt.

786. **Gibt es noch eine andere Art von Kopierfräsen?**

Ja. Es wird angewandt beim Einfräsen von ganz kleinen Nummern und Firmenbezeichnungen. Durchgeführt wird es unter Benutzung eines Storchschnabels, an dessen einem Ende sich ein Führungsstift, an dessen anderem Ende sich ein Fräser bewegt. Letzterer ist gewöhnlich ein ganz kleiner Schaft- oder Fingerfräser mit hoher Umdrehungszahl. Der Fräser macht dieselbe Bewegung wie der Führungsstift, nur um das Verhältnis der Hebelarme verkleinert.

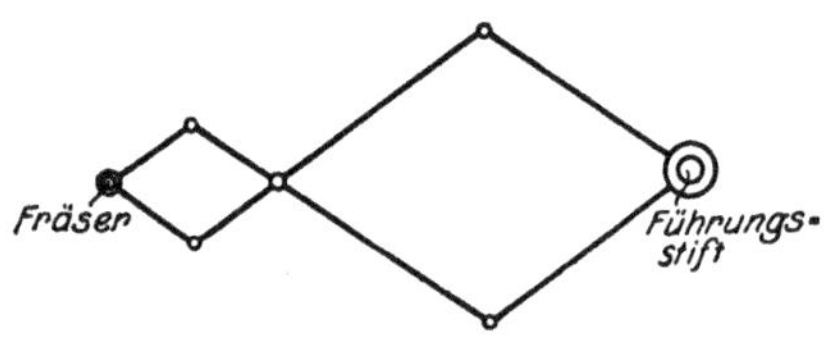

Abb. zu 786.

787. **Kann man auch runde Teile fräsen?**

Ja; dies geschieht meistens bei solchen Werkstücken, die eine stark profilierte Oberfläche haben. Der zu fräsende Teil bewegt sich wie beim Drehen und Schleifen, jedoch ganz langsam um seine Achse. Ein Formfräser wird gegen dieses Werkstück angestellt und dreht sich in entgegengesetzter Richtung. Wenn das Werkstück einen Umgang vollendet hat, wird der Fräser gegen das Werkstück vorgedrückt. Dies geschieht so oft, bis das Werkstück das gewünschte Profil und Umfang erhalten hat.

788. **Wie fräst man Gewinde?**

Werkstück wird zwischen zwei Spitzen gespannt, langsam gedreht. Scheibenfräser in der Form des Gewindeganges steht auf Mitte Werkstück, jedoch etwas schräg in der Richtung der Gewindesteigung und

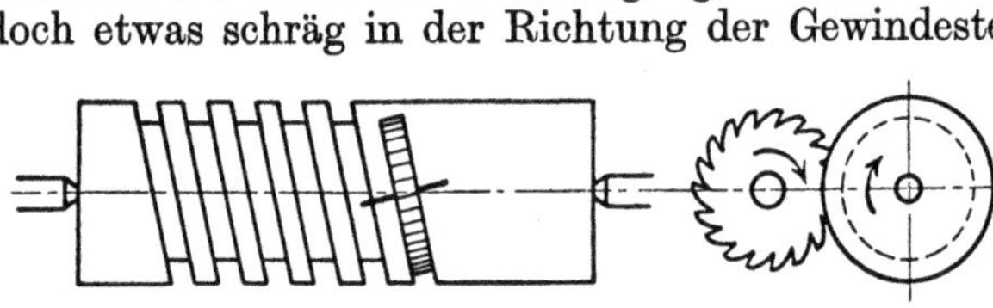
Abb. zu 788.

wird bei jeder Umdrehung des Werkstückes um die Steigungshöhe weitergeschoben.

Gewindefräsen ist billiger als Schneiden auf der Drehbank, wird aber nicht so genau, weil Werkstück sich an der Frässtelle erwärmt und Torsionsbeanspruchung auftritt. Genaue Gewinde, wie bei Leitspindeln der Drehbänke fräst man nur vor und schneidet sie fertig. Man läßt sie am besten zwischen den beiden Verfahren einige Tage oder Wochen ruhen.

789. **Kann man mittels des Fräsverfahrens auch Materialtrennung vornehmen?**

Ja. Man nimmt ganz schmale, sägenblätterähnliche Fräser und läßt diese unter langsamem Vorschub durch das Material durchgreifen. Es wird besonders benutzt zur Trennung flacher Körper, während man bei Rundkörpern Abstechen auf der Drehbank vorziehen würde. Das Abtrennen durch Fräsen ist eine sehr schonende Materialbearbeitung, die aber einen verhältnismäßig hohen Materialverlust bedingt.

790. **Wie kann man zu fräsende Teile aufspannen?**

1. Mit magnetischem Futter.

Nur für leichte Fräserarbeiten für flache Teile verwendbar, da Futter sonst nicht hält.

2. Zwischen Spitzen. s. Abb. 751.

Für runde Teile und Gewindefräsen.

3. Zwischen schraubstockähnliche Backen, die entweder bei großer Entfernung mittels Schrauben in den Nuten des Frästisches festgezogen werden, oder wie beim Schraubstock durch Spindel verbunden werden, wenn die Entfernung klein ist.

4. Durch ähnliche Backen, jedoch mit anderem Maul für zu nutende Wellen.

Diese werden mit Spindel und gegenläufigem Gewinde zusammengezogen.

Um gutes Aufliegen zu sichern, was durch abgefallene Späne leicht gestört wird, kann man bei allen Spannarten genutete Unterlagen benutzen, auf deren Oberfläche sich keine Späne anhäufen können.

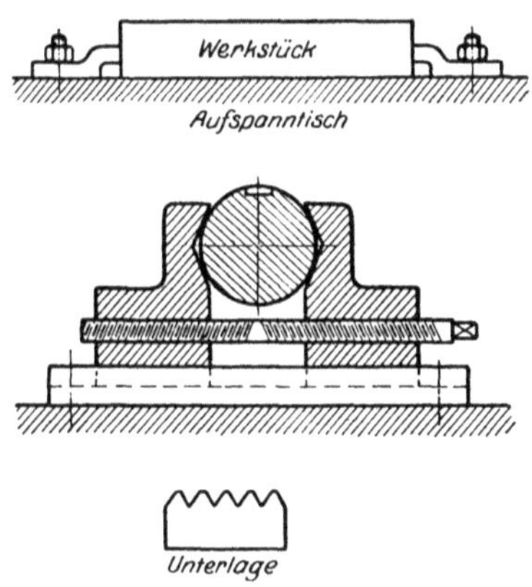

Abb. zu 790^{3} u. ^{4}.

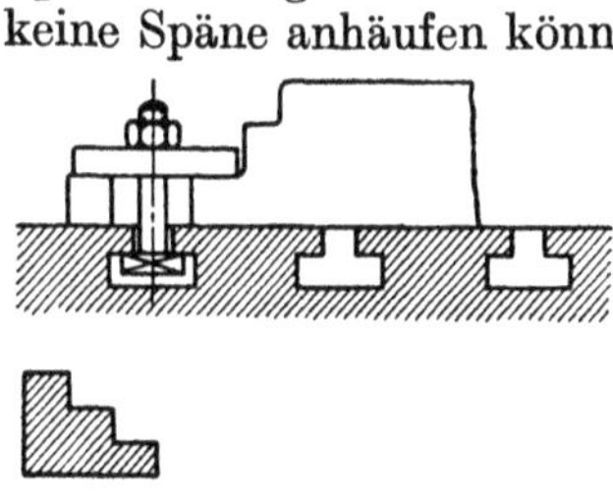

Abb. zu 790^{5}.

5. Wenn man Ansatzflächen hat, über die der Fräser nicht hinwegläuft, wie z. B. Flanschen, Nuten, usw., so kann man sich verschiedener Spanneisen mit Unterlageklötzchen bedienen. Diese werden in den Nuten der Tischplatte mittels Schrauben festgespannt. Es ist wichtig, die Spanneisen stets horizontal einzuspannen, nicht etwa schräg, damit sie

nicht abrutschen. Als Widerlageklötzchen für die Spanneisen kann man auch treppenartig ausgehobelte Klötzchen gebrauchen, bei denen dann jede beliebige Höhe der Widerlager ausgenutzt werden kann.

Hobeln.

791. **Wie ist der Arbeitsvorgang beim Hobeln von Metallen?**

Man spannt das zu hobelnde Werkstück ähnlich wie beim Flächenfräsen in horizontaler Richtung auf den Hobeltisch auf und führt es gegen einen in einem Halter festgelagerten Stahl. Der Stahl keilt hierbei einen Span von der Werkstücksoberfläche ab. Dann zieht man das Werkstück wieder unter dem Hobelstahl zurück und setzt von neuem an, nachdem der Stahl um eine Spanbreite in der Seitenrichtung verstellt worden ist.

792. **Man nenne noch einige andere Möglichkeiten des Hobelns und deren Anwendung.**

1. Das Werkstück übernimmt die Seitenverstellung und der Hobelstahl wird über dieses verhältnismäßig schnell hinweggeführt und zurückgezogen. Verfahren angewandt bei den sog. Stößelmaschinen und kleinen Werkstücken.

2. Das Werkstück wird auf dem Tisch festgelegt und übernimmt die Seitenbewegung oder eine Drehbewegung. Der Hobelstahl wird nicht in horizontaler, sondern in vertikaler Richtung vorbeigeführt.

Verfahren angewandt bei den sog. Stoßmaschinen für Ausstoßen von Nuten, Rundungen usw.

3. Werkstück liegt auf Tisch fest, übernimmt seitlichen Vorschub. Sehr kräftiger Hobelstahl wird über dieses sehr schnell in verkehrter Richtung hinweggestoßen und reißt beim Rückwärtsgang Späne von der Werkstückoberfläche weg.

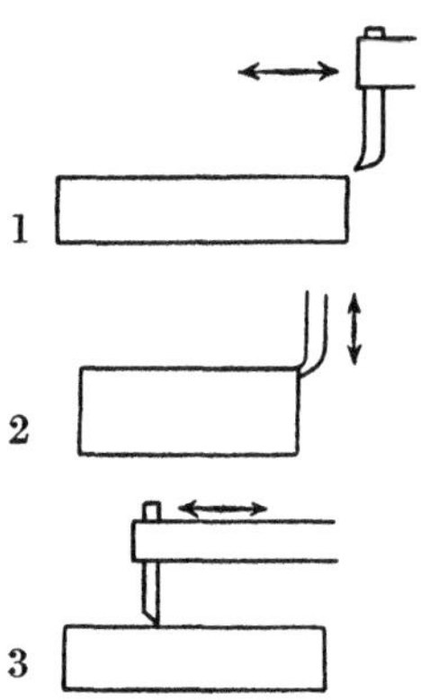

Abb. zu 792.

Verfahren angewandt bei den sog. Reißern zum Entfernen der Gußhaut der Messingblöcke vor dem Walzen. Sehr roh, aber leistungsfähig.

793. **Wie unterscheidet sich der Vorgang des Hobelns von dem des Fräsens?**

Durch die schmale Schneidfläche des Hobelstahls im Gegensatz zu der breiten Schneidfläche des Fräsers tritt bei ersterem nur ein geringer Rückdruck, folglich auch nur ein geringes Federn ein. Daher ist die Hobelmaschine eine Genauigkeitsmaschine.

794. **Wie kann man die genaue Arbeit der Hobelmaschine und zugleich die große Leistungsfähigkeit der Fräsmaschine ausnutzen?**

Indem man Werkstücke, die sauber bearbeitet werden sollen, zunächst fräst, dann ausruhen läßt und mit Hobelmaschine nachschlichtet.

795. **Wie sieht ein Hobelstahl aus?**

Der normale Hobelstahl hat große Ähnlichkeit mit dem Drehstahl. Der normale Anstellwinkel für Schruppstähle etwa 6°, für Schlichtstähle 3 bis 4°. Schneide wird meist etwas gebogen ausgeführt, des leichteren Spanablaufs wegen. Die Vor- und Nachteile des hohen Anstellens des Drehstahl (leichteres Schneiden, Gefahr des Einhakens) kann man hier durch Vorwärtsbiegen der Schneide erreichen; meist für Schruppen benutzt.

Die Vor- und Nachteile des tiefen Anstellens des Drehstahls (sauberes Einstellen, kein Einhaken, schwererer Schnitt) kann man beim Hobelstahl durch Rückwärtsbiegen der Schneide erreichen. Angewandt beim Schlichten.

Für Aushobeln bestimmter Profile werden ähnlich wie beim Drehen verschieden geformte Profilstähle benutzt.

796. **Kann man beim Hobeln ähnlich wie beim Drehen mit mehreren Stählen zugleich arbeiten?**

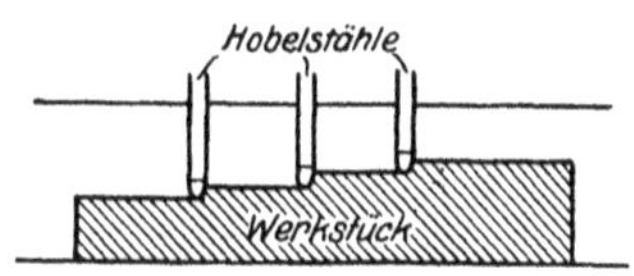

Abb. zu 796.

Ja; aber nur beim Schruppen. Vorgang beim Schlichten zu vermeiden, da sonst keine saubere Arbeit. Es bildet sich bei dieser Arbeit die sog. „Hobeltreppe", bei der mit einem Durchgang bei kräftigen Maschinen ganz erhebliche Spanabnahme erreicht werden kann.

797. **Welches sind die üblichen Schnittgeschwindigkeiten beim Hobeln?**

Bei Benutzung von Schnelldrehstählen kann man nehmen für

Maschinenstahl je nach Härte.	18 bis 6	m/min
Gußeisen	12 bis 7	„
Stahlguß	15 bis 8	„
Bronze	bis 20	„
Aluminium	bis 30	„

Der Vorschub beträgt hier je nach Stärke der Maschine

für Schruppen für Maschinenstahl 2 bis 5 mm pro Hub,

für Schlichten für Gußeisen, wenn breiter Stahl verwendet wird, bis zu 10 mm.

798. **Warum kann man beim Hobeln die guten Schnitteigenschaften des Schnellschnittstahles bei der Steigung der Schnittgeschwindigkeiten nicht so voll ausnutzen wie bei der Drehbank?**

Weil die Beschleunigung des schweren Werktisches mit dem Werkstück zu hohe Kräfte verlangen würde und weil der Stahl nicht langsam einschneidet, sondern stoßartig einsetzt, und dadurch leicht abbricht.

799. **Wie kann man den Nachteil des leeren Rücklaufs der Hobelmaschinen einschränken?**

1. Durch Beschleunigung des Rücklaufes, wobei zu bedenken ist, daß die Beschleunigungsarbeit hier bald so bedeutend wird, daß ein wirtschaftlicher Vorteil in dieser Maßnahme nicht mehr liegt.

2. Durch Anwendung von Stahlhaltern, die Einspannung von zwei Stählen, einen für Vorwärtsgang, einen für Rückwärtsgang gestattet. Derartige Halter haben sich bis jetzt noch nicht bewährt, außer bei Kantenhobelmaschinen, bei denen sie sehr schwer gebaut werden konnten.

800. **Wie kann man beim Rückgang der Hobelmaschine die Stahlschneide schonen?**

Indem man den Stahlträger so anhebt, daß der Stahl nicht beim Rückgang über das Werkstück schleift.

801. **Wie kann man das Einstellen des Hobelstahls auf die gewünschte Höhe erleichtern?**

Für Gegenstände, die häufiger vorkommen, fertigt man sich eine Hobellehre an, welche die Form der herzustellenden Fläche im Querschnitt darstellt. Diese Lehre befestigt man auf dem Hobeltisch vor dem Werkstück und setzt zunächst ein Holzklötzchen auf diese und kurbelt hierauf den Hobelstahl nieder. Nach dieser Einstellung schruppt man. Man hobelt dann weiter unter Einstellung mit dünneren Holzklötzchen, bis man schließlich den Schlichtspan ansetzen kann. Dies geschieht dadurch, daß man ein dünnes Papier auf die Hobellehre legt und den Stahl so weit herunterkurbelt, daß das Papier nicht mehr darunter hervorgezogen werden kann. Mit dieser Stahlstellung schlichtet man.

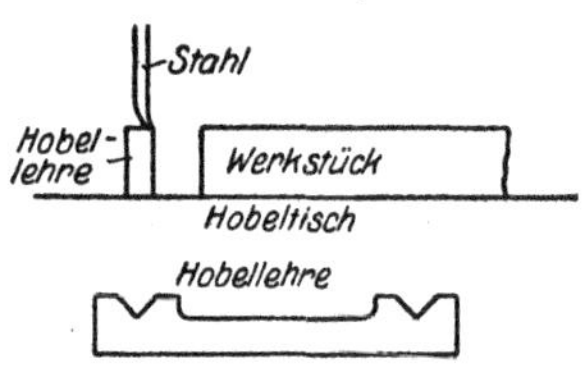

Abb. zu 801.

802. **Wie kann man ohne Anreißen Absätze verschiedener Höhe auf einer Fläche genau hobeln?**

Man hobelt zunächst eine Fläche und schlichtet diese. Soll die nächste Fläche z. B. 67 mm höher stehen, so baut man auf die bereits fertige Fläche Endmaße der gewünschten Höhe auf, auf die man den Hobelstahl wie bei der Hobellehre aufsetzt.

803. **Wie kann man die Arbeit der Hobelmaschine wirksamer gestalten?**

Durch Anwendung einer größeren Zahl von Werkzeugträgern in senkrechter und wagerechter Richtung.

804. **Welche Materialien lassen sich gut hobeln?**

Am besten Stahl, Gußeisen, Bronze, Messing.

Räumen.

805. **Was für eine Arbeitsart ist das Räumen?**

Es kann am besten verglichen werden mit dem Hobeln und Stoßen, da hierbei ein zylindrischer Körper, auf dem sich hintereinander eine Anzahl Zähne, ähnlich wie Hobelstähle, befinden, durch das Werkstück durch Stoßen oder Ziehen hindurchgeführt wird. Jeder einzelne Zahn dieses zylindrischen Körpers wirkt wie ein Hobelstahl.

806. **Welche Arten von Werkstücken kann man mittels des Räumverfahrens bearbeiten?**

Durchgehende Nuten, vier-, sechs-, acht- und mehrkantige Löcher, Innenzahnräder, Außenzahnräder, Innenflachgewinde mit starker Steigung, geriefte Wellen und innengeriefte Buchsen, das Maul von Schraubenschlüsseln, kurz alle regelmäßigen und unregelmäßigen Öffnungen und Außenformen.

807. **Welche Materialien bearbeitet man mittels Räumen?**

Hauptsächlich Stahl, Gußeisen, Bronze.

808. **Welcher Schmiermittel bedient man sich dazu?**

Messing und Aluminium räumt man trocken, Stahl je nach Beschaffenheit mit Lard-Öl oder besser mit Tran.

809. **Welchen Genauigkeitsgrad kann man mit Arbeiten der Räumnadel erreichen?**

Die Genauigkeit liegt zwischen 0,05 und 0,025 mm. Sie genügt gerade noch für die Bearbeitung langsam umlaufender Zahnräder, jedoch nicht mehr für schnellaufende Zahnräder.

810. **Nach welchen beiden Methoden kann man das Räumen vornehmen?**

Man legt das Werkstück fest und

1. zieht eine Räumnadel durch dieses hindurch oder
2. stößt eine Räumnadel hindurch.

811. **Ist das Durchstoßen oder das Durchziehen der Räumnadel vorzuziehen?**

Wenn ganz kurze Werkstücke vorhanden sind, bei denen wenig Späne wegzunehmen sind, so daß man mit kurzen Räumnadeln auskommt, wird sich das Durchstoßen empfehlen, weil man hier die Räumnadel, ohne sie von der Maschine zu lösen, zurückziehen kann.

Bei allen längeren Werkstücken und da, wo größere Spanmengen gefaßt werden, also längere Räumnadeln notwendig sind, kommt nur das Durchziehen in Frage, weil gestoßene Nadeln hier knicken würden. Das Durchziehen findet in der Weise statt, daß man die Nadel mit dem glatten Schaftende zunächst durch das Arbeitsstück hindurch, oder darüber hinweg steckt und mit dem Zugarm der Maschine verbindet und dann die Räumnadelmaschine arbeiten läßt.

812. **Wie sieht eine Räumnadelmaschine aus?**

Die Maschine besteht aus dem Maschinenkörper und der Ölwanne, in der das abtropfende Öl aufgefangen wird, und von wo aus es zur Pumpe fließt. In der Maschine liegt eine Führung für den Zugkopf, der mit

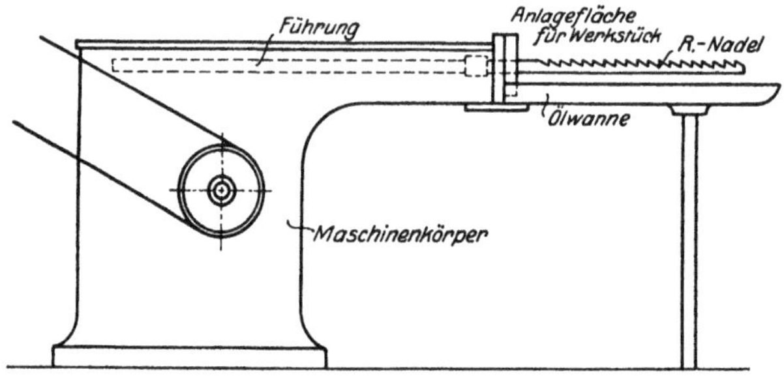

Abb. zu 812.

zwei Schlittenflächen hier gleitet. Der Zugkopf wird unter Vermittlung einer Zugstange, die an einem geführten Schlitten sitzt, mittels Zahnrad und Zahnstange hin- und hergezogen.

813. Mit welcher Geschwindigkeit räumt man?

Meistens nur mit einer Geschwindigkeit, die zwischen 1,5 bis 1,8 m/min liegt. Die Rückgeschwindigkeit ist etwa fünfmal so groß.

814. Wodurch sichert man die richtige Anlage eines Arbeitsstückes beim Räumen?

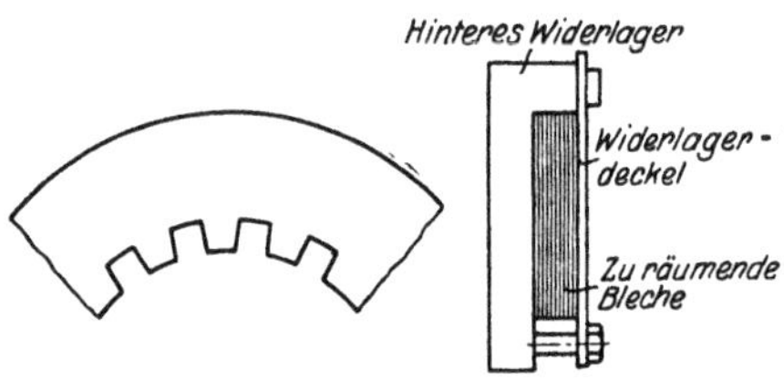

Abb. zu 814. Widerlager für zahnradähnlich auszuräumende Teile.

Man kann nur solche Stücke räumen, deren senkrecht zur Räumachse liegende Fläche gut abgedreht ist. Mit der abgedrehten Fläche wird das Stück auf oder gegen das Widerlager gelegt. Sehr dünne Stücke, wie Bleche, werden zu mehreren in ein Widerlager hineingelegt, das an den Stellen, an denen die Räumnadel Vorsprünge hat, ausgearbeitet ist, s. Abb. 812.

815. Wie sieht eine Räumnadel aus?

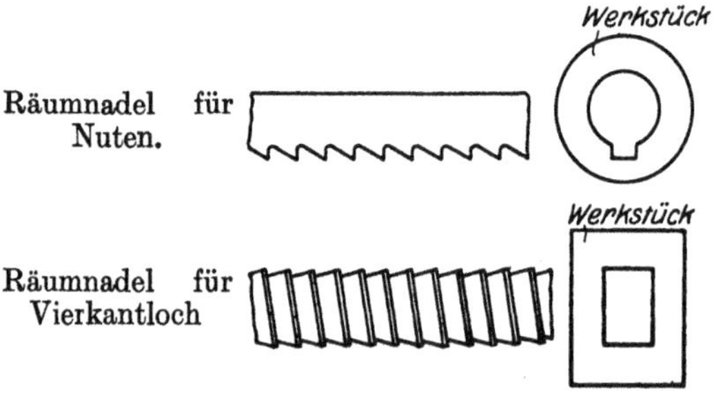

Abb. zu 815.

Eine Räumnadel kann sehr verschieden ausgebildet werden. Sie ist ein zylindrischer oder eckiger langer Körper, der an einem Ende einen glatten Hals hat mit einem Keilloch, mittels dessen sie am Ziehkopf befestigt wird. Auf diesen Körpern befinden sich eine Reihe von Zähnen, von denen jede nachfolgende eine Kleinigkeit höher ist als der vorangehende, so daß diese

Nadel nach ihrem Ende zu immer dicker wird. Man unterscheidet Schlicht-, Räum- und Poliernadel. Diese drei Gattungen können auch in einer Nadel vereinigt sein.

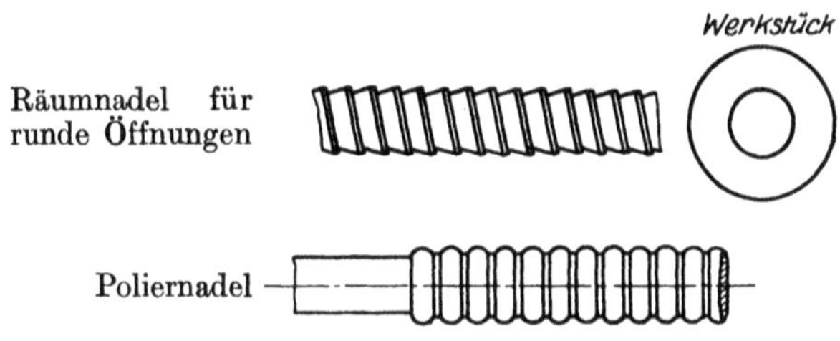

Abb. zu 815.

816. **Räumt man nur mit einer Nadel oder auch mit mehreren?**

Einfache Formen wie Sechskante, auch Innengewinde, Aufsatzflächen von Lagerschalen usw. räumt man mit einer Nadel. Kompliziertere Flächen, wie z. B. Verzahnungen, mehrfache Innen- und Außennuten werden gleichzeitig mit einem Satz von Räumnadeln ausgeräumt.

817. **Welche allgemeinen Gesichtspunkte müssen beim Entwurf der Räumnadel berücksichtigt werden?**

Die Länge muß in einem gewissen Verhältnis zu ihrer Stärke stehen. Größere Längen als 2 m kommen wegen der Fabrikations- und Härteschwierigkeiten nicht vor. Im übrigen richtet sich die Länge nach der des zu räumenden Stückes und nach der Menge des zu entfernenden Materials. Lange Werkstücke verlangen lange Räumnadel, weil hier die Zahnteilung groß werden muß, damit der Zahnabstand groß genug ist, um die beim Durchgang abgehobelte Spanmenge aufzunehmen. Außerdem sollen auf der Länge der Arbeitsfläche der Führung wegen mindestens zwei Zähne tragen, im ganzen aber möglichst nicht mehr als drei Zähne, weil sonst der Widerstand zu groß wird.

818. **Wie wird die Zahnform bei der Räumnadel bestimmt?**

Die Höhenunterschiede zwischen zwei aufeinander folgenden Zähnen, also auch die abzunehmende Spanstärke, richtet sich nach der Art des zu verarbeitenden Materials. Sie betragen:

bei Stahl	0,03	bis	0,08 mm	}	pro Zahn.
„ Gußeisen	0,03	„	0,08 mm	}	pro Zahn.
„ Rotguß	0,08	„	0,18 mm	}	pro Zahn.

Die Zahntiefe wird abhängig gemacht von der Teilung. Man nimmt etwa 0,4 bis 0,5 der Teilung. Die Zahnbrust wird, wie auch beim Hobelstahl, etwas unterschnitten. Der Zahnbrustschnittwinkel ist bei Stahl 9 bis 12°, bei Gußeisen 6°, bei Bronze 4°. Der Anstellwinkel des Stahls beträgt 2 bis 3°. Der Krümmungsradius am Fuße der Zahnbrust soll möglichst groß sein, namentlich bei Stahl, damit sich die Späne leicht in die Zahnlücke hineinwickeln.

819. **Wie erreicht man gute Genauigkeit bei längeren Räumnadeln?**

Indem man ihnen an ihrem Ende 4 bis 5 Schlichtzähne und auf ihrer Länge verteilt 3 bis 6 nichtschneidende Führungszähne gibt.

820. Welche Schwierigkeiten bestehen beim Arbeiten mit der Räumnadel und wie kann man diesen abhelfen?

1. Die Kraft, mit der die Räumnadel durchgezogen wird, wechselt stark und steigt an, jedesmal, wenn ein neuer Zahn in das Werkstück hineintritt. Dem ist abzuhelfen dadurch, daß man bei runden Räumnadeln die Zähne nicht ringförmig, sondern spiralig anordnet. Bei rechteckigen Räumnadeln die an entgegengesetzten Seiten stehenden Zähne in entgegengesetzter Richtung schräg stellt.

2. Die Räumnadel drängt stets nach der Seite, an der sich die schärferen Zähne befinden. Man hilft sich hier, indem man die Zähne der Gegenseite anschärft oder den Rücken derjenigen Zähne, nach denen die Nadel hindrängt, leicht mit Speckstein abschleift, die Zähne also um eine Kleinigkeit stumpft.

3. Räumnadeln, die für unregelmäßige Öffnungen benutzt werden, drängen leicht nach der Seite der kleineren Arbeitsfläche. Man hilft sich hier dadurch, daß man bei nicht zu dünnen Werkstücken zwischen je zwei Zähne oder Zahngruppen nichtschneidende Führungszylinder anbringt, welche die Räumnadel wieder zentrieren.

4. Räumnadeln für sehr weite Öffnungen werden schwer. Sie sinken daher leicht nach unten ab. Solchen Nadeln gibt man am Ende noch einen Führungszylinder, der in einem Führungsbock festgeklemmt wird.

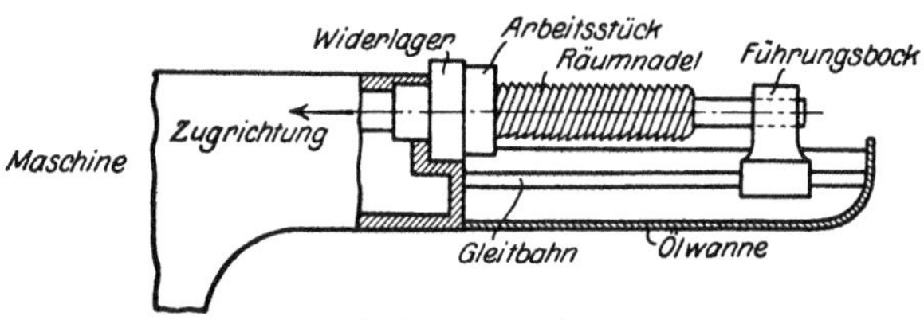

Abb. zu 820[4].

Der Führungsbock gleitet in einer Führungsschiene, die in der Ölwanne gelagert ist, mit gegen das Werkstück heran und läßt die Nadel erst los, wenn er anschlägt. Hierdurch wird auf dem ganzen Arbeitsweg eine doppelseitige Führung der Nadel gesichert.

821. Wie baut man eine Räumnadel für einen Vierkant?

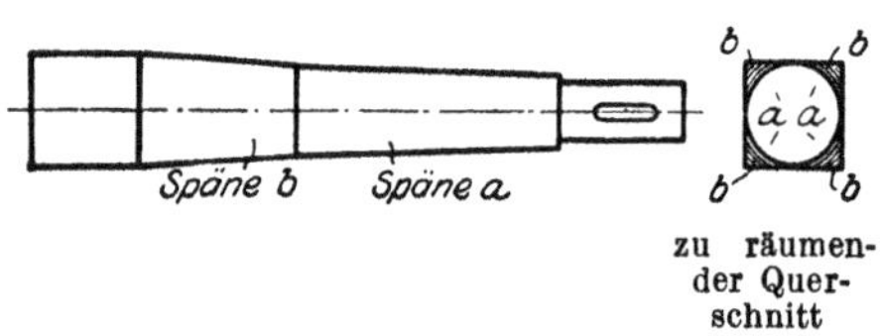

Abb. zu 821.

Man gibt ihr zwei Steigungen. Die erste Steigung ist gering, weil die breiten Späne *a* genommen werden müssen. Die zweite Steigung ist stark, weil nur noch die schmalen Späne *b* abgenommen werden müssen. Hierdurch erreicht man eine ziemlich gleichmäßige Beanspruchung der Räumnadel.

822. Ist es möglich, eine Räumnadel, die für Zug eingerichtet ist, ohne Beschädigung des Werkstückes zurückzudrücken?

Nur bei Nadeln, die auf einer Seite schneiden; nicht bei Rundnadeln oder mehrseitig schneidenden. Man läßt die Nadel hierzu mit den Zähnen nach oben auf einem Keil laufen, der etwas kürzer ist als das Werkstück. Am Schluß, wenn der letzte Zahn durchgegangen ist, fällt die Nadel von dem Keil herunter und stößt ihn beim Rückgang aus der Öffnung heraus, so daß die Zähne von der gezogenen Nut frei gehen.

823. **Wie härtet man Räumnadeln?**

Man muß bei der Härtung der Räumnadeln darauf achten, daß die Seele weich bleibt, während die Zähne hart werden. Dies ist auf zwei Möglichkeiten zu erreichen:

1. Ganzhärtung im Einsatz.

Nadel wird in einem Rohr in Holz-, Knochen- oder Lederkohlenstaub gut verpackt, luftdicht abgeschlossen und 2 bis 3 Stunden bei 900° geglüht, dann in Öl abgeschreckt. Der noch warme Kern bewirkt Anlaufen der Zähne. Wenn diese strohgelb sind, härtet man endgültig in handwarmem Wasser.

2. Ganzhärtung ohne Einsatz.

Man nimmt Zementstahl oder Wolframstahl, erwärmt Nadel hängend in Muffel schnell auf 1100° und schreckt sie liegend, jedoch lebhaft gedreht, im Ölbad ab. Wiedererwärmung auf 250 bis 300°; Anlauffarben abwarten, endgültig in Öl oder Sodawasser härten.

3. Punkthärtung.

Hierzu Wolfram- oder Zementstahl notwendig. Zahn für Zahn wird mit Stichflamme angewärmt und abgeschreckt. Nachbarzahn gegen Wiedererwärmung durch Metallblende geschützt. Erwärmung muß unter dauerndem Drehen nicht laufend, sondern an gegenüberliegenden Punkten erfolgen, um Verziehen zu verhüten. Verfahren schwierig, aber Seele bleibt weich, Zähne hart.

824. **Ist eine Räumnadel noch zu benutzen, wenn ein oder zwei Zähne ausgebrochen sind?**

Ja. Man muß dann den nächsten oder die beiden nächsten Zähne hinter dem zerbrochenen Zahn etwas abziehen, so daß ein fortlaufender Schnitt erhalten bleibt. Dann sind die Räumnadeln meistens noch zu benutzen.

825. **Wie schleift man eine abgenutzte Räumnadel wieder scharf?**

Bei guten Räumnadeln haben die letzten 2 bis 4 Zähne die genaue endgültige Form der zu räumenden Öffnung. Man schleift nun den ersten Zahn, der diese Form hat, eine Kleinigkeit herunter und entsprechend alle weiteren Zähne. Ist die Nadel wiederum stumpf geworden, so schleift man auch den nächsten Zahn, der die endgültige Form noch hat, wieder herunter und alle dahinterliegenden Zähne entsprechend, bis schließlich nur noch ein Zahn die endgültige Form hat. Wird die Nadel dann wieder stumpf, kann sie nicht mehr verwendet werden.

Schleifen.

826. Was versteht man unter Schleifen eines Werkstückes?

Eine Bearbeitungsart, bei der von einem feststehenden oder rotierenden Werkstück mittels einer sich drehenden Schleifscheibe feinere oder gröbere Spänchen abgerissen werden. Der Vorgang ist dem Fräsen und Hobeln ähnlich, nur ist die Spanabnahme eine wesentlich feinere und geschieht bei höherer Geschwindigkeit. Man unterscheidet Grobschleifen, Feinschleifen und Polieren. Modernste Arbeitsart, bei Austauschfertigung unentbehrlich.

827. Welche Arten von Steinen benutzt man bei hartem und weichem Material und weshalb?

Bei hartem Material sogenannte weiche Steine, d. h. solche mit weicher Bindung. Dies hat den Zweck, daß die in der Bindung eingelagerten Schneidflächen, die bei diesem Material schnell stumpf werden, leicht ausbrechen können, damit sich der Stein nicht verschmiert. Dasselbe gilt für besonders schnell umlaufende Steine und solche, die mit dem zu schleifenden Stück eine große Berührungsfläche haben, z. B. beim Innenschleifen.

Bei weichem Material verwendet man harte Steine, d. h. solche mit harter Bindung. Die Schneidflächen werden hier nicht so schnell stumpf und brauchen nur seltener ausbrechen. Gefahr des Verschmierens liegt nicht vor.

828. Wie schleift man eine Kolbenstange?

Man spannt sie, ähnlich wie bei der Drehbank, zwischen Spitzen und dreht sie langsam. Man führt jetzt eine Schleifscheibe, die sich schnell dreht, an der Stange entlang. Wenn man am Ende ist, drückt man die Scheibe in der Richtung des Pfeiles 1 gegen das Werkstück,

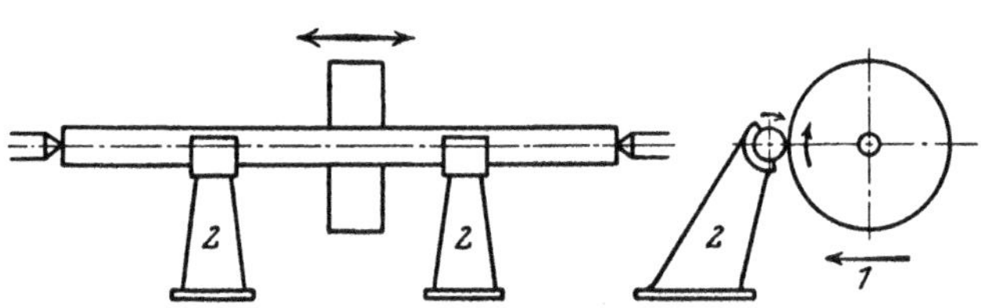

Abb. zu 828.

um wenige Bruchteile eines Millimeters vor und führt sie wieder an dem Werkstück zurück. Damit das Werkstück nicht durchfedert, stützt man dieses mit Lünette, die sich auf dem Bett der Schleifbank befindet, ab.

829. Wie schleift man eine Buchse aus?

Zwei Möglichkeiten:

1. Schleifstein sitzt auf einem Finger, der sich schnell dreht und durch die Buchse hindurch geschoben wird. Wenn er sich am Ende der

Buchse befindet, kann er in Richtung des Pfeiles 2 nachgestellt und wieder zurückgezogen werden. Die Buchse selbst dreht sich hierbei gegen den Schleifstein.

2. Bei größeren Buchsen, z. B. auch Zylindern, läßt man die Buchse nicht drehen, sondern führt den Finger, auf dem der Schleifstein sitzt, durch besondere Vorrichtung noch in einer Kreisbahn, die dem Durchmesser der Buchse entspricht.

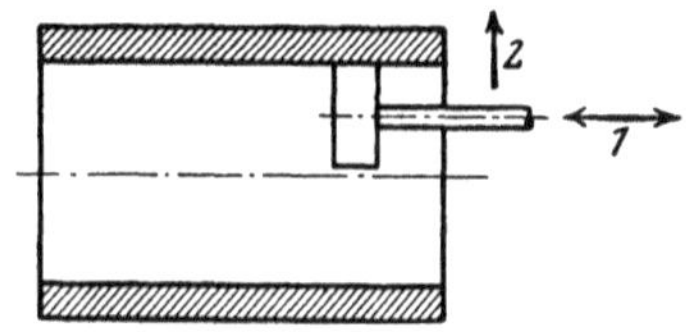

Abb. zu 829.

830. **Wie schleift man eine Fläche?**

Man spannt dieselbe auf, etwa wie auf einen Hobeltisch, und führt den Schleifstein, dessen Achse entweder vertikal steht, und dann häufig der geringeren Erwärmung wegen als Topfscheibe ausgebildet wird nach Abb. 830^1 über die Fläche. Man kann den Schleifstein auch mit horizontaler Achse nach Abb. 830^2 diagonal führen. Bei Abb. 830^1 er-

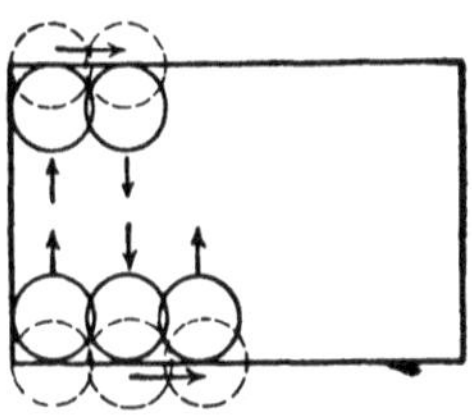
Abb. zu 830^1.

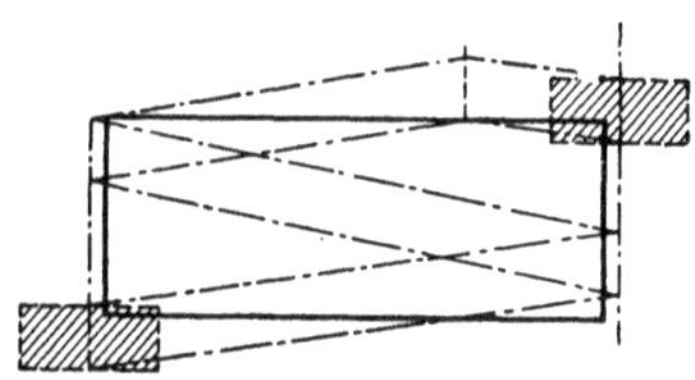
Abb. zu 830^2.

gibt sich an dem einen Ende eine etwas größere Flächenstärke als an dem anderen, weil sich der Stein über das Ganze abläuft. Daher führt man auch nach Abb. 830^2 in der Diagonale, wobei die Flächendicke sehr gleichmäßig wird, jedoch oft an den Stellen der Fläche, über die der Schleifstein am häufigsten hinweggeht, leichte Vertiefungen entstehen. In Fall 1 kann man die gegenseitige Verschiebung zwischen Schleifstein und Fläche durch Bewegung eines von beiden erzielen. In Fall 2 verschiebt man Schleifstein und Fläche.

831. **Wie kann man in eine Fläche eine Rille einschleifen?**

1. Wenn die Rille nicht zu breit ist, wählt man einen scharfkantigen Schleifstein von der Breite dieser, der sich um eine horizontale Achse dreht, und geht mit diesem unter langsamem Tieferstellen des Steines oder Anheben der Fläche mehrmals über diese, bis die Rille ausgeschliffen ist. Man kann auch die Tiefstellung von vornherein annehmen und den

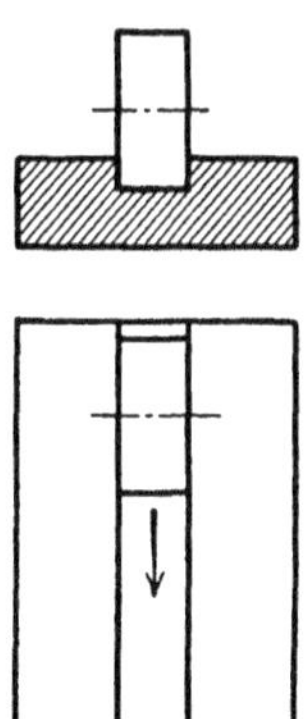
Abb. zu 831^1.

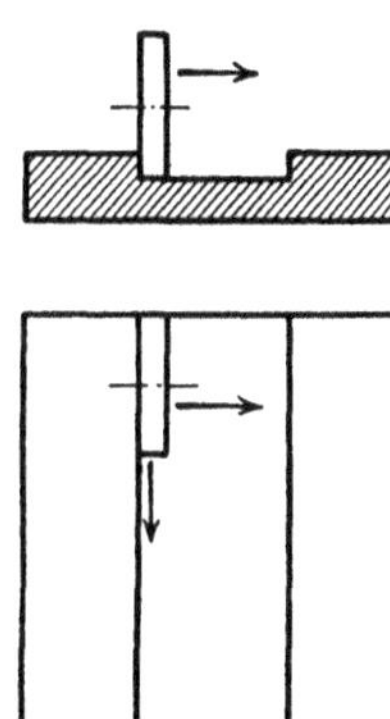
Abb. zu 831^2.

Stein in der ganzen Tiefe langsam durch die Fläche hindurchziehen. Die Rille wird hierbei wegen der Abnutzung des Schleifsteines am Ende etwas flacher werden.

2. Breitere Rillen und solche, für die man keine passende Steinbreite hat, werden nach Abb. mit schmaler Scheibe, die nach jedesmaligem Durchzug seitlich verstellt wird, ausgeschliffen.

832. Wie schleift man einen Fräser?

Will man die Stirnfläche anschleifen, wie bei Fräsern, die immer dasselbe Profil behalten sollen, so stützt man sie mit einem Finger ab und schleift die Schneidfläche mit einer kleinen, schnellrotierenden Schleifscheibe, am besten mit einer solchen mit Gummibindung, aus.

Ganz ähnlich verfährt man beim Abschleifen des äußeren Umfanges eines nicht hinterdrehten Fräsers, nur muß hier darauf geachtet werden, daß die Schleifscheibe gegen den Stützzahn arbeitet, damit der Fräser beim Schleifen nicht weggedreht wird.

Bei spiralgefrästen Zähnen muß eine Spiralführung des Fräsers stattfinden. Am besten benutzt man dazu eine Zahnflanke.

833. Welche Umlaufzahl der Schleifscheibe wendet man beim Schleifen an?

Bei guten harten Scheiben kann man bis auf 30 m/sek in der Umfangsgeschwindigkeit hinaufgehen. Bei Scheiben mit schlechter Bindung gehe man nicht über 12 bis 15 m/sek.

834. Welche Vorschübe nimmt man beim Schleifen?

Der Vorschub hängt ab von der Schleifscheibenbreite und beträgt pro Umdrehung $^1/_2$ bis $^3/_4$ dieser. Je feiner der Schliff, desto geringer der Vorschub.

835. Welche Umlaufzahl des Werkstückes benutzt man beim Schleifen zylindrischer Werkstücke?

Die Umfangsgeschwindigkeit hängt vom Vorschub ab. Für große Vorschübe geringe Umfangsgeschwindigkeit und umgekehrt. Feiner Schliff verlangt niedrige Umfangsgeschwindigkeit. Die Umfangsgeschwindigkeiten wechseln von 12 bis 15 m/min. bei Grobschliff, bis 3 bis 6 m/min. bei Feinschliff für Stahl und Gußeisen.

836. Wie spannt man zu schleifende flache eiserne Gegenstände am besten und schnellsten auf?

Mittels eines elektromagnetischen Spannfutters. Dasselbe besteht aus einer ebengeschliffenen Platte, in die Elektromagneten eingebaut sind. Das Stück wird auf diese Platten aufgelegt, bei Einschaltung des elektrischen Stromes wird es festgehalten. Das Aufspannen ist daher sehr einfach.

Schlosserei.

837. **Wodurch unterscheidet sich die Schlosserei vom Drehen, Schleifen, Hobeln, Fräsen usw.?**

1. Dadurch, daß der Schlosser seine Arbeit in der Hauptsache mit Werkzeugen und Maschinen, die nicht durch mechanische Kraft getrieben sind, durchführt.

2. Dadurch, daß die Arbeit eine größere Handgeschicklichkeit und größeren Kräfteaufwand erfordert als die vorgenannten.

3. Dadurch, daß die Ausführungsmöglichkeiten sehr verschieden und meistens dem Ermessen des Ausführenden überlassen sind.

838. **Für welche Arten von Arbeiten ist die Schlosserei besonders geeignet und wofür ist sie ungeeignet?**

Die Verfahren der Handschlosserei werden besonders angewandt bei gröberen Werkstücken und bei solchen feineren, die nur einmal oder wenige Male hergestellt werden; namentlich Zusammensteck- und Montagearbeiten kommen in Frage. Ungeeignet sind diese Verfahren für Serien- und Massenfabrikation.

839. **Welcher Werkzeuge bedient sich der Schlosser in der Hauptsache?**

Verschiedenartiger Hämmer, Feilen, Metallsägen, Blechscheren, Bohrvorrichtungen, Reibahlen, Gewindeschneider, Schneidkluppen, Schaber, Meißel, ferner verschiedener Festhaltevorrichtungen wie Schraubstöcke, Zangen, Feilkloben usw. Schließlich verschiedenster Meß- und Anreißwerkzeuge.

840. **Wie sieht der Schlosserhammer aus und wie wird er benutzt?**

Er ähnelt dem Schmiedehammer (s. Frage 386). Wird meist nicht zum direkten Schlagen, sondern zum Aufschlagen auf Meißel, Körner, Dorn oder ähnliche Zwischenwerkzeuge benutzt. Der Hammerstiel ist fest in dem Hammerkopf befestigt. Meistens ist das Loch im Hammerkopf auf der vom Stiel abgelegenen Seite etwas weiter. Ein eiserner Keil spaltet den Stiel und treibt ihn dadurch im Hammer fest.

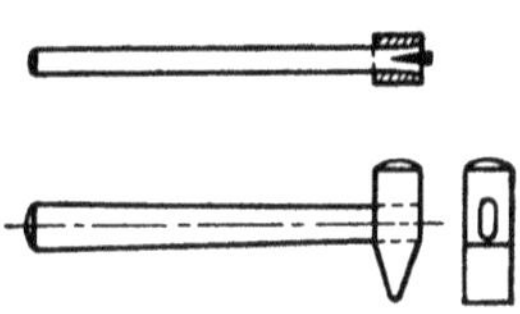

Abb. zu 840.

841. **Was ist eine Feile, wie wird sie hergestellt?**

Eine Feile ist ein Stahlstab, von beliebigem Querschnitt, der in einem Heft gehalten wird und dessen Oberfläche aufgerauht ist. Die Aufrauhung erfolgt durch Hiebe schräg zur Feilenachse, s. Abb. Man unterscheidet zwei Hiebe, den Unterhieb, der etwa unter einem Winkel von 50^0 steht, und den Oberhieb, der den Unterhieb kreuzt und in einem Winkel von etwa 70^0 zur Feilenachse steht. Durch die ungleiche Stellung der Hiebe erreicht man, daß die durch beide Hiebe entstehenden Zähnchen nicht hintereinander stehen, sondern gegeneinander versetzt sind, so daß die Feile auf der ganzen Fläche arbeitet und nicht ein Zahn in der Bahn des vorhergehenden läuft. Die Hiebe werden durch Aufhauen mit Handmeißel oder mittels Maschinenmeißel oder durch Ausfräsen hergestellt. Gefräste Feilen sind die dauerhaftesten, da ihr Material am wenigsten angestrengt ist. Grobe Feilen haben oft nur den Unterhieb. Das Material der Feilen ist stark kohlenstoffhaltiger Stahl, um eine gute Härtung zu erzielen.

Abb. zu 841.

Um die Feile herzustellen, haut man die Stange in gewünschter Länge ab, schmiedet sie, glüht sie aus, richtet und schleift sie, damit sie eine glatte Oberfläche erhält, und bringt die Hiebe auf. Dann werden sie vor der Härtung mit einem Brei, meist aus Klauenmehl und Steinsalz bestrichen, in Bleiöfen auf 800^0 erhitzt und abgeschreckt. Schutzmasse ist nötig, um die feinen Zähnchen vor Verzundern zu schützen.

842. **Welche verschiedenen Arten von Feilen unterscheidet man, und wozu benutzt man sie?**

Die Unterscheidung geschieht zunächst nach der Grobheit der Zähne und Größe der Feilen. Man unterscheidet hier Grob- oder Armfeilen, Bastard- oder Mittelfeilen und Schlichtfeilen.

Ferner unterscheidet man die Feilen nach ihrer Querschnittsform und hat hier

Vierkantfeilen (Abb. 842¹),
Flachfeilen (Abb. 842²),
Dreieckfeilen (Abb. 842³),
Rundfeilen (Abb. 842⁴),
Halbrundfeilen (Abb. 842⁵),
Vogelzungen (Abb. 842⁶).

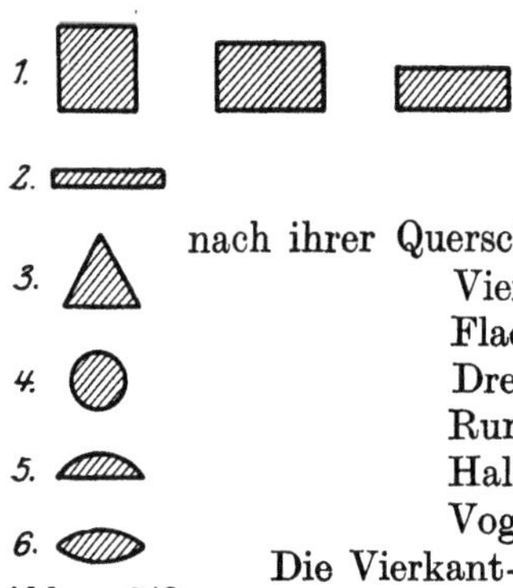

Abb. zu 842.

Die Vierkant- und Flachfeilen werden verwandt für das Abfeilen gerader Flächen und Ausfeilen größerer vierkantiger Öffnungen.

Dreikantfeilen kommen vielfach beim Schärfen von Werkzeugen und Heranfeilen von Winkeln in Frage.

Rundfeilen benutzt man zum Ausfeilen kleiner Löcher.

Halbrundfeilen zum Ausarbeiten größerer Löcher.

Vogelzungen für Sonderarbeiten.

843. **Wie wird die Feile bei der Schlosserarbeit verwendet?**

Um eine glatte Fläche herzustellen gebraucht man nacheinander drei verschiedene Arten. Zunächst die Grobfeile, solange noch viel Material vorhanden ist, dann die Vorfeile, um die letzten Reste des Materials bis auf die Feinheiten wegzunehmen, und schließlich die Schlichtfeile zum Glätten. Will man sehr saubere Oberflächen haben, so feilt man mit Öl oder mit Schlichtfeilen, deren Zähne mit Kreide eingerieben sind, damit sich keine Späne festsetzen können, die reißen.

Das Feilenheft wird mit der rechten Hand gefaßt und unter Druck nach vorwärts und gleichzeitig etwas nach rechts geschoben, damit die Späne leicht entfernt werden können. Die linke Hand dient als Führung und zum Druckgeben an der Spitze. Gefährlich ist das sogenannte Wiegen der Feile, wodurch konvexe Flächen entstehen. Um dieses zu vermeiden, werden gröbere Feilen in der Mitte dicker angefertigt. Gerade Feilenführung ist Übungssache und erfordert oft sehr lange Praxis.

844. Wie sieht eine Schlossersäge aus, und wozu wird sie benutzt?

Die Säge besteht aus Bügel mit Griff und Sägeblatt. Der Bügel trägt oben eine Schraube mit zwei durchlochten Enden, in die die Säge mittels eines Stiftes eingespannt wird. Auch am unteren Ende des Bügels sitzt die Säge zwischen zwei Halbrunden, mit denen sie mittels eines Stiftes verbunden ist. Die einzelnen Zähne sind vorn etwas breiter aufgestaucht als das Blatt, damit die Säge frei schneidet.

Sie wird zum Trennen aller Arten von Metallen benutzt und arbeitet verhältnismäßig langsam. Soweit man kann, bedient man sich in der Schlosserei maschineller Trennvorrichtungen.

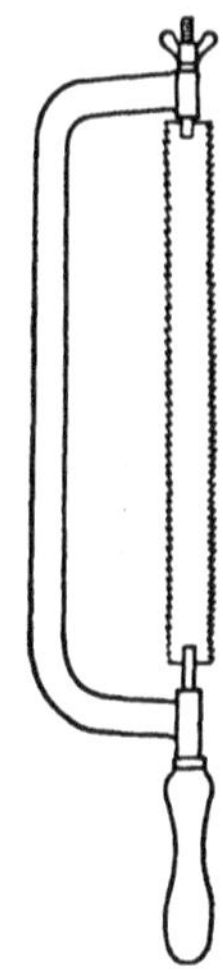

Abb. zu 844.

845. Wie trennt der Schlosser dünnere Metallteile, z. B. Bleche und Drähte?

Mittels Blechscheren. Man unterscheidet hier gewöhnliche gerade und seitlich abgebogene Scheren, s. Abb. Für schwerere Arbeiten nimmt man die sogenannten Stockscheren, deren einer Schenkel in einen Holzklotz eingetrieben wird, so daß man auf den anderen Schenkel mehr Druck ausüben kann. Ähnliche Scheren gibt es noch mit Hebelübersetzungen.

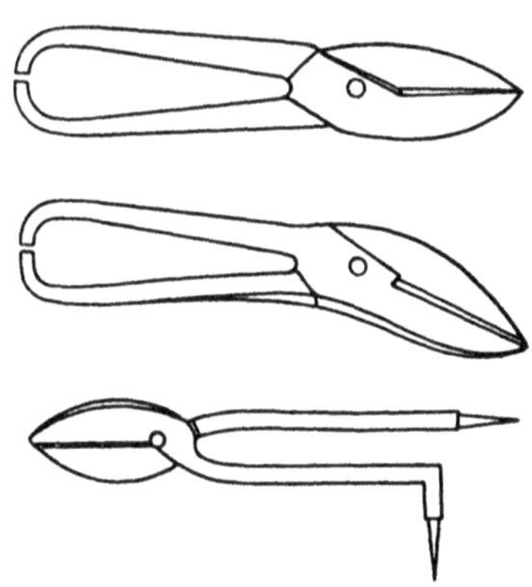

Abb. zu 845.

846. Wie werden Rohre getrennt?

Mittels der sogenannten Rohrabschneider, s. Abb. Diese bestehen aus einem Rahmen, in dem zwei zugeschärfte Rädchen laufen, gegen die das Rohr gelagert

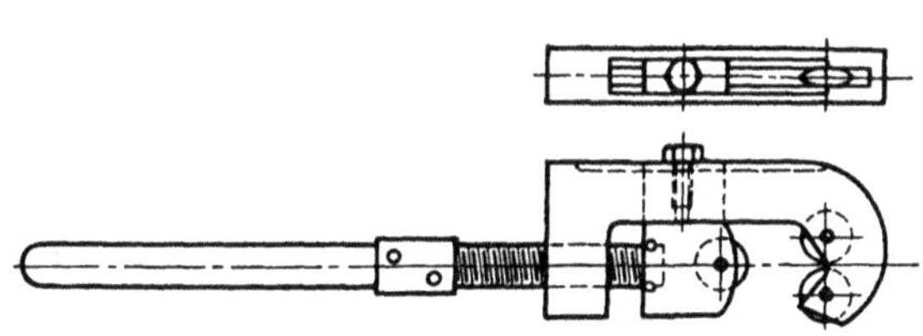

Abb. zu 846.

wird. Ein drittes gleiches Rad kann von der Griffseite her mittels Schraube gegen das Rohr immer mehr angepreßt werden, wodurch beim Herumdrehen des ganzen Schneiders um das Rohr dieses durchgetrennt wird. Für weitere Rohre bedient man sich ganzer Ketten, in welche die Schneiderädchen eingelagert sind, und die immer straffer um das Rohr herumgelagert werden. Die Zahl der Rädchen richtet sich nach der Länge der Kette und diese wieder nach dem Umfang des Rohres.

Spitz- bohrer Spiral- bohrer

Abb. zu 847[1].

847. **Welcher Mittel bedient sich der Schlosser, um kreisrunde Löcher im Metall herzustellen?**

Der sogenannten Bohrer, von denen es sehr verschiedene gibt. Als gebräuchlichste seien Spitzbohrer und Spiralbohrer genannt. Diese Werkzeuge haben die Eigenschaft, beim Drehen mittels ihrer umlaufenden Kanten Metallspäne herauszuschälen. Der Spiralbohrer leitet durch seine Schraubenwindung die Metallspäne selbsttätig ab. Die Bohrer werden durch die verschiedensten Vorrichtungen zur Drehung veranlaßt. Die gebräuchlichsten sind: Drillbohrer, der für kleinste Löcher in Frage kommt und dadurch in schnelle Umdrehung gebracht werden kann, daß auf seinem Schaft mit sehr steilem Gewinde eine Mutter auf- und niedergeschoben werden kann. Der Schaft ist im Handgriff gelagert.

Abb. zu 847[2]. Drillbohrer.

Für schwerere Bohrarbeiten kommt die Brustleier in Frage, deren Drehung durch die Hand mit Hilfe der ausgekröpften Kurbel geschieht, während der Bohrerdruck durch Gegendrücken der Brust gegen den Griff erzeugt wird. Ähnliche Brustleiern baut man auch für schwerere Bohrarbeiten, nur mit Zahnräderübersetzung und Handkurbel.

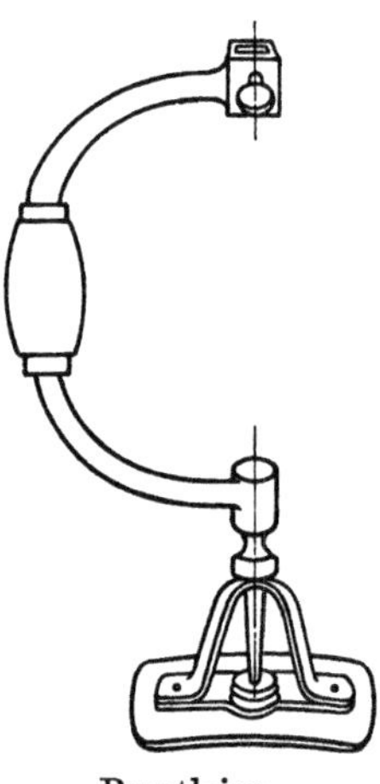

Brustleier. Abb. zu 847[3].

Für schwerste Löcher kommen die gegen einen Gegenstand gespannten Bohrratschen in Frage. Die Vorschubbewegung des Bohrers wird hier durch eine nachstellbare Spindel erzeugt, während die Drehung durch einen ziemlich langen Hebelarm und Mitnehmerrad hervorgerufen wird.

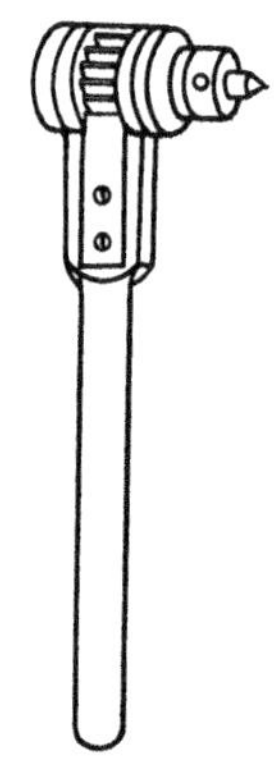

Bohrratsche. Abb. zu 847[4].

848. **Wie kann man gebohrte Löcher glätten?**

Mittels der Reibahle. Dieses sind gut gehärtete, leicht oder stark konisch geformte Zylinder, die entweder gerade oder spiralig genutet sind, so daß reibende Kanten entstehen. Sie werden mittels Windeisen ganz vorsichtig in das aufzureibende Loch eingeführt und in diesem herumgedreht und schaben hierbei das Loch auf. Sie haben der besseren Führung wegen eine ungerade Zahl von Reibkanten.

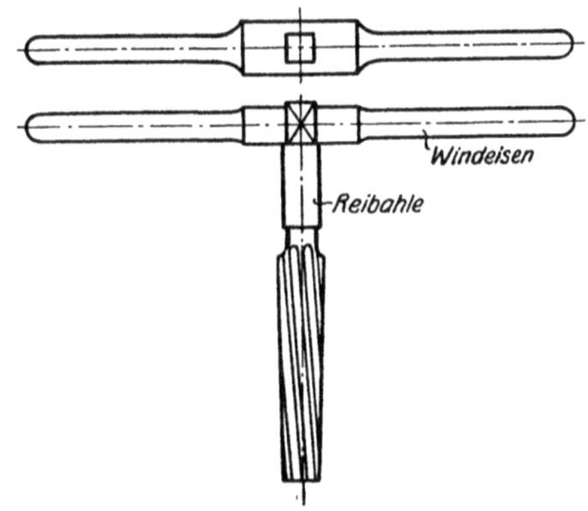

Abb. zu 848.

849. **Wie schneidet man Gewinde auf Bolzen?**

Für kleinere Bolzen benutzt man ein sogenanntes Schneideisen, das ist eine gehärtete Platte mit einem Stiel, in die Löcher entsprechender Weite eingebohrt und mit Gewinde versehen sind. Man spannt den zu schneidenden Stab in den Schraubstock, steckt das Schneideisen mit der passenden Bohrung auf diesen und dreht es auf ihm herum, wobei sich das Gewinde aufschneidet.

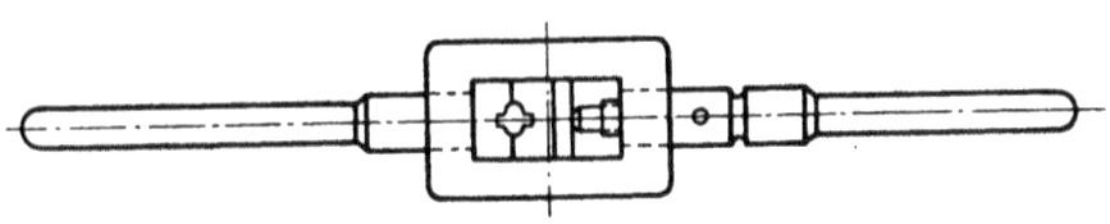
Abb. zu 849. Schneidkluppe.

Schwere und bessere Gewinde werden mittels Schneidkluppen hergestellt. Diese bestehen aus einem Rahmen, in dem zwei Schneidbacken eingespannt sind. In die Schneidbacken ist das gewünschte Gewinde eingeschnitten, und sie können von dem einen Griff aus mittels Spindel langsam enger gestellt werden bis zur festen Berührung. Dann ist der notwendige Durchmesser erreicht.

850. **Wie schneidet man Gewinde in vorgebohrte Löcher?**

Indem man Gewindebohrer in diese hineindreht. Diese sind schwachkonische Zylinder, die das gewünschte Schraubengewinde tragen. Zwischen den einzelnen Gewindepartien sind Nuten eingefräst zur Aufnahme der Schneidspäne. Die Drehung wird durch Windeisen, das auf den Vierkant des Bohrers gestellt wird, hervorgerufen. Man schneidet ein Gewinde nicht mit einem Male auf, sondern meistens mit drei Bohrern, dem Vor-, Mittel- und Nachschneider. Jeder folgende schneidet das Gewinde etwas tiefer aus. Durchgehende Löcher kann man auch mit einem Bohrer durchschneiden, auf dem Vor-, Mittel- und Nachschneider hintereinander aufgeschnitten sind. Die

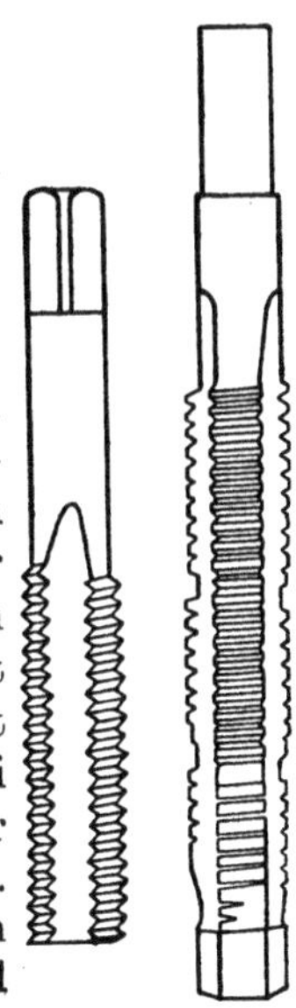
Abb. zu 850.

Löcher werden etwas weiter als der Kerndurchmesser des Gewindes aufgebohrt, weil das aufsteigende Material sonst den Bohrer festhält und er eventuell abbricht.

851. Wie kann man Nuten und ähnliche Vertiefungen im Metall mit der Hand herstellen?

Man bedient sich hierzu der Meißel. Es sind dies Stahlstäbe, etwa 150 mm lang, rechteckig oder sechskantig, die vorn zu einer Schneide angeschärft sind. Die harte Schneide wird auf das Metall aufgesetzt, während auf den weichen Kopf des Meißels geschlagen wird. Hierdurch wird bei richtiger Schräghaltung ein Span in der Breite des Meißels abgetrennt. Der Meißelwinkel an der Spitze beträgt 50 bis 75°. Beim Aufschlagen auf den Meißel wird der Kopf allmählich breit, es bildet sich ein Bart, der gelegentlich abgeschliffen werden muß, damit keine Splitter in die Hand getrieben werden.

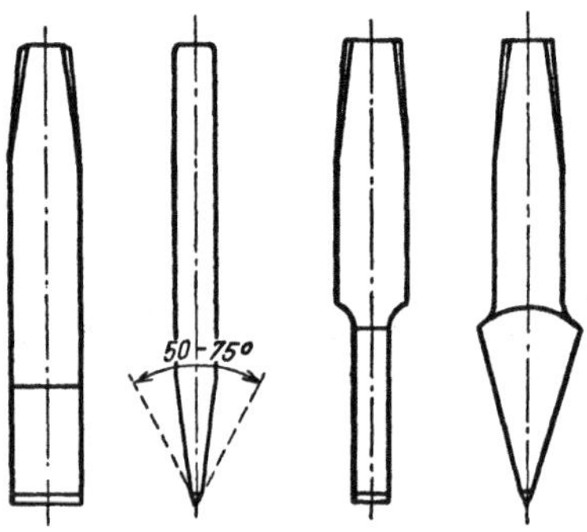

Flachmeißel Kreuzmeißel

Abb. zu 851.

Will man sehr tief meißeln, oder einen Metallkörper vollkommen durchmeißeln, benutzt man einen Meißel mit ganz schmaler Schneide, einen sogenannten Kreuzmeißel. Man meißelt in diesem Fall schmale Furchen aus, zwischen denen man Material stehen läßt, und nimmt das stehengebliebene dann mit dem Flachmeißel fort.

Will man Flanschen oder runde Teile aus Blechplatten ausmeißeln, so benutzt man die sogenannten Halbrundmeißel, d. h. solche mit gerundeter Schneide.

852. Wie und womit nimmt man sehr feine Erhöhungen von Metallflächen fort und macht diese ganz eben?

Durch Benutzung von Schabern. Diese sind meißelähnliche Werkzeuge mit sehr breiter Schneidfläche, deren Schneidwinkel aber 90° oder größer ist. Sie werden nicht mehr gegen das Material durch Schlag gedrückt, sondern durch die Hand des Schlossers über die Fläche hinweggeschoben oder gezogen, wobei feine Spänchen abgeschabt werden. Flächen sind hierdurch vollkommen eben und aufeinander dampfdicht laufend herzustellen.

853. Wie hält der Schlosser sein Material bei der Bearbeitung fest, wenn er beide Hände frei haben muß?

Er benutzt hierzu den Schraubstock. Dieser ist ein Werkzeug, das an dem Werktisch festgeschraubt wird und zwei zangenartige Backen besitzt. Die eine Backe steht fest, die andere wird mittels Spindel gegen diese angedrückt. Die bewegliche Backe schwingt entweder um einen festen Punkt (Flaschenschraubstock) oder sie wird in einer Gleitführung in gleicher Höhe durch die Spindel vor und rückwärts geschoben (Parallelschraubstock). Im ersteren Falle muß die Spindelführung in der beweglichen Backe lose, jedoch vor dem Einfallen von Spänen geschützt sein. Für dicke Stücke ist der Flaschenschraubstock ungünstig, da hier die Backen nicht in einer Ebene stehen.

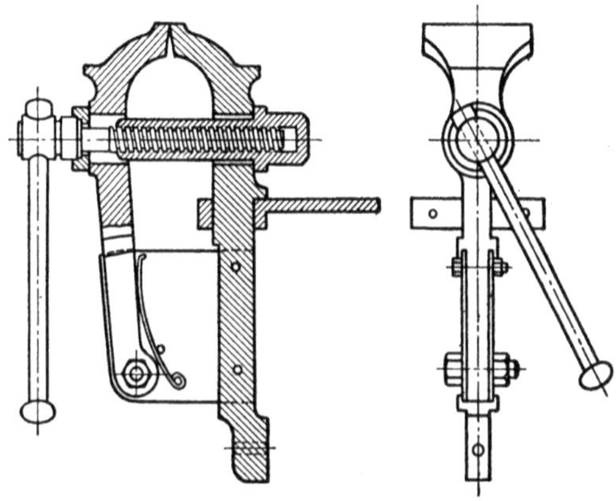

Abb. zu 853. Flaschenschraubstock.

854. **Wie kann man weiches Material beim Einspannen in den Schraubstock gegen Verdrücken schützen?**

Ganz weiches Material dadurch, daß über die Schraubstockbacken Bleikappen übergelegt werden. Bei mittelharten verwendet man anstatt dieser Kupferkappen, die etwas fester halten.

855. **Wie kann man den Schraubstock gegen vorzeitige Abnutzung schützen?**

1. Dadurch, daß man Spindel und vor allem Spindellager durch bewegliche Schutzbleche vor auffallenden Spänen schützt.

2. Dadurch, daß man kleinere Stücke nicht immer nur auf der linken Seite der Backen einspannt, wie dies der Schlosser gern tut, sondern dies nach Möglichkeit abwechselnd nach rechts und links. Andernfalls verziehen sich die Schraubstöcke schnell.

856. **Wie hält man kleinere Gegenstände, die häufig gedreht werden müssen, gut fest?**

Durch Benutzung von Feilkloben. Es sind dies im Prinzip kleine Flaschenschraubstöcke, die nicht an der Bank festgeschraubt, sondern in der Hand gehalten werden. Das Stück wird nicht durch Handdruck, sondern durch Anziehen einer Spindel festgesetzt.

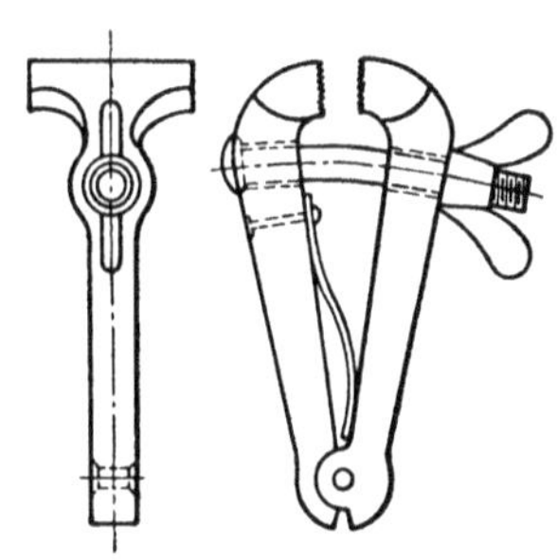

Abb. zu 856.

857. **Wie hält der Schlosser die verschiedenartigsten Gegenstände fest, wenn er sie nicht in Schraubstock oder Feilkloben nehmen kann?**

Mittels Zangen. Zu unterscheiden sind hier Flach-, Draht- und Rohrzangen. Es sind dies durch ein Scharnier verbundene Hebel, die vorn in einem flachen Maul auslaufen. Durch die Hebelwirkung erhält das Maul starke Druckmöglichkeiten und hält gut fest. Wenn man runde

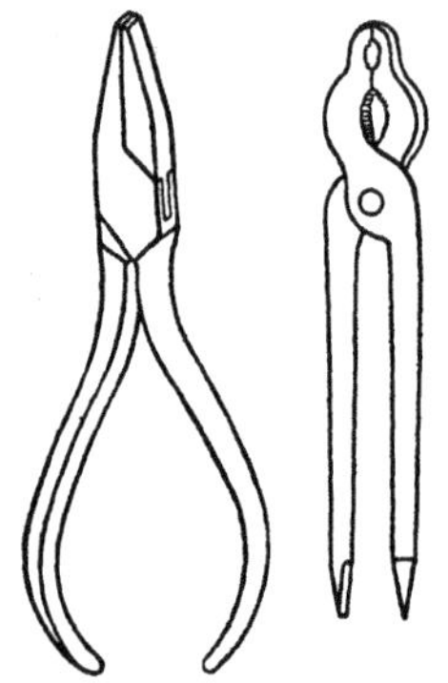

Drahtzange Rohrzange
Abb. zu 557.

Körper, z. B. Rohre halten will, so wird das Maul oval ausgearbeitet und durch Zähne aufgerauht. Die Zähne klemmen sich dann um den Umfang des Rohres, so daß dieses mit der Zange gedreht oder gehalten werden kann.

858. **Womit biegt oder trennt der Schlosser dünne Drähte, Blechstreifen u. dgl.?**

Abb. zu 858.

Mittels Beißzangen. Bei diesen läuft das Maul im Gegensatz zu den übrigen Zangen nicht in zwei Flächen, sondern in einer Doppelschneide aus, die durch die Griffhebel zusammengequetscht werden kann. Hierdurch findet Trennen statt. Beim Umbiegen kann man für scharfe Knicke auch diese Zange benutzen, man darf dann aber die Schneiden nicht scharf zusammendrücken. Besser noch nimmt man eine Drahtzange und biegt über deren Kante hinweg.

859. **Wie zieht man Schraubenmuttern fest und wie löst man sie?**

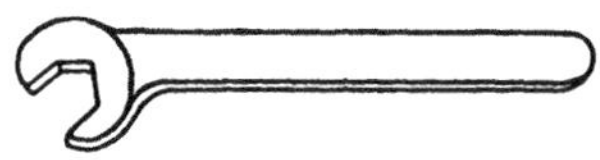

Abb. zu 859[1].

Mittels der Schraubenschlüssel. Man unterscheidet feste Schlüssel und Universalschlüssel. Die festen Schlüssel sind für eine Mutternsorte eingerichtet und bestehen aus einem Hebel mit einem Kopf, in den die Form der Mutter eingearbeitet ist. Es gibt hiervon zwei Arten: Offene Schlüssel und Aufsteckschlüssel. Die ersteren haben ein offenes Maul und können von der Seite her über

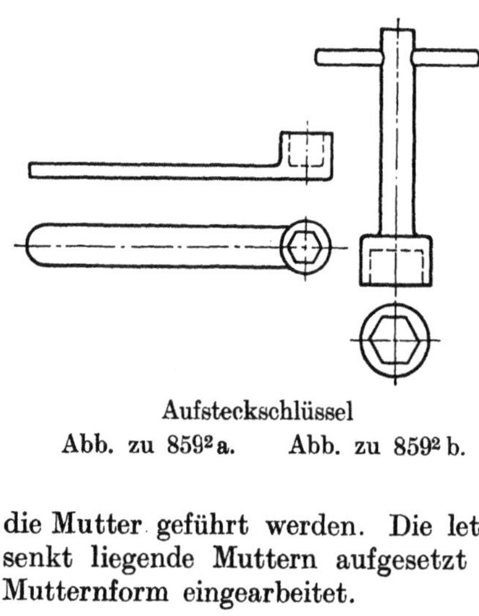

Aufsteckschlüssel
Abb. zu 859[2] a. Abb. zu 859[2] b.

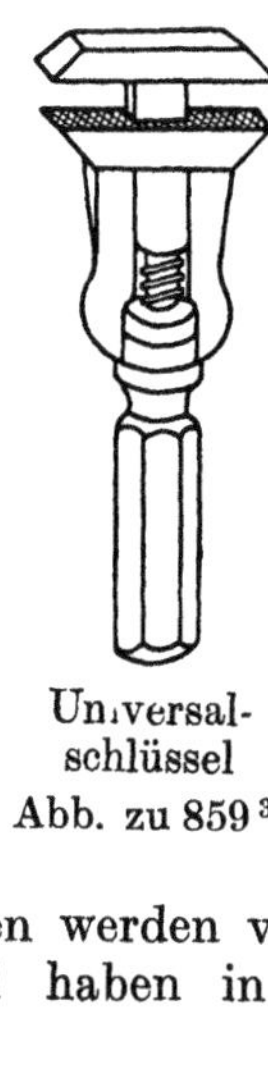

Universalschlüssel
Abb. zu 859[3].

Schraubenzieher
Abb. zu 859[4].

die Mutter geführt werden. Die letzteren werden von oben auf versenkt liegende Muttern aufgesetzt und haben in ihrem Kopf die Mutternform eingearbeitet.

Die Universalschlüssel können nur als offene Schlüssel gebaut werden. Sie haben zwei seitlich aus einem Stiel herausragende Flächen, deren Abstand mit einer Spindel enger oder weiter gestellt werden kann.

Für Versenkschrauben mit Schlitz bedient man sich der sogenannten Schraubenzieher, das sind meißelartig ausgebildete Werkzeuge, die in einem Schaft stecken. Ihre Schneide wird in den Schraubenschlitz eingeführt, und das Werkzeug dann gedreht.

860. **Welche wichtigen Werkzeuge außer den bisher angeführten können noch als Schlosserwerkzeuge angesehen werden?**

Sämtliche Meßwerkzeuge, siehe diese.

Klempnerei.

861. **Welches sind die hauptsächlichsten Tätigkeiten eines Klempners?**

Herstellung von Gegenständen aus Blechen der verschiedensten Arten. Hierzu gehören folgende Arbeitsarten:

1. Biegen, Schneiden, Treiben, Verbinden von Blechen.
2. Bearbeitung von Rohren. Z. B. Herstellung von Rohren aus Blech, Biegen und Verbinden von Rohren.

862. **Welcher Werkzeuge bedient sich der Klempner für die genannten Arbeiten?**

1. Verschiedener Arten von Hämmern, darunter Holzhammer, Bleihammer, dann Hämmer mit runden Bahnen, wie Treibhammer und Spannhammer.
2. Eines Ambosses, des sogenannten Polierstockes, einer Sickenstockform und des Schweifstockes sowie verschiedener Sperrhörner.
3. Der Sickenmaschine.
4. Verschiedenartige Meißel, hier Fäuste genannt.
5. Des Lötofens und Lötkolbens.
6. Der Ziehbank.
7. Einer Rundmaschine.
8. Einer Abkantmaschine.
9. Einer Falzmaschine.
10. Metallsägen und Gehrungsschneidlade.
11. Verschiedener Scheren.

863. **Wie sehen die verschiedenen Hämmer des Klempners aus, und wozu werden sie verwandt?**

Die Hämmer sind im allgemeinen so geformt wie die Schlosserhämmer, werden auch ähnlich gebraucht, nur haben sie zur Schonung des dünnen und weichen Materials runde oder kugelförmige Bahn. Der Holzhammer wird zum Umbiegen großer Krempen benutzt wie z. B. bei Badewannen und zum leichten Nachspannen buckliger Bleche. Schärferes Nachspannen wird durch den Spannhammer erreicht, der nur flachkugelige Fläche hat. Man setzt die Schläge sehr dicht auf das nach-

Spannhammer. Abb. zu 863.

zuarbeitende Stück, wodurch die Fläche glatt wird und Ungleichheiten ausgeglichen werden können.

Der Treibhammer, ähnlich wie der Spannhammer, jedoch mit stark kugeliger Fläche, trifft nur sehr kleine Flächen und kann dadurch das Metall auf harter Unterlage dehnen, wodurch beliebige Formveränderungen und Ausbeulungen zu erreichen sind. Besonders benutzt bei Eisen- und Weißblech. Die anderen Metalle müssen hierbei öfter ausgeglüht werden.

864. Welche Arten von Widerlager werden in der Klempnerei zum Treiben, Schweifen und Umbiegen der Bleche benutzt?

Zunächst ein normaler Amboß, ähnlich dem Schmiedeamboß. Dann eine größere Anzahl von Sperrhörnern, die auch wie in der Schmiede auf den Amboß oder auf eine Eisenplatte aufgesteckt werden. Das Sperrhorn wird in der Klempnerei wesentlich mehr benutzt als in der Schmiede. Es ist dort in verschiedenartigster Form vorhanden. Die Hörner sind meist schlanker und länger als die in der Schmiede. Ferner sind Sonderformen vorhanden, wie Sickenstockform, in die mit geeigneten gegengeformten Hämmern das Blech zum Umkanten hineingedrückt wird.

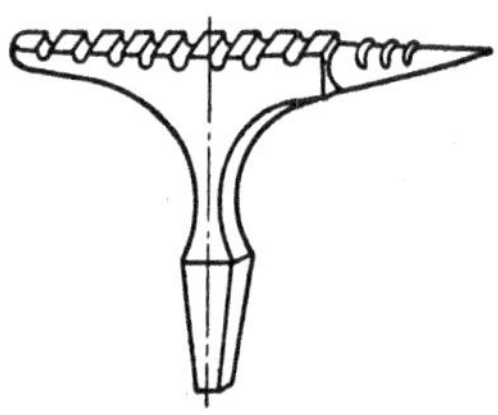
Sickenstock. Abb. zu 864.

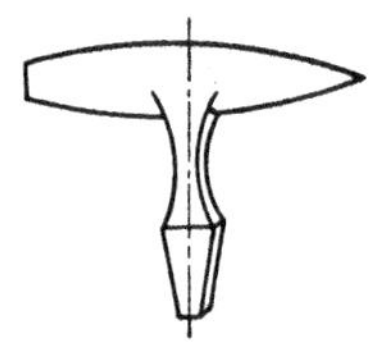
Schweifstock. Abb. zu 864.

Dann Schweifstock, über den mittels des Schweifhammers Bleche ausgeschweift werden.

865. Wozu wird die Sickenmaschine gebraucht, und nach welchem Prinzip arbeitet sie?

Mit der Sickenmaschine bildet der Klempner die verschiedenen Formen von Blechkanten, z. B. halbrunde Biegungen, treppenartige, scharfe Kanten und Schweifungen. Die Maschine hierzu besteht aus zwei gegenüberstehenden kurzen Walzen, durch die das zu biegende Blech durchgezogen wird. Diese stehen auf zwei parallelen Wellen, die von Hand mittels Kurbel gedreht werden. Die Walzenpaare sind auswechselbar, so daß sich die verschiedensten Formen herstellen lassen.

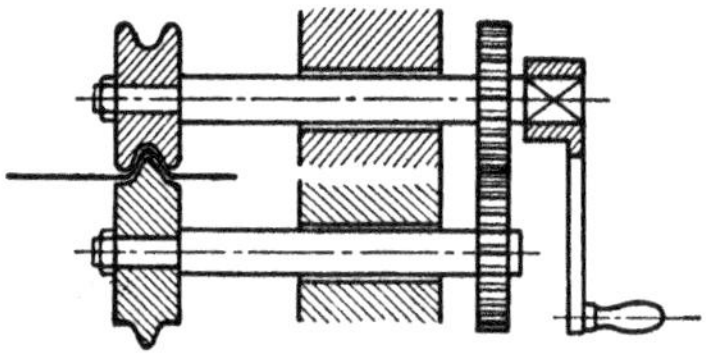
Abb. zu 865.

866. Wie sehen die Fäuste in der Klempnerei aus, wie werden sie benutzt?

Man hat zum Ausstanzen von Blechscheiben auch Meißel wie in der Schlosserei, vor allen Dingen die mit gerundeter Schneide. Die meisten Meißelarten jedoch (Fäuste genannt) haben stumpfe Arbeitskante und werden zum Treiben, Bördeln und Umlegen gebraucht, nicht zum Schneiden. Da sie mit dem Holzhammer geschlagen werden, haben sie verdickten Kopf.

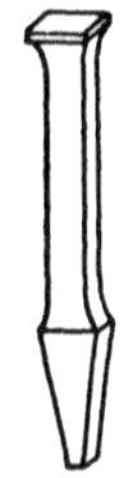

Abb. zu 866.

867. **Was versteht man unter Löten?**

Löten bedeutet die Verbindung zweier Metallkörper mittels einer leicht schmelzbaren Legierung. Man unterscheidet „Hartlöten" und „Weichlöten". Ersteres hält fester, da zur Verbindung eine Kupferlegierung benutzt wird. Es muß bei höherer Temperatur durchgeführt werden. Die zu lötenden Teile werden hierbei auf Rotglut erwärmt, an der Verbindungsstelle sauber gebeizt, worauf das Hartlot aufgegeben und an der Verbindungsstelle niedergeschmolzen wird.

Beim Weichlotverfahren wird eine Zinnlegierung mittels des Lötkolbens auf die vorher gereinigten kalten Verbindungsflächen aufgebracht und verbindet diese beim Erstarren. Der kupferne Lötkolben muß hierbei stark erhitzt sein, um das Lot im flüssigen Zustande aufzubringen.

868. **Wie wird der Lötkolben erhitzt?**

Mehrere Möglichkeiten.

1. Ein Ofen mit Gasfeuerung ist für mehrere Lötkolben eingerichtet. Dieselben werden in diesen hineingestellt und von einer Flamme aus Gasluftgemisch bestrichen.

2. Verschiedenste Arten von Brenner, auch Lötlampen, blasen eine Flamme gegen den Lötkolben. Das Prinzip all dieser Vorrichtungen beruht darauf, daß ein brennbares Gas mit einer entsprechenden Luftmenge und unter Druck als Stichflamme aus dem Brenner herausgeblasen wird. Bei den Lötlampen wird dieses Gas durch Erhitzung von Spiritus, Benzin oder Petroleum zunächst erzeugt.

3. Der Lötkolben wird in neuester Zeit hohl ausgebildet und von innen durch eine Flamme eines Gasluftgemisches oder durch den elektrischen Strom erwärmt. Das letzte Verfahren ist das sauberste und billigste.

Der Lötkolben darf bei allen Verfahren nicht direkt an der Schneide, sondern vom Rücken aus erhitzt werden.

869. **Wie sieht der Lötkolben aus?**

Der Griff ist meist aus Holz, der Stiel aus Eisen, der Kolben aus Kupfer.

Abb. zu 869.

870 . **Wie sieht die Ziehbank aus, und wozu dient sie?**

Ähnlich wie eine Schleppzangenziehbank. Jedoch verwendet man hier profilierte Zieheisen, um den Blechstreifen bestimmte Formen zu geben. Siehe Frage 348.

871. Wie arbeiten Rundmaschinen, und wozu werden sie benutzt?

Rundmaschinen bestehen aus drei Walzen in einem Gestell, von denen zwei in einer Ebene übereinandergelagert sind, jedoch so, daß ihr Abstand voneinander verstellbar ist, während die dritte, die sogenannte Biegewalze, seitlich gegen diese herauszukurbeln ist, wodurch das Blech in einem Radius bis zum Walzendurchmesser umgebogen werden kann. Die obere Walze, eine der sogenannten Eingangswalzen, liegt in einem vertikal drehbaren und einem oben offenen Achsenlager, damit ein um diese in der Biegung geschlossenes Blech nach ihrer Anlüftung aus der Maschine herausgezogen werden kann.

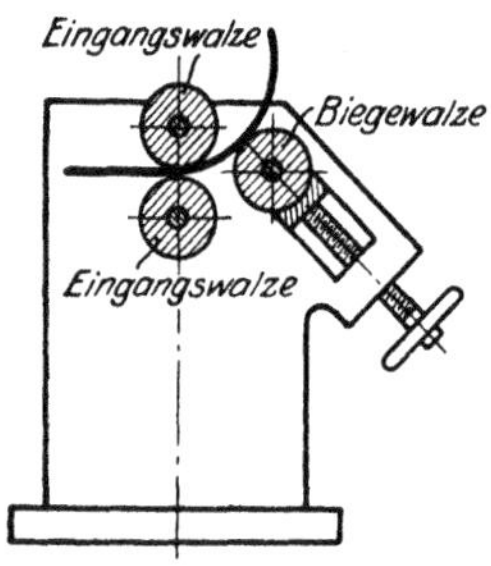

Abb. zu 871.

872. Welches ist die Aufgabe und das Prinzip der Abkantmaschine?

Mit der Abkantmaschine will man längere Blechplatten, bis zu 2 m, im rechten oder spitzen Winkel umlegen, ohne daß das Blech Verbeulungen aufweist. Die umzulegende Kante soll mehr oder weniger scharf oder in einer leichten Rundung ausgebildet sein. Zu diesem Zweck spannt man das umzubiegende Blech zwischen zwei Spannwangen meist durch Keilspannung fest und schiebt eine sogenannte Biegewange an der aus den Spannwangen hervorragenden Blechkante vorbei. Die Biegewange kann man nicht nur nach oben schieben, sondern um ihre Druckkante schwenken, so daß sich auch spitze Winkel erzeugen lassen. Das Blech wird meistens von vorn in die Spannwangen eingeführt. Die Bewegung der Biegewange geschieht durch Exzenter oder Hebel.

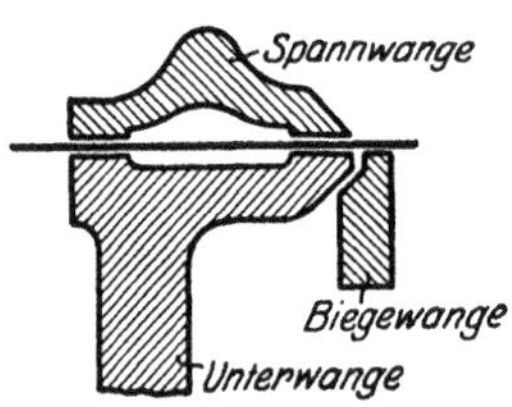

Abb. zu 872.

873. Man skizziere einige Blechformen, die mittels der Abkantmaschine hergestellt werden.

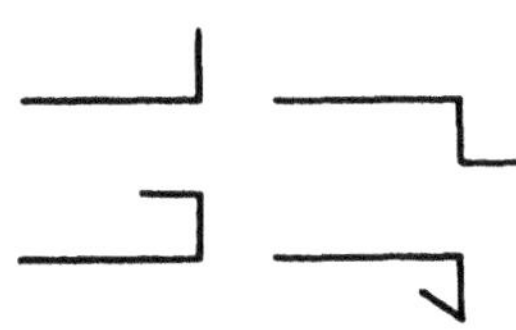
Abb. zu 873.

874. Welchen Zweck hat die Gehrungsschneidlade, und wie sieht sie aus?

In der Klempnerei ist es oft notwendig, Bleche und Blechprofile verschiedenster Form unter bestimmten Winkeln, meist einem solchen von 45° zusammenzufügen. Um die richtige Winkelstellung beim Durchsägen dieser Pro-

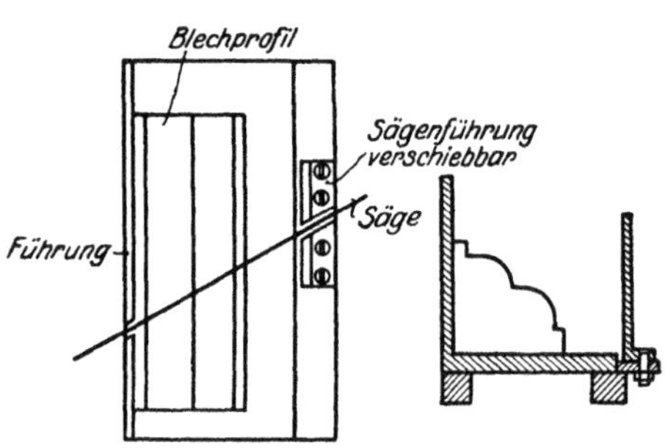

Abb. zu 874.

file einhalten zu können, wird dieses gegen eine Führung angelegt, die einen Sägeschlitz hat. Auf der anderen Seite befindet sich eine zweite verstellbare Führung für die Säge, so daß jeder gewünschte Winkel einzustellen ist.

875. **Was versteht man unter „Falzen"?**

Eine Blechverbindung, die durch Umbiegung des Blechendes um 180^0 entsteht, in die dann eine gleiche Umbiegung des anderen Blechs eingehakt wird. Um glatte Außenfläche zu erhalten, kann man das eine Blech auch so durchsetzen, daß es nach Einhaken in der gleichen Ebene wie das erste Blech steht, so daß die Naht von außen nicht als Verdickung zu sehen ist. Man spricht dann von einer durchgesetzten Falznaht. Man kann auch das Blech mehrfach umbiegen, um größere Dichtigkeit zu erreichen, so daß man eine Doppelfalznaht bildet.

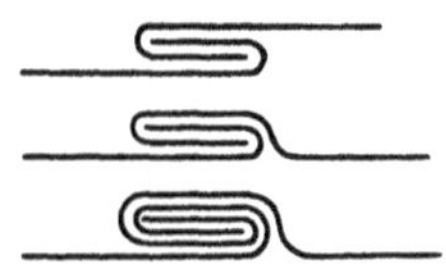
Abb. zu 876.

876. **Man skizziere die in Frage 875 genannten drei Falznähte.**

877. **Mit welchen Werkzeugen wird das Falzen ausgeführt, und wie sehen diese aus?**

1. Vorarbeit gewöhnlich auf der Abkantmaschine, indem Längsnähte aufgekantet werden.

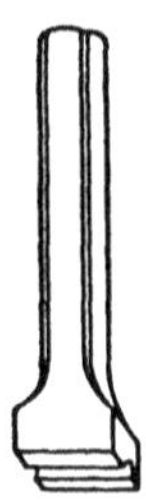
Abb. zu 877^{1}.

2. Aufschieben von sogenannten Falzschienen, Umbiegen mittels dieser durch Holzhammer. Derselbe Vorgang wiederholt sich vor Bildung von Doppelfalzen.

Das Zudrücken der Falze geschieht meist mittels Falzmeißel (Abb. 877^{1}).

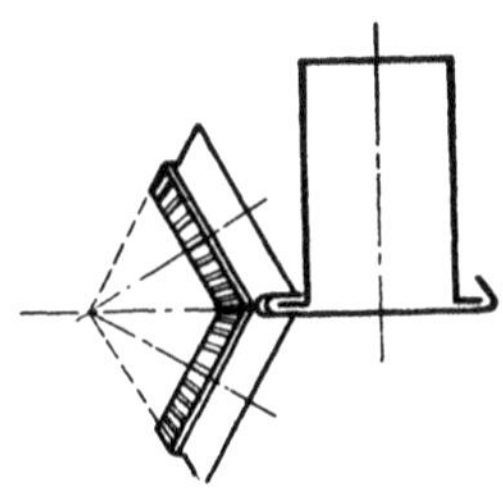
Abb. zu 877^{2}.

Zum Zudrücken der Falze hat man auch Maschinen gebaut, die den Sickenmaschinen ähneln, aber mit konischen Sicken. Man würde z. B., um den Boden in ein Gefäß einzufalzen, diesen zusammen mit der Wandung zunächst mit der Sickenmaschine umbördeln und dann mit der Zudrückmaschine zusammenfalzen (s. Abb. 877^{2}).

878. **Wie sieht ein Rohrschraubstock aus?**

Der Rohrschraubstock faßt das festzuhaltende Rohr, nicht wie der Schlosserschraubstock horizontal, sondern vertikal. Sein Maul ist dem festzuhaltenden Rohre angepaßt und kann durch Niederschrauben der oberen im Schraubstock geführten Backe weiter oder enger gestellt werden.

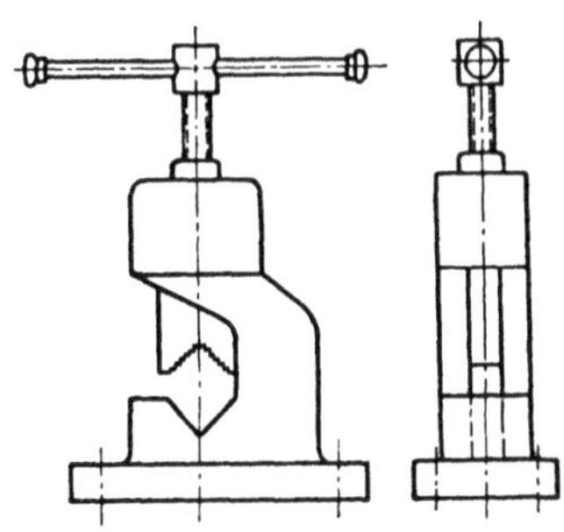
Abb. zu 878.

Oberflächenbehandlung.

879. Wie entstehen elektrolytische Metallüberzüge?

Metall der verschiedensten Art wird dann auf einen Gegenstand niedergeschlagen, wenn dieser für den elektrischen Strom leitend ist und in ein Bad eingehängt wird, dessen Flüssigkeit mit den Salzen des niederzuschlagenden Metalls gesättigt ist. Es muß ein elektrischer

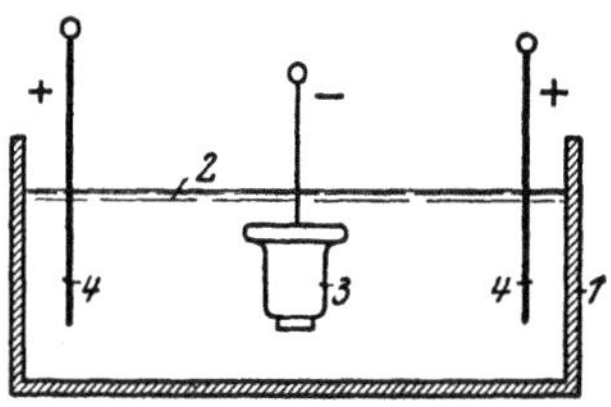

1 = Wanne.
2 = Flüssigkeit.
3 = zu überziehender Gegenstand (Kathode).
4 = Metallplatte (Anoden).

Abb. zu 879.

Strom zwischen dem zu metallisierenden Gegenstand und dem Bade geschlossen werden, wobei erstere als Kathode auf seiner Oberfläche, soweit diese leitend ist, einen Metallüberzug aus dem Bade aufnimmt, während die Sättigung der Badflüssigkeit durch die Anoden aufrecht erhalten wird. Der Strom wird so hindurchgeleitet, daß er von der Anode zur Kathode läuft. Als Anoden kommen Körper, meist Platten aus dem niederzuschlagenden Metall in Frage, die ihre Bestandteile unter der Einwirkung des elektrischen Stromes in das Bad abgeben.

880. Mit welchem Strombedarf ist bei galvanischen Arbeiten zu rechnen?

Der Strombedarf richtet sich nach der Art des Bades und des Metallüberzuges. Für das normale ruhende Bad kann man für 1 m² zu überziehende Fläche rechnen bei

Vernickelung	bis	1	Amp.,	Spannung	hierbei	4,0	Volt
Vermessingung	,,	0,3	,,	,,	,,	3,0	,,
Verzinkung	,,	3,0	,,	,,	,,	3,5	,,
Versilberung	,,	0,3	,,	,,	,,	1,0	,,
Verzinnung	,,	1,0	,,	,,	,,	2,5	,,

881. Wie befestigt man galvanisch zu überziehende Gegenstände im Bad?

Man hängt sie an einer möglichst kleinen Fläche, am besten mit einem Draht auf. Kleinere durchlochte Gegenstände kann man in

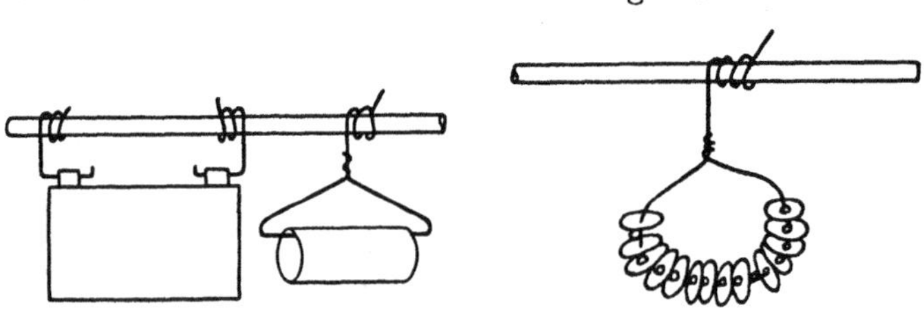

Abb. zu 881.

größeren Mengen am Draht aufreihen. Die Drähte werden hierbei mit galvanisiert. Man nimmt daher bei wertvollerem Metall, z. B. Nickel und Silber, Aufhängedrähte aus diesem Metall, um das Niederschlagsmetall leicht ausnutzen zu können.

882. **Wie sichert man sich eine gut leitende Oberfläche für den galvanischen Überzug?**

Die einzuhängenden Gegenstände müssen zunächst von Gußhaut und Oxyden befreit und gut entfettet werden. Vor dem Entfetten werden sie am besten schon am Draht befestigt, damit sie nachher nicht mehr mit der Hand berührt zu werden brauchen.

883. **Wie geschieht das Entfernen der Unreinigkeiten der Gußhaut?**

1 Bei groben Unreinigkeiten durch Schleifen mittels Filzscheiben und darauf geleimten Schmirgel. Haben die Gegenstände eine profilierte Oberfläche, in die glatte Scheiben nicht hinein können, werden sie durch rotierende Drahtbürsten oder Fibrebürsten mit Öl und etwas Schmirgel gereinigt.

2. Gegenstände mit geringen Unreinigkeiten werden in Wasser mit Zusatz von Schwefelsäure gebeizt.

884. **Wie geschieht das Entfetten der Gegenstände?**

Gebürstete rohe und polierte Gegenstände haben gewöhnlich eine leichte Fettschicht auf ihrer Oberfläche. Man entfernt diese

1. Durch Fettlösungsmittel wie Benzin oder Ätznatronlauge, Trichlorid.

Es geschieht meistens maschinell; die Lauge wird hierbei erhitzt. Die Gegenstände werden durch Trommeln, Tauchsiebe usw. durch die Lösungsmittel durchgezogen. Bei anderen Vorrichtungen werden die Gegenstände in Kessel gepackt und die Entfettungsflüssigkeit in diese hineingepumpt und wieder herausgesogen. Es muß hierbei darauf geachtet werden, daß das zu entfettende Material so gepackt wird, daß das Lösungsmittel leicht wieder abläuft.

2. Durch Bürsten mit Kalkbrei.

Die einfachste Entfettungsmethode, nachheriges gutes Abwaschen notwendig.

3. Elektrolytisch.

Geschieht dadurch, daß elektrolytisch eine Lösung von Ätznatron oder Soda zersetzt wird. An Kathode Wasserstoffentwicklung und Bildung von Ätzkali. Hierdurch Verseifung der Fette. An Anode Gasentwickelung, die durch Verwendung von Metallanode verringert werden kann. Wichtig hierbei, daß Badflüssigkeit möglichst konzentriert verwandt wird. Neben der Verseifung durch Ätzkali wirkt starke Wasserstoffentwicklung an der Anode bei der Abhebung der Fettschicht mit.

885. **Wie galvanisiert man kleine Gegenstände, wie Haken, Nägel, Nippel usw.?**

Am besten in Trommeln oder Glockenapparaten. Die Wirksamkeit

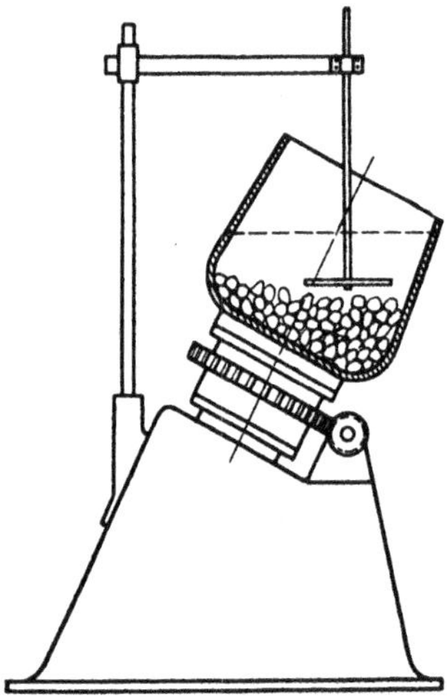
Abb. zu 885.

dieser Apparate beruht auf demselben Prinzip wie bei den ruhenden Wannenbädern, nur werden hier die Gegenstände im ersten Fall in eine rotierende Siebtrommel mit leitenden Wandungen hineingeschüttet, wodurch sie dauernd in ihrer Lage zum Strom verändert werden. Anoden hängen außerhalb der Trommel. Beim Glockenapparat liegt das Material in einer schrägstehenden drehenden Glocke, in welche die Anode hineinragt. Auch hierdurch wird durch das Herunterrutschen nach der tiefen Trommelseite das Material dauernd bewegt. Der Trommelboden leitet den Strom ab.

886. **Wie galvanisiert man Drähte, Bleche usw.?**

Diese Körper können nicht in das Bad hineingehängt werden, weil das dauernde Umhängen der einzelnen Strecken zu lange Zeit in Anspruch nehmen würde. Man läßt daher diese langen Körper durch das Bad hindurchlaufen, indem es über Rollen ein- und abgeleitet wird. Schwierigkeiten macht hierbei das gleichmäßige Durchzugstempo durch

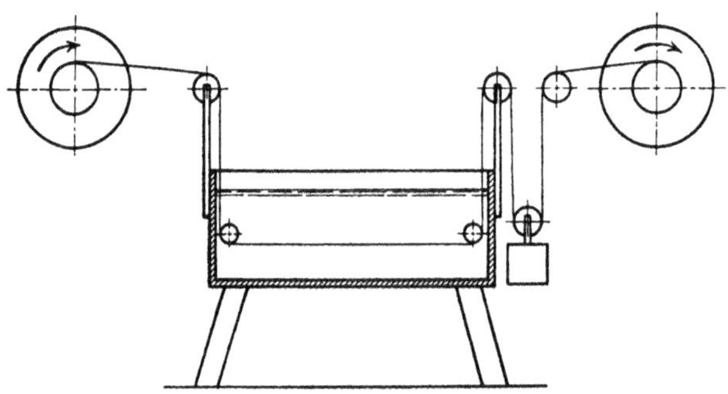
Abb. zu 886.

das Bad, da die Rollen, auf denen das Band auf- und abgewickelt wird, je nach Entleerung kleineren oder größeren Durchmesser haben. Die Rollengeschwindigkeit muß sich also dauernd ändern. Man schaltet daher hinter dem Bad gewöhnlich noch eine ein- oder mehrfache Schlaufenführung ein, die durch Gewicht straff gehalten wird und Ungleichmäßigkeiten in den Rollendurchmessern ausgleichen kann. Die Stromdichte in diesen Bädern ist wesentlich größer als in den ruhenden Bädern.

887. **Wie erreicht man verschiedenfarbige Metallüberzüge auf Kunstgegenständen?**

1. Zweifarbig.

Man vermessingt z. B. einen eisernen Gegenstand, und zwar ziemlich dünn. Dann scheuert man an den vorspringenden Kanten und Buckeln entweder durch rotierende Scheiben oder mit Hand so lange, bis das Eisen mehr oder weniger durchglänzt. Die vertieften Stellen bleiben voll vermessingt.

2. Dreifarbig.

Man vermessingt z. B. einen eisernen Gegenstand. Darauf verkupfert man ihn. Dann putzt man genau wie vorher die einzelnen Überzüge an verschiedenen Stellen durch.

Bei Verfahren 1 und 2 erhält man zarte, in Halbfarben schimmernde Übergänge. Will man scharfe Übergänge haben, oder mehrfarbig galvanisieren, dann bestreicht man einzelne Gegenstände zunächst mit Decklack, galvanisiert, entfernt Decklack, streicht galvanisierte Stellen mit Decklack und galvanisiert in anderer Farbe weiter.

888. **Wie erreicht man matte und hochglänzende Oberflächen auf Messing?**

Durch die sogenannte Matt- und Hochglanzbrenne. Man hat hier verschiedene Zusammensetzung von Beizen, in die die rohen Gegenstände eingetaucht und dann in Wasser stark abgewaschen werden. Hauptbestandteile der Mattbrenne sind Salpetersäure, Schwefelsäure, Kochsalz, Zinkvitriol. Die der Glanzbrenne Salpetersäure, Schwefelsäure, Salzsäure und Glanzruß.

Die Zusammensetzung der Brenne ist sehr verschieden, je nach einzusetzender Materialart und Zweck des Brennens. Schwierigkeiten machen die für Menschen sehr gefährlichen Gase, die schwer sind und tief über den Brennwannen abgezogen werden müssen. Absaugleitung und Ventilator müssen stark säurefest sein.

Verschiedenartige Herstellungsbeispiele.

889. **Es sind drei verschiedene Verfahren anzugeben für die Herstellung einer großen Anzahl Drehkörper, gemäß Abb., aus Bronze. Vor- und Nachteile der Verfahren.**

1. Gießen.

Nur Dauerform wirtschaftlich möglich. Teuer, viel Abfall, Nachbearbeitung notwendig, gleichmäßige Dichtigkeit nicht gesichert.

2. Ausdrehen aus Stange auf Automaten.

Geringer Arbeitslohn, genügende Genauigkeit, gleichmäßige Dichtigkeit, Materialabfall bedeutend.

3. Äußere Form warm pressen, Bohrung ausdrehen oder ausstanzen.

Teuer, im übrigen genau und sauber.

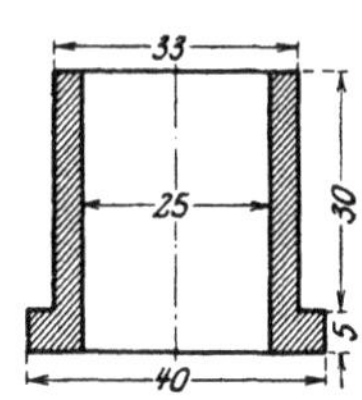

Abb. zu 889.

890. **Dieselbe Buchse, wie Frage 889, ist aus Weißmetall herzustellen.**

1. Wie Frage 889.

2. Spritzguß.

Bei großer Stückzahl lohnend, Nachbearbeitung nicht notwendig, Genauigkeit genügend, späteres Verziehen möglich.

891. Es ist nebenstehender schmiedeeiserner Ring nach vier Verfahren herzustellen.

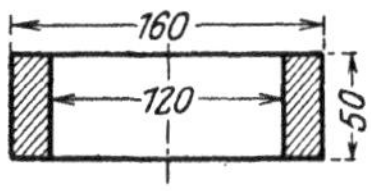

Abb. zu 891.

1. Schmieden.

a) Lochen und dehnen.

b) Aus entsprechendem Flacheisen runden und zusammenschweißen.

Zu a) Gleichmäßige Festigkeit; für Einzelfabrikation möglich.

Zu b) Billiger als a), Schweißnaht minder fest, meist zu sehen.

2. Herstellung nach Erhardt-Verfahren als Rohr, abstechen auf Abstechbank.

Für Massenfabrikation günstig, gleichmäßig fest, genauer Durchmesser erzielbar.

3. Ebenso nach Mannesmann-Verfahren.

Wie 2.

4. Herstellung auf Revolvern, aus dem Vollen.

Genau, sämtliche Oberflächen sind bearbeitet. Großer Materialverlust und großer Kraftbedarf.

892. Es ist ein eiserner Türgriff von nebenstehender Form nach drei Verfahren herzustellen.

1. Gießen.

Bei Massenfabrikation Dauerform, Nachbearbeitung notwendig. Teuer, Materialverluste.

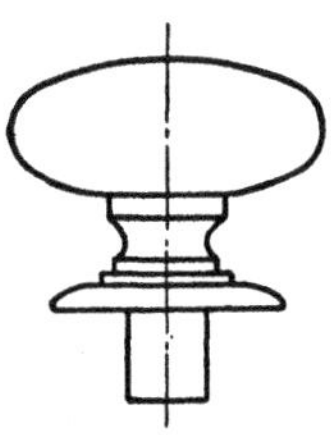
Abb. zu 892.

2. Gesenkschmieden.

Grat nachschleifen, im übrigen keine Bearbeitung, Materialverluste gering.

3. Drehen.

a) Auf Drehbank.

Schwierige Meißelführung, oder Formstahl, wofür große starke Bank notwendig. Aus einer Stange mehrere Köpfe ausarbeiten und zum Schluß abstechen. Anderfalls Umspannen notwendig. Materialverlust.

b) Auf Automaten aus Stange.

Mit Zapfen in Richtung auf Revolverkopf. Vorteilhaft, Bearbeitung billig. Stück blank. Materialverlust.

893. Wie stellt man einen Lampenfuß, wie nebenstehend, nach verschiedenen Verfahren her?

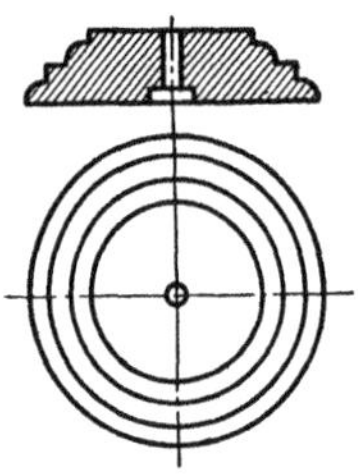
Abb. zu 893.

1. Gießen.

Hierbei Abformung im Maschinenguß und Metallmodell möglich, oder Einformen mittels Schablone. Ersteres für größere Mengen günstig; Gießen und nachheriges Polieren nur bei schweren teuren Modellen erwünscht.

2. Durch Drehen aus dem Vollen.

Nur bei besten und schwersten Modellen und Einzelausführung anwendbar. Man spart Modell und

Schablone, erhält dichtes Gefüge, jedoch sehr großen Materialverlust.

3. Drücken aus Blech.

Übliche Herstellungsmethode für Serien. Kein Materialverlust, nicht teuer. Arbeitsstück wird leicht und weniger haltbar.

4. Ziehen und Nachdrücken.

Verfahren für größere Massen, da billiger als 3, sonst gleich wie dieses.

894. **Wie kann man die Bettführung einer Drehbank auf verschiedene Weise bearbeiten?**

1. Vorhobeln, schlichthobeln, einschaben.

Saubere Ausführung, da sich Bett hier wenig verzieht; erfordert lange Arbeitszeit, keine Sondermaschine.

2. Vorfräsen, nachfräsen, einschaben.

Maschinenarbeit geht schnell, Handarbeit nimmt lange Zeit in Anspruch, da Führung durch Fräserdruck meist etwas verzogen.

3. Aus Rohguß vorfräsen, ausgleichen lassen, schlichthobeln, einschaben.

Beste Art der Arbeit, da wenigste Kraft erforderlich und genau. Transport- und Aufspannzeiten werden groß.

4. Aus Rohguß ausschleifen, nachschleifen ohne Schaben.

Feinste und schnellste Arbeit, erfordert jedoch teuere Sondermaschinen.

895. **Herstellung nebenstehender Nippels aus Leichtmetall.**

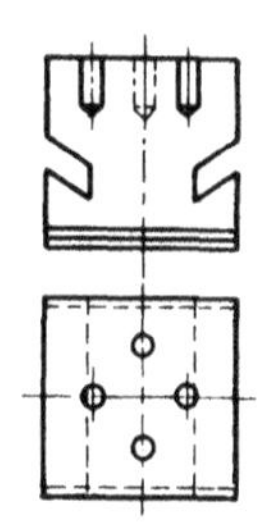

Abb. zu 895.

1. Spritzguß.

Bei größerer Anzahl günstigstes Verfahren, da sehr viel Bearbeitungszeit gespart wird. Form schwierig, besonders Entfernung der Kerne.

2. Bearbeitung auf Automaten.

Hier mehrfaches Umspannen notwendig, was aufhält. Nutung gesondert mit Fräser herstellen.

3. Bearbeitung aus vorgepreßtem Stück in schwenkbarer Vorrichtung auf Bohr- und Fräsmaschine.

896. **Herstellung eines 2 mm starken Zahnrädchens für Wanduhren.**

1. Stange mit Außenzahnung durch Walzen und mehrfaches Durchziehen durch Zieheisen herstellen und Räder absägen oder abstechen. Arbeitsvorgang bei Massenfabrikation brauchbar. Materialverlust.

2. Stange mit äußerer Zahnung mit Warmpreßverfahren herstellen und abstechen. Verfahren einfacher, aber nicht so sauber, erfordert Sondermaschine. Wenn nach Warmpreßverfahren noch Ziehvorgang eingeschaltet, kann Sauberkeit erreicht werden. Verfahren dann immer noch einfacher wie 1.

3. Stanzen aus Blech. Bei feinen Zähnen Verfahren schwierig, Stanze teuer. Räder werfen sich leicht, müssen eventuell nachgeglüht und gepreßt werden. Im übrigen für Massenfabrikation günstig.

4. Herstellung aus Spritzguß. Schwierig, weil Form schlecht ausläuft.

5. Zähne in Stange durch Formfräser einfräsen, hierbei mit Teilapparat teilen, dann abstechen. Sauberste Arbeit, aber teuer.

897. **Wie kann man Kettenglieder herstellen?**

1. Man kann Material von der Länge des Gliedumfangs von der Stange ablängen, biegen und elektrisch oder unterm Feuer schweißen. Das nächste Glied wird dann halb gebogen in das vorhergehende eingehängt. Verfahren umständlich und teuer.

2. Bei dünnen Gliedern wird eine Spirale aufgewickelt, diese wird längs aufgetrennt, dann Glieder ineinandergehakt, gerade gepreßt und geschweißt. Vielfach gebräuchlich.

3. Nach 1, jedoch alles mit Maschine hergestellt, einfach und billig.

4. Walzverfahren nach Borsig. Gesamte Kette wird aus Stab nahtlos ausgewalzt. Ergibt allerbeste Kette; teuere Anlagen, großer Kraftbedarf. Arbeitsvorgang sehr schnell. Für schwere Ketten.

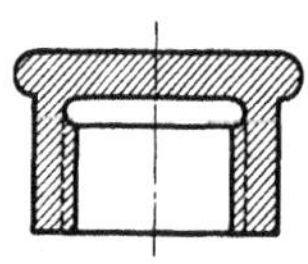
Abb. zu 898.

898. **Herstellung einer Überwurfmutter.**

1. Warmpressen und Gewindeschneiden.

Bei größerer Anzahl möglich.

2. Spritzguß.

Nur bei sehr großer Anzahl und passendem Material empfehlenswert.

3. Durch Revolverarbeit.

Materialverlust.

Abb. z. 899.

899. **Mehrere Verfahren zur Herstellung einer Rundkopfmessingschraube.**

1. Auf dem Revolver drehen, abstechen, in Schlitzmaschine schlitzen.

2. Auf Kaltstanze Rundkopf vorarbeiten, auf Gewinderollmaschine Gewinde herstellen, auf Schlitzmaschine schlitzen.

Billigste Fabrikation bei großen Massen, etwas unsauber.

900. **Wie verzinkt man ein kleines Ventilgehäuse.**

1. Durch Galvanisieren.

Vorarbeit und Bad teuer, Arbeit dauert lange.

2. Durch Schoopsches Spritzverfahren.

Hier Innenverzinkung nur an den Stellen möglich, wo der Strahl auftreffen kann.

Verfahren billig, Überzug nicht sehr widerstandsfähig, und rauh.

3. Durch Vorbeizen und Eintauchen in flüssiges Zink, sogenannte Feuerverzinkung.

Verfahren billig, Überzug gut. Zinküberreste aus Gehäuseinnern schwer herauszubekommen.

4. Durch Sheradisieren.

Verzinkung innen und außen gut, haftet gut, Oberfläche glatt.

901. **Es ist eine Spiralfeder mit Zinküberzug zu versehen.**

1. Galvanisieren.
2. Sheradisieren nicht möglich, da Form verloren ginge.
3. Feuerverzinken nicht möglich, da Spannung verloren ginge.
4. Schoopsches Metallspritzverfahren vielleicht möglich, aber sehr schwierig, da innere Lagen nicht gleichmäßig zu treffen.

902. **Es sind mehrere Herstellungsarten für Schraubenschlüssel wie nebenstehende Skizze anzugeben.**

1. Aus Blech ausstanzen.
Nur bei leichten Sorten möglich, besonders wenn solche Mengen vorliegen, daß Herstellung der Schnitte lohnt.
2. Im Gesenk vorschmieden, Öffnung vorbohren und nachstoßen.
3. Im Gesenk vorschmieden, vorbohren und mit Räumnadel fertig bearbeiten.
Für Massenherstellung billiger und besser als 2.
4. Vorschmieden, bohren und ausfeilen.
Für Einzelanfertigung.

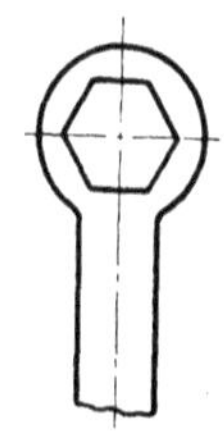
Abb. zu 902.

903. **Es sind mehrere Herstellungsarten eines Schraubenschlüssels mit offenem Maul anzugeben.**

1. Aus Blech ausstanzen.
Nur für ganz leichte Schlüssel.
2. Im Gesenk schmieden, ausfräsen, wobei reihenweis hintereinander aufgespannt werden kann.
Einfach und billig für Massenfabrikation.
3. Gesenk schmieden, Maul ausstanzen. Mit Räumnadel nachräumen.
4. Aus Stahlguß anfertigen und nachräumen.
5. Mit Hand schmieden, Maul vorbohren und ausfeilen.
Für Einzelanfertigung.

904. **Herstellung einer Muffe mit stark steigender, innerer Flachspirale.**

1. Muffe von Stange abstechen, ausbohren, Spirale auf Drehbank einschneiden.
Sehr komplizierte Arbeit.
2. Wie 1, jedoch nur vorbohren und Spirale mit Räumnadel herstellen, wobei sich Muffe um Räumnadel mit spiralgestellten Zähnen dreht, weil Widerlager auf Kugeln beweglich abgestützt ist.

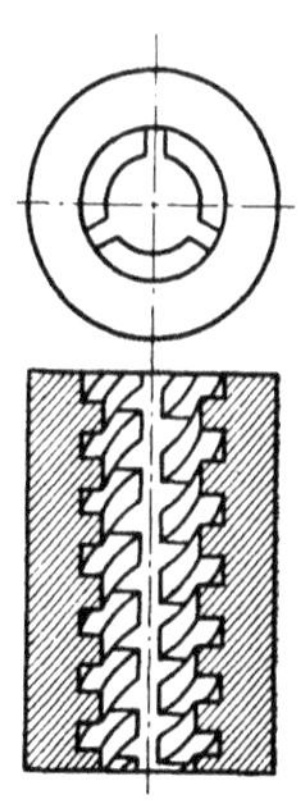
Abb. zu 904.

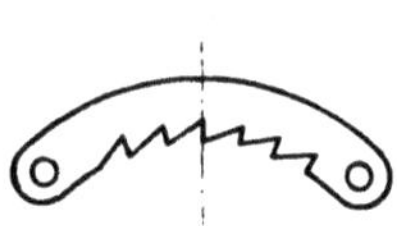
Abb. zu 905.

905. **Wie stellt man einen verzahnten Quadranten nach beifolgender Skizze her?**

1. Ausstanzen aus Blech, wenn sehr dünn und größere Mengen verlangt sind.

2. Rohe Form aus Blech stanzen, Zähne in Paketen fräsen.

Bei mittelstarken Stücken. Zahnung wird hierbei gut.

3. Schmieden oder aus Stahlguß herstellen, Zähne fräsen oder mit Räumnadel herstellen.

Bei starken Stücken. In beiden Fällen werden Zähne genau.

906. Mehrere Herstellungsverfahren für die Leitspindel einer Drehbank.

1. Gewinde auf Drehbank schneiden. Genau und gut, dauert lange.

2. Gewinde auf Gewindefräsbank fräsen. Billiges Verfahren, Genauigkeit nicht sehr groß.

3. Gewinde auf Gewindefräsbank vorfräsen, Spindel einige Zeit aushängen, Gewinde mit sehr feinem Span fertigfräsen oder fertigschneiden. Arbeit wird genau, Verfahren dauert nicht zu lange.

907. Herstellung einer Profilschiene aus Metall von nebenstehendem Querschnitt.

1. Mit Formfräser aus rechteckiger Stange ausfräsen. Hierbei einmal Umspannen notwendig. Dauert lange, viel Materialverlust.

2. Aus Stange ziehen. Mehrere Züge notwendig, dauert weniger lange wie 1.

3. Durch Mundstück warm auspressen.

Einfachstes und schnellstes Verfahren. Erfordert große Anlagen.

Abb. zu 907.

908. Herstellung einer Heugabel.

1. Herstellung aus 10 mm starkem Eisenblech. Zuerst unter Presse im warmen Zustand ausstanzen, dann Zinken umbiegen, strecken, runden, dann Dülle breiten und umbiegen.

Für Massenfabrikation gut und praktisch.

2. Herstellung aus schmaler, rechteckiger Stange. Zuerst trennen, dann Außenzinken spreizen, diese runden, Dülle breiten und umbiegen, Innenzinken autogen dazwischenschweißen.

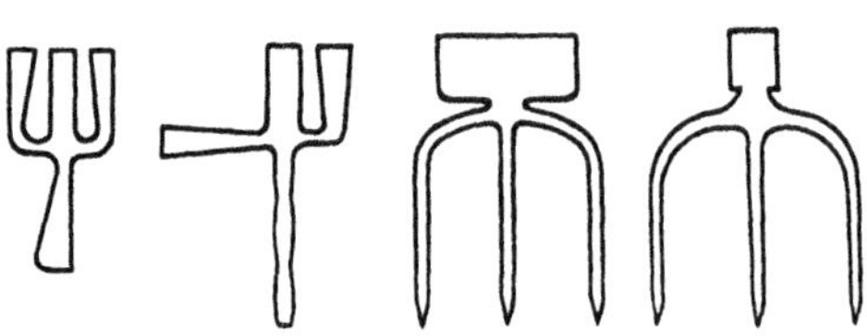

Abb. zu 908[1].

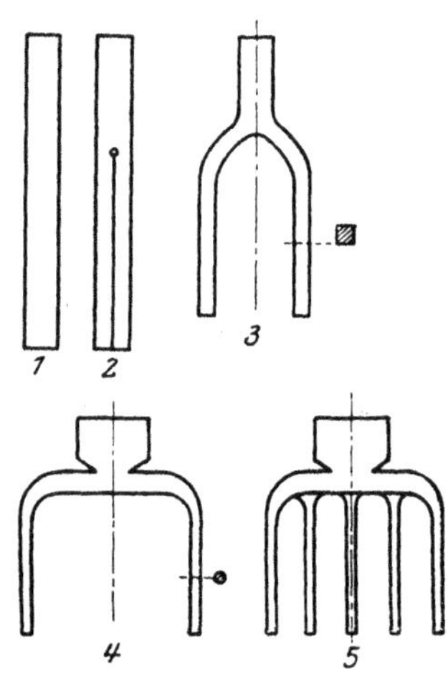

Abb. zu 908[2].

909. **Wie kann man eine durchgehende Keilnut herstellen?**
1. Durch Hauen.
2. Durch Hobeln.
3. Durch Stoßen.
4. Durch Fräsen.
5. Durch Räumen.

910. **Wie stellt man ein rundes Loch in der Nabe eines Zahnrads mit sehr genauem Durchmesser her? (3 Möglichkeiten.)**
1. Durch Bohren und Aufreiben.
2. Durch Bohren und Räumen.
3. Durch Bohren und Nachschleifen.

911. **Wie kann man ein Vierkantloch herstellen?**
Durch Vorbohren und Stoßen. — Durch Vorbohren und Räumen.

912. **Welches Verfahren wird bei der Herstellung einer Keilnut das billigste sein?**
Bei groben Arbeiten, die nur einmal hergestellt werden, das Hauen.
Bei sauberen Arbeiten, die sich häufig wiederholen, das Räumen. Fräsen und Stoßen liegen dazwischen.

Sachverzeichnis.

(Die in Klammern gesetzte Zahl bedeutet die Fragenummer.)

GPSR Compliance

The European Union's (EU) General Product Safety Regulation (GPSR) is a set of rules that requires consumer products to be safe and our obligations to ensure this.

If you have any concerns about our products, you can contact us on ProductSafety@springernature.com

In case Publisher is established outside the EU, the EU authorized representative is:

Springer Nature Customer Service Center GmbH
Europaplatz 3
69115 Heidelberg, Germany

Batch number: 10682323

Printed by Printforce, the Netherlands